ESV

Kostenrechnung I

Einführung

mit Fragen, Aufgaben, einer Fallstudie und Lösungen

von

Professor Dr. Lothar Haberstock

bearbeitet von

Professor Dr. Volker Breithecker

12. Auflage

ERICH SCHMIDT VERLAG

Bibliografische Information der Deutschen Bibliothek
Die deutsche Bibliothek verzeichnet diese Publikationen in der Deutschen Nationalbibliografie; detaillierte Daten sind im Internet über http://dnb.ddb.de abrufbar.

Hinweis für Dozenten

Bei Einsatz dieses Buches in Lehrveranstaltungen können bei Nachweis der Lehrtätigkeit vergrößerte Vorlagen der Abbildungen auf **CD-ROM im pdf-Format** bestellt werden. Sie können zur Anfertigung von Overhead-Folien verwendet werden. Bei Interesse wenden Sie sich bitte an den Erich Schmidt Verlag, Buchvertrieb, Genthiner Straße 30 G, 10785 Berlin. E-Mail: Buchvertrieb@esvmedien.de

1. Auflage	1972	7. Auflage	1985
2. Auflage	1972	8. Auflage	1987
3. Auflage	1973	9. Auflage	1997
4. Auflage	1975	10. Auflage	1998
5. Auflage	1977	11. Auflage	2002
6. Auflage	1982	12. Auflage	2005

Die 1. bis 9. Auflage erschienen
teilweise im Betriebswirtschaftlichen Verlag Gabler, Wiesbaden;
teilweise im S+W Steuer- und Wirtschaftsverlag, Hamburg

ISBN 3 503 08376 6

Dieses Papier erfüllt die Frankfurter Forderungen
der Deutschen Bibliothek und der Gesellschaft für das Buch
bezüglich der Alterungsbeständigkeit und entspricht
sowohl den strengen Bestimmungen der US Norm Ansi/Niso
Z 39.48-1992 als auch der ISO-Norm 9706.

Druck und Bindung: Danuvia Druckhaus, Neuburg

Vorwort zur 12. Auflage

Die vorliegende 12. Auflage der Kostenrechnung I (sie folgt der 9. Auflage der Kostenrechnung II – [Grenz-]Plankostenrechnung – mit nur sechs Monaten Zeitversatz) ist gegenüber der 11. Auflage nur leicht verändert worden. Die D-Mark ist mittlerweile durch den Euro (€) abgelöst worden – diese Währungsumstellung ist nun auch im Buch vollzogen. Die verwendete Literatur wurde aktualisiert. Dies gilt auch für einzelne Schaubilder und Übersichten, die mir freundlicherweise in optisch ansprechender Form von meinem Kollegen, Herrn Dr. Ulrich Koch, zur Verfügung gestellt wurden. Er setzt die Kostenrechnung I und die entsprechenden Unterlagen in seiner Veranstaltung an der Universität Duisburg-Essen, Campus Duisburg, ein. Vereinzelte Fehler, die noch aus der Umsetzung des (früheren) Schreibmaschinenexemplars in die EDV-Version stammen, wurden bereinigt. Hier geht mein Dank an meine Studierenden, die mich darauf aufmerksam gemacht haben. Ansonsten entspricht dieses Lehrbuch weiterhin dem aktuellen Stand einführender Kostenrechnungslehr- und -lernbücher.

Mein herzlicher Dank für die Hilfe bei der 12. Auflage geht an meinen Wissenschaftlichen Assistenten Herrn StB Dr. Ralf Klapdor sowie an die Herren cand. rer. pol. Holger Wirtz und Robert Focke. Ihr beherrscht die Technik!

Jede noch so große Sorgfalt meinerseits bietet dem Leser die Chance, Fehler, Ungereimtheiten oder didaktische Schwächen zu finden. Ich bin dankbar für alle kritischen Anmerkungen der Leserinnen und Leser und insbesondere derjenigen Personen, die dieses Lehrbuch als Unterrichtsmaterial einsetzen. Alle Dozenten, die nachweislich mit oder nach diesem Buch arbeiten (und die ich leider nicht kenne), bitte ich, ein Handexemplar der jeweils neuesten Auflage vom Verlag anzufordern!

Duisburg, im Oktober 2004 Volker Breithecker

Vorwort zur 9. Auflage

Die Kostenrechnung kennt keine gesetzliche Grundlage und ist somit – im Gegensatz zu anderen Feldern der Betriebswirtschaftslehre – nicht von den Aktivitäten des Gesetzgebers abhängig. Gleichwohl unterliegt auch die Kostenrechnung Veränderungen. Ursache hierfür sind sowohl die Entwicklung in der Theorie des betriebswirtschaftlichen Rechnungswesens als auch geänderte Bedürfnisse in der unternehmerischen Kostenrechnungspraxis. Deshalb müssen auch Lehrbücher zur Kostenrechnung im Zeitablauf eine Anpassung erfahren.

Die jetzt vorgelegte 9. Auflage der „Kostenrechnung I" löst die vor 10 Jahren von meinem hochverehrten akademischen Lehrer, Prof. Dr. Lothar Haberstock, veröffentlichte 8. Auflage ab. Nach seinem plötzlichen Tod im Januar 1996 habe ich die Arbeit übernommen, sein Werk fortzuführen und neu zu bearbeiten; hierbei sind auch zahlreiche Anmerkungen und Ideen Haberstocks von mir aufgegriffen und integriert worden. Überarbeitet wurden insbesondere das 1. Kapitel über die Aufgaben und Teilgebiete des betriebswirtschaftlichen Rechnungswesens, die Kapitel über Kostenbegriffe, Prinzipien der Kostenverrechnung und über Kostenrechnungssysteme. Zudem erfolgte eine Ausgliederung des früheren Exkurses über Produktionsfaktoren/Betrieb, Unternehmung, Wirtschaftlichkeit und Rentabilität in den Aufgaben- und Lösungsteil, sowie eine Erweiterung um die auf den S. 260-274 und S. 350-355 abgedruckte umfangreiche TENO-Kostenrechnungsfallstudie. Den in den Vorbemerkungen zu dieser Fallstudie von Lothar Haberstock auf S. 260 ausgedrückten Dank an seinen damaligen Wissenschaftlichen Mitarbeiter gebe ich heute gerne weiter an meinen Kollegen, Herrn StB Prof. Dr. Bruno Rauenbusch.

Die Neuauflage hat äußerlich und innerlich eine Wandlung durchlaufen; für die ersten wichtigen Textübernahmen in die EDV geht mein Dank an Frau Heide Kegler. Das Layout besorgte mein Wissenschaftlicher Mitarbeiter Dipl.-Kfm. Ralf Klapdor, der auch den formalen Überblick behielt; auch ihm danke ich sehr. Inhaltliche Unterstützung erhielt ich in wesentlichem Maß von meiner Wissenschaftlichen Mitarbeiterin Frau Dipl.-Kff. Ute Zisowski; in der lange währenden Überarbeitungsphase hat sie sich trotz vieler anderweitiger Verpflichtungen engagiert eingebracht und das Projekt vorangetrieben. Ihr gilt mein ganz besonders herzlicher Dank!

Verbesserungsvorschläge und wertvolle positive Kritik erhielt ich auch von den Herren Dipl.-Kfm. Bernd Mellenthin, Dipl.-Kfm. Osman Tig und von Dipl.-Kfm. Oliver Hill. Als Bearbeiter dieser Neuauflage danke ich ihnen genauso wie den hilfsbereiten UnterstützerInnen Kerstin Hilbers, Alexandra Simons und Christian Stollenwerk.

Die umfassende vollständige redaktionelle Überarbeitung, die Vielzahl der eingearbeiteten Änderungen, Übungsaufgaben und der neu konzipierten Fallstudie geben uns im selben Verhältnis Möglichkeiten, materielle und formelle Schwächen beibehalten oder begründet zu haben. Wir sind dankbar für alle kritischen Anmerkungen der Leser und insbesondere derjenigen Personen, die dieses Lehrbuch als Unterrichtsmaterial einsetzen. Alle Dozenten, die nachweislich mit oder nach diesem Buch arbeiten (und die ich leider nicht kenne), bitte ich, ein Handexemplar der jeweils neuesten Auflage vom Verlag anzufordern!

Duisburg, im April 1997 Volker Breithecker

Vorwort zur 1. Auflage

Dieses Buch soll als Lehr- und Lernmaterial für das Fach Kostenrechnung dienen. Seine Zielsetzung besteht darin, dem Studierenden einen Überblick über Theorie und Praxis der Kostenrechnung sowie die Stellung der Kostenrechnung innerhalb des betrieblichen Rechnungswesens zu vermitteln. Es werden keinerlei Vorkenntnisse vorausgesetzt; dennoch ist es vorteilhaft, wenn sich der Leser bereits das elementare Buchführungswissen angeeignet hat.

Die umfangreiche Sammlung von Fragen, Aufgaben und Lösungen am Schluß des Buches soll es dem Studierenden ermöglichen, seine Kenntnisse und sein Verständnis der Kostenrechnung zu prüfen und zu festigen. Fragen und Aufgaben unterscheiden sich dadurch, daß mit ersteren eine Art Repetitorium des Stoffes beabsichtigt ist – die Antworten können im Text nachgeschlagen werden –, während die Aufgaben, für die sich nicht jedes Kapitel geeignet hat, bereits eine Anwendung des Stoffes darstellen; ihre Lösungen – meist Rechenergebnisse – sind am Schluß angegeben. Die Literaturhinweise sind gleichzeitig als Quellen des Textes sowie als Anregungen zu vertiefenden Studien zu verstehen.

Für Kritik und Verbesserungsvorschläge ist der Verfasser dankbar.

Saarbrücken, im Mai 1972 Lothar Haberstock

Inhalt

1 Kostenrechnung und Rechnungswesen

1.1 Aufgaben des Rechnungswesens

Aufgabe des Betriebes = Leistungsprozess

In der Produktion und dem Absatz von Gütern und/oder Dienstleistungen besteht die Aufgabe jedes Betriebes.[1] Die Betriebswirtschaftslehre bezeichnet und erklärt diesen **Prozess der Leistungserstellung und Leistungsverwertung** (= Leistungsprozess)[2] als eine Kombination von Produktionsfaktoren. Hierbei wird (nach GUTENBERG[3]) der Einsatz der **Elementarfaktoren** (menschliche Arbeitsleistungen, Betriebsmittel, Werkstoffe und Dienstleistungen) durch den **dispositiven Faktor** (Betriebs- und Geschäftsleitung) gesteuert. Das Hilfsmittel, dessen sich die Geschäftsleitung bedient, um mit ihren Dispositionen eine ordnungsgemäße Planung, Steuerung, Überwachung und Kontrolle des Kombinationsprozesses zu gewährleisten, ist das betriebswirtschaftliche Rechnungswesen.

Das (betriebswirtschaftliche) Rechnungswesen ist das **Informationssystem der Unternehmung**.[4] In ihm werden wirtschaftlich relevante Informationen über angefallene oder geplante Geschäftsvorgänge und -ergebnisse erfasst, gespeichert und entsprechend dem zugrun-

---

[1] Die Abgrenzung der Begriffe Betrieb und Unternehmung wird in der betriebswirtschaftlichen Literatur unterschiedlich vorgenommen. Im weiteren Verlauf dieses Lehrbuches verwenden wir die sich in der Betriebswirtschaftslehre weitgehend durchgesetzte Definition nach GUTENBERG, wonach der Betrieb als Oberbegriff und die Unternehmung als Unterbegriff angesehen wird. Die Unternehmung ist danach der kapitalistische Betriebstyp. Vgl. GUTENBERG (1983), S. 510-512, oder KOSIOL (1968), S. 28-34. Vgl. zur Diskussion der Begriffsabgrenzungen z.B. auch BUSSE VON COLBE/LASSMANN (1991), S. 15-20, oder im Fragen- und Aufgabenteil auf den S. 186-190.

[2] „Da Leistungserstellung und Leistungsverwertung in modernen Volkswirtschaften nicht ohne die Beschaffung und Verwendung von Kapital (Eigen- und Fremdkapital) durchführbar sind, tritt die finanzielle Sphäre (= Finanzprozess, Anm. d.V.) als dritter großer Teilbereich neben die bereits genannten beiden Teilbereiche der Leistungserstellung und Leistungsverwertung", GUTENBERG (1983), S. 2.

[3] Vgl. grundlegend GUTENBERG (1983), S. 1 ff.

[4] So auch SCHIERENBECK (2003), S. 505; COENENBERG (2003), S. 26; HOITSCH/LINGNAU (2004), S. 2; KLOOCK/SIEBEN/SCHILDBACH (1999), S. 9; ORDELHEIDE (1998), S. 479; EISELE (2001), S. 429 oder SCHWEITZER/KÜPPER (2003), S. 10.

deliegenden Rechnungszweck verarbeitet und an die Informationsadressaten weitergegeben.[5)]

Erkenntnisobjekte des Rechnungswesens

Die Erkenntnisobjekte des Rechnungswesens sind folglich der Leistungsprozess (Beschaffung, Produktion, Absatz) und der Finanzprozess (Kapitalbindung, -freisetzung, -zuführung, -entziehung), der von der Unternehmungsführung entsprechend den Unternehmungszielen (z.B. Maximierung des Erfolgs/Gewinns unter Sicherung der Liquidität)[6)] gesteuert wird.[7)] Zur Erfüllung der Führungsaufgaben bedarf es der Informationsversorgung durch das **Rechnungswesen**, so dass dieses zum **Instrument der Unternehmungsführung** wird.[8)]

„Betriebswirtschaftliches" Rechnungswesen

Der in der Literatur über die grundlegende Bedeutung des Rechnungswesens nahezu bestehende Konsens erstreckt sich (leider) nicht auf die Nomenklatur. Beim Studium der Literatur stößt man auf die Begriffe „betriebliches Rechnungswesen"[9)], „betriebswirtschaftliches Rechnungswesen"[10)] oder „Unternehmensrechnung"[11)]. Allerdings stimmt diese Differenzierung in der Bezeichnung nicht unbedingt mit der inhaltlichen Differenzierung zwischen Betrieb, Unternehmung und Unternehmen überein. Es lässt sich u.E. eine Tendenz da-

---

5) Siehe auch HUMMEL/MÄNNEL (1986), S. 4, oder BREID (1996), S. 5.

6) Die Rentabilitätsmaximierung führt in den meisten Varianten als unternehmerische Zielsetzung zu nicht maximalen Gewinnen, vgl. HAX (1963); sie dürfte deshalb keine praktische Bedeutung haben.

7) Vgl. auch HOITSCH/LINGNAU (2004), S. 5/6.

8) So explizit bei COENENBERG (2003), S. 26; HOITSCH/LINGNAU (2004), S. 6, und BEA/DICHTL/SCHWEITZER (2001) im Vorwort ihrer Lehrbuchreihe zur Allgemeinen BWL. Dieser „Instrumentalcharakter" des Rechnungswesens kommt auch in der Konzeption des betriebswirtschaftlichen Controlling (das keinesfalls mit der Kosten- und Erlösrechnung gleichzusetzen ist) zum Ausdruck. Siehe dazu z.B. REICHMANN (2001), S. 10.

9) So auch hier in Altauflagen. Vgl. aber immer noch SCHIERENBECK (2003); S. 505; HOITSCH/LINGNAU (2004), S. 3; WÖHE/DÖRING (2002), S. 823 ff.; KLOOCK/SIEBEN/SCHILDBACH (1999), S. 9; EISELE (2001), S. 429; BREID (1996), S. 5 oder GABELE/FISCHER (1992), S. 1.

10) Siehe z.B. COENENBERG (2003) oder SCHNEIDER, Dieter (1997). WEBER (1988) bevorzugt den Begriff „Betriebswirtschaftliches Rechnungswesen", weil dieser deutlicher zum Ausdruck bringt, dass es sich um ein Teilgebiet der Betriebswirtschaftslehre handelt.

11) Vgl. z.B. SCHWEITZER/KÜPPER (2003), S. 10, sowie EWERT/WAGENHOFER (2003).

hingehend feststellen, dass in der älteren Literatur der Begriff „**betriebliches** Rechnungswesen“[12] und in der jüngeren Literatur der Begriff „**Unternehmensrechnung**“ gebräuchlich ist. Geht man jedoch von den Definitionen von Betrieb, Unternehmung und Unternehmen nach GUTENBERG aus, kommt man zu dem Ergebnis, dass eine umfassende begriffliche Umschreibung des gesamten Rechnungswesens ohne Ausklammerung z.B. von Privathaushalten nur durch den Begriff „**betriebswirtschaftliches Rechnungswesen**“ erreicht wird.[13]

Aufgaben Rechnungswesen und Kostenrechnung

Die **Aufgaben** des betriebswirtschaftlichen Rechnungswesens allgemein und speziell der Kostenrechnung bestehen nach überwiegender Auffassung in

1. Planungsaufgaben,
2. Kontrollaufgaben,
3. Dokumentationsaufgaben.[14]

Planungsaufgabe Rechnungswesen

Planungsaufgaben (Dispositionsaufgaben) erfüllt das **Rechnungswesen** durch die Bereitstellung von Unterlagen für die Dispositionen der Geschäftsleitung. Dabei bezieht sich die Planungsaufgabe auf kurz-, mittel- und langfristige Entscheidungen in allen Teilbereichen der Unternehmung.[15]

Planungsaufgabe Kosten- und Erlösrechnung

Beispiele für **Planungsaufgaben in der Kosten- und Erlösrechnung** sind die Bereitstellung von Informationen

- für die Wahl zwischen verschiedenen Bezugsquellen oder Beschaffungswegen,

---

12) Ähnlich auch WEBER (1988), S. 1, der ausführt, dass bisher der Begriff „Betriebliches Rechnungswesen“ üblich war.

13) In diesem Sinne vgl. auch SCHNEIDER, Dieter (1997), S. 4. Die Bezeichnung „Betriebswirtschaftliches Rechnungswesen“ verwendete allerdings schon SCHMALENBACH (1919), S. 347.

14) So auch COENENBERG (2003), S. 25; HOITSCH/LINGNAU (2004), S. 3; KLOOCK/SIEBEN/SCHILDBACH (1999), S. 14-19; ähnlich auch HUMMEL/MÄNNEL (1986), S. 6.

15) Vgl. hierzu auch die späteren Erläuterungen zum unterschiedlichen Planungshorizont der einzelnen Teilgebiete des Rechnungswesens auf den S. 10-12.

- für die Berechnung optimaler Bestellmengen und Seriengrößen,
- für die Bestimmung von Preisobergrenzen für Produktionsfaktoren,
- für die Bestimmung des optimalen Produktionsprogramms,
- für die Wahl des optimalen Produktionsverfahrens,
- für die Wahl der Vertriebsmethode, des zu bevorzugenden Kundenkreises und der Absatzwege,
- für die Bestimmung von Preisuntergrenzen,
- für die Wahl zwischen Eigenfertigung und Fremdbezug (make or buy).[16)]

Kontrollaufgabe Rechnungswesen

Die **Kontrollaufgabe des Rechnungswesens** besteht in der „Unterrichtung der Unternehmungsleitung über Tatsachen durch Kontrolle einzelner Sachverhalte, insbesondere der Handlungen von Beauftragten".[17)]

Kontrollaufgabe Kosten- und Erlösrechnung

Kontrollaufgaben in der **Kosten- und Erlösrechnung** betreffen die Wirtschaftlichkeitskontrolle[18)] (insbesondere in der Kostenstellenrechnung)[19)] und die Kontrolle unternehmerischer Erfolge.[20)]

Dokumentationsaufgabe Rechnungswesen

Die (externen) **Dokumentationsaufgaben des Rechnungswesens** bestehen in der Rechenschaftslegung über die Vermögens-, Finanz- und Ertrags- bzw. Erfolgslage der Unternehmung gegenüber außerhalb der Unternehmung stehenden Adressaten. Zu dieser Rechenschaftslegung kann die Unternehmung gesetzlich oder vertraglich verpflichtet sein (siehe z.B. §§ 238 ff., 242 ff., 264 ff. HGB, 140, 141 AO, aber auch die „Leitsätze für die Preisermittlung auf Grund von

---

16) So (mit noch weiteren Beispielen) auch KLOOCK/SIEBEN/SCHILDBACH (1999), S. 17 f..

17) SCHNEIDER, Dieter (1997), S. 28 (im Original zum Teil kursiv).

18) Dabei ist Wirtschaftlichkeit definiert als Quotient aus Istkosten durch Sollkosten (wobei mit Istkosten die effektiven Kosten und mit Sollkosten die geringst möglichen Kosten für eine bestimmte Leistung gemeint sind), siehe dazu später die Aufgaben 0/1-0/10.

19) Siehe dazu später S. 104-142.

20) SCHMALENBACH (1963), S. 6 ff., spricht von der Kontrolle der Betriebsgebarung.

Selbstkosten" (LSP)[21)] sowie § 8 der Verordnung zur Neuordnung des Pflegesatzrechts[22)] oder z.B. durch Gesellschaftsvertrag oder gegenüber Kreditinstituten).

Dokumentations-aufgabe Kosten- und Erlösrechnung

Dokumentationsaufgaben der Kosten- und Erlösrechnung sind die Selbstkostenermittlung im Rahmen der LSP und die Ermittlung der bilanziellen Herstellungskosten. Mit letzterer „hilft" die Kostenrechnung, die handels- und steuerrechtlich vorgeschriebene Rechnungslegung zu erfüllen, die jedoch in den Aufgabenbereich der Bilanzrechnung[23)] fällt.

1.2 Teilgebiete des Rechnungswesens

Rechnungs-wesen – Gliederung

Das Rechnungswesen besteht in seiner inhaltlichen Strukturierung aus **unterschiedlichen Teilgebieten**, die nicht im Zusammenhang als ein System, sondern eher **unabhängig voneinander entwickelt** wurden.[24)] Ihre Gemeinsamkeit besteht in der Zugehörigkeit zum Informationssystem und in den daraus abgeleiteten Planungs-, Kontroll- und Dokumentationsaufgaben. Sie unterscheiden sich hinsichtlich mehrerer Kriterien, z.B. nach dem *Rechnungsziel* (auch *Entscheidungsziel*), der *Rechnungsgröße*,[25)] der *gesetzlichen Fixierung,* dem *Adressaten* oder nach dem *Zeitbezug.*

Somit ist eine Gliederung des Rechnungswesens, in der nach (nur) *einem* Kriterium[26)] systematisiert wird, in zahlreichen unterschiedli-

21) Als Anlage zur Verordnung über die Preise bei öffentlichen Aufträgen vom 21.11.1953 in der Fassung vom 12.12.1967.

22) Vom 26.9.1994, BGBl. 1994, Teil I, S. 2750 ff.

23) Siehe dazu unter Kap. 3.3 (S. 143/144). Zur Ableitung der (bilanziellen) Herstellungskosten aus den (kostenrechnerischen) Herstellkosten vgl. z.B. WÖHE (1992).

24) Vgl. auch WEBER (1988), S. 22 f.

25) Hier werden die einzelnen Rechnungsgrößen (noch) ohne exakte Definition verwandt. Da sie jedoch für das weitere Verständnis sehr wichtig sind, erfolgt eine genaue Abgrenzung in Kap. 1.3, S. 15-25.

26) Hier knüpft die Kritik von SCHNEIDER, Dieter (1961), S. 5, an der traditionellen Gliederung des Rechnungswesens an. Damit ist die Unterteilung des Rechnungswesens in Buchführung und Bilanz (Zeitrechnung), Selbstkostenrechnung (Kalkulation, Stückrechnung), Statistik (Vergleichsrechnung) und Planung (betriebliche Vorschaurechnung) gemeint, die auf den Erlass „Richt-

chen Formen möglich.[27)] Hier soll die Gliederung nach dem Systematisierungskriterium **Rechnungsziel** vorgestellt werden.

... nach Rechnungszielen

In Abhängigkeit vom Rechnungsziel wird das Rechnungswesen in seine Teilgebiete

- *Bilanzrechnung,*
- *Kosten- und Erlösrechnung,*
- *Investitionsrechnung* sowie
- *Finanzrechnung*

gegliedert[28)] (siehe auch Abb. 1 auf der folgenden Seite). Die Kriterien *Rechnungsgröße, gesetzliche Fixierung, Adressat* und *Zeitbezug* bleiben jedoch nicht unberücksichtigt. Sie werden vielmehr dazu verwendet, um die Unterschiede der Rechnungen aufzuzeigen.[29)]

---

linien zur Organisation der Buchführung" des Reichs- und Preußischen Wirtschaftsministers und des Reichskommissars für die Preisbildung vom 11.11. 1937 zurückgeht, vgl. FISCHER/HESS/SEEBAUER (1939), S. 12, sowie den Abdruck der Richtlinien ebenda auf S. 382-388. Dieter SCHNEIDER kritisiert hieran, dass *kein einheitliches Gliederungsprinzip* verwandt wurde. Diese traditionelle Gliederung wird allerdings bis heute zum Teil beibehalten.

27) Von den bereits genannten Kriterien wird häufig die Unterteilung nach dem Adressaten gewählt (siehe dazu noch später auf S. 12/13). KLOOCK/SIEBEN/SCHILDBACH (1999, S. 10 ff.) unterteilen das Rechnungswesen gemäß den *Informationsanforderungen.* Als weitere Systematisierungskriterien sind die Rechnungsphasen, Rechnungsanlässe, betrieblichen Funktionen sowie Wirtschaftsobjekte zu nennen; siehe dazu z.B. WEBER (1988), S. 18 ff., oder COENENBERG (2003), S. 27.

28) So explizit SCHWEITZER/KÜPPER (2003), S. 10 ff. Im Ergebnis, wenn auch zum Teil mit anderen Bezeichnungen, auch HOITSCH/LINGNAU (2004), S. 7 ff.; SCHIERENBECK (2003), S. 505, oder COENENBERG (2003), S. 29 ff.

29) Vgl. auch Abb. 3 auf S. 12. Diese Vorgehensweise entspricht unserer Ansicht nach auch der Auffassung von COENENBERG (2003), S. 27, der ausführt, dass „eine bestimmte Rechnung sich .. immer als eine *Kombination* verschiedener, von den jeweiligen Rechnungszielen abhängiger Kriterienausprägungen charakterisieren" lässt. Diese *Kombination* verschiedener Kriterienausprägungen kommt auch bei SCHNEIDER, Dieter (1997), S. 30 ff., zum Ausdruck, der eine Rechnungswesenstruktur mit den fünf Dimensionen: (1) zeitliche Blickrichtung der Rechnungen (2) Aufgaben des Rechnungswesens (3) Empfängerkreis, (4) Rechnungsgrößen (5) Trennung zwischen laufendem und fallbezogenem Rechnungswesen, entwickelt hat.

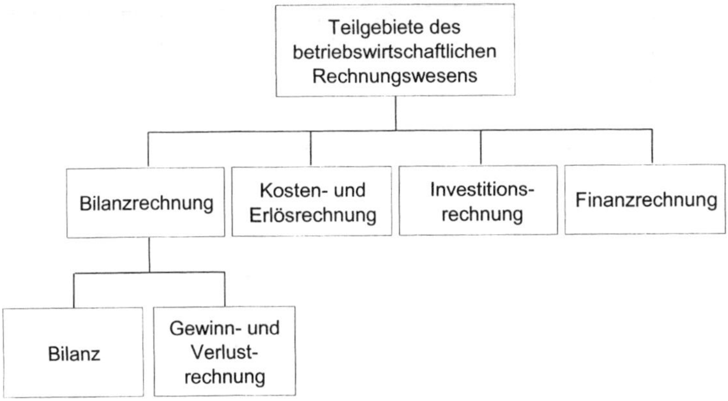

Abb. 1: Teilgebiete des betriebswirtschaftlichen Rechnungswesens[30)]

Ziel der Bilanzrechnung

Mit Hilfe der **Bilanzrechnung** soll die Vermögenslage dargestellt und der (Perioden-) Erfolg[31)] einer Unternehmung ermittelt werden. Dies geschieht zum einen durch die stichtagsbezogene Aufstellung des Vermögens und der Schulden in einer (zeitpunktbezogenen) Beständerechnung (= Bilanz) sowie durch die Gegenüberstellung von Aufwendungen und Erträgen in einer (zeitraumbezogenen) Bewegungsrechnung (= Gewinn- und Verlustrechnung).[32)] Dieser nach *handels-* und/oder *steuerrechtlichen Vorschriften* ermittelte Erfolg dient **externen Adressaten**, z.B. Eigentümern, Gläubigern, Arbeitnehmern und dem Staat zur Information.

Ansprüche: Aktionäre/Fiskus

Darüber hinaus leiten einige Personen aus dieser Größe ihre Ansprüche gegen die Unternehmung ab. So bildet z.B. der nach handelsrechtlichen Vorschriften ermittelte Erfolg die Grundlage für die Di-

30) In Anlehnung an SCHWEITZER/KÜPPER (2003), S. 11, die allerdings – wie bereits oben auf S. 2 ausgeführt – von *Unternehmensrechnung* sprechen.

31) Wobei die Periode i.d.R. ein Jahr umfasst, siehe § 242 HGB.

32) Zur Bilanzrechnung gehört darüber hinaus die Finanzbuchführung, bei Kapitalgesellschaften auch der nach § 264 Abs. 1 HGB zu erstellende Anhang und natürlich sämtliche Rechnungen, die nach handelsrechtlichen Vorschriften bei besonderen Anlässen im 'Leben' der Unternehmung (z.B. Sonderbilanzen) oder nach steuerrechtlichen Vorschriften zu erstellen sind (z.B. die Steuerbilanz/Vermögensaufstellung oder Rechnungen, die aus der Einheits- oder Steuerbilanz den steuerlichen Gewinn ermitteln). Siehe hierzu z.B. ausführlich BREITHECKER/SCHMIEL (2003) oder HABERSTOCK/BREITHECKER (2005), S. 159-176.

videndenansprüche der Aktionäre[33] und der Fiskus ermittelt aus dem sich aus der Steuerbilanz[34] ergebenden Erfolg die Höhe der Steuerschuld.

Ziel der Kosten- und Erlösrechnung

Das Ziel der **Kosten- und Erlösrechnung**[35] ist wie in der Bilanzrechnung die Ermittlung des (Perioden-) Erfolges;[36] darüber hinaus wird aber auch der Stückerfolg der erstellten Güter und Dienstleistungen errechnet. Adressat dieser Rechnung ist die Unternehmungsführung (**interner Adressat**). Die Erfolgsgröße ergibt sich somit nicht aus handels- oder steuerrechtlichen Vorschriften; sie wird vielmehr durch die Unternehmung selbst bestimmt.[37] Als Rechnungsgrößen werden Kosten und Erlöse verwendet. Die Kosten- und Erlösrechnung setzt sich aus zwei Rechnungen zusammen. In der **Kostenrechnung** wird der bewertete Güterverbrauch abgebildet. In ihr wird damit nur eine Seite des Erfolges erfasst. Die **Erlösrechnung** befasst sich mit den bewerteten erbrachten Leistungen und damit mit der anderen Seite des Erfolges.[38] Die Gegenüberstellung der Erlöse einerseits und der Kosten der Erzeugnisse andererseits führt zur (kurzfristigen) Erfolgsrechnung.[39]

Gegenstand dieses Lehrbuches ist die **Kostenrechnung**, die sich wiederum in die drei folgenden Teilbereiche[40] gliedert:

---

33) Siehe § 174 AktG.

34) Dies kann eine Einheits- oder eine „reine" Steuerbilanz sein.

35) Die Kosten- und Erlösrechnung wird auch als Kosten- und Leistungsrechnung bezeichnet, so z.B. von KLOOCK/SIEBEN/SCHILDBACH (1999). Mit Blick auf Fußnote 57 von S. 17 möchten wir dieser Bezeichnung jedoch nicht folgen.

36) Es wird allerdings i.d.R. ein kürzerer Betrachtungszeitraum als in der Bilanzrechnung gewählt.

37) Ausnahmen bilden die oben bereits genannten Leitsätze für die Preisermittlung auf Grund von Selbstkosten als Anlage zur Verordnung über die Preise bei öffentlichen Aufträgen vom 21.11.1953 in der Fassung vom 12.12.1967" (LSP) sowie § 8 der Verordnung zur Neuordnung des Pflegesatzrechts vom 26.9.1994.

38) Siehe zur Erlösrechnung den grundlegenden Beitrag von MÄNNEL (1983).

39) Vgl. zu Erfolgsrechnungen und Erfolgsrechnungssystemen HABERSTOCK (1993a).

40) Vgl. auch Abb. 2 auf S. 10. Zur Terminologie sei noch angemerkt, dass man gelegentlich (unter organisatorischem Aspekt) die Kostenarten- und die Kos-

Kostenarten-
rechnung

- Die **Kostenartenrechnung** steht am Anfang der Kostenrechnung und dient der Erfassung und Gliederung aller im Laufe der jeweiligen Abrechnungsperiode angefallenen Kostenarten.

Ihre Fragestellung lautet also: **Welche** Kosten sind insgesamt in welcher Höhe angefallen?

Kostenstellen-
rechnung

- In der **Kostenstellenrechnung** werden dann die Kosten auf die Betriebsbereiche/Abteilungen (Kostenstellen) verteilt, in denen sie angefallen sind. Diese Verteilung wird mit Hilfe des Betriebsabrechnungsbogens vorgenommen und verfolgt einen doppelten Zweck: Einmal muss man für die Kostenkontrolle und -beeinflussung wissen, wo die Kosten entstanden sind, und zum anderen ist eine genaue Stückkostenberechnung nur möglich, wenn die betrieblichen Leistungen mit den Kosten derjenigen Stellen belastet werden, die diese Leistungen erbringen.

Die Fragestellung der Kostenstellenrechnung lautet also: **Wo** sind welche Kosten in welcher Höhe angefallen?

Kostenträger-
rechnung

- Die **Kostenträgerrechnung** wird unterteilt in die Kostenträger*stück*rechnung und die Kostenträger*zeit*rechnung. Die Kostenträger*stück*rechnung[41)] (auch: Selbstkostenrechnung, Stückkostenrechnung, Kalkulation) hat die Aufgabe, für alle erstellten Güter und Dienstleistungen (Kostenträger) die Stückkosten zu ermitteln.

Ihre Fragestellung lautet: **Wofür** sind welche Kosten in welcher Höhe pro Stück angefallen?

Die Kostenträger*zeit*rechnung ist eine Periodenrechnung. In ihr werden – nach Leistungsarten gegliedert – die insgesamt angefallenen Kosten einer Abrechnungsperiode und ihre Verteilung auf die Kostenträger bestimmt.

---

tenstellenrechnung unter dem Begriff **Betriebsabrechnung** (nicht Betriebsbuchhaltung!) zusammenfasst. Die Kostenrechnung besteht dann aus der Betriebsabrechnung, der Kalkulation und der Kostenträgerzeitrechnung.

41) Exakter ist die Bezeichnung „Kostenträger*einheits*rechnung“, da auch andere Mengeneinheiten Verwendung finden.

Ihre Fragestellung lautet somit: Welche Kosten sind in der zu betrachtenden Periode für welche Kostenträger angefallen?

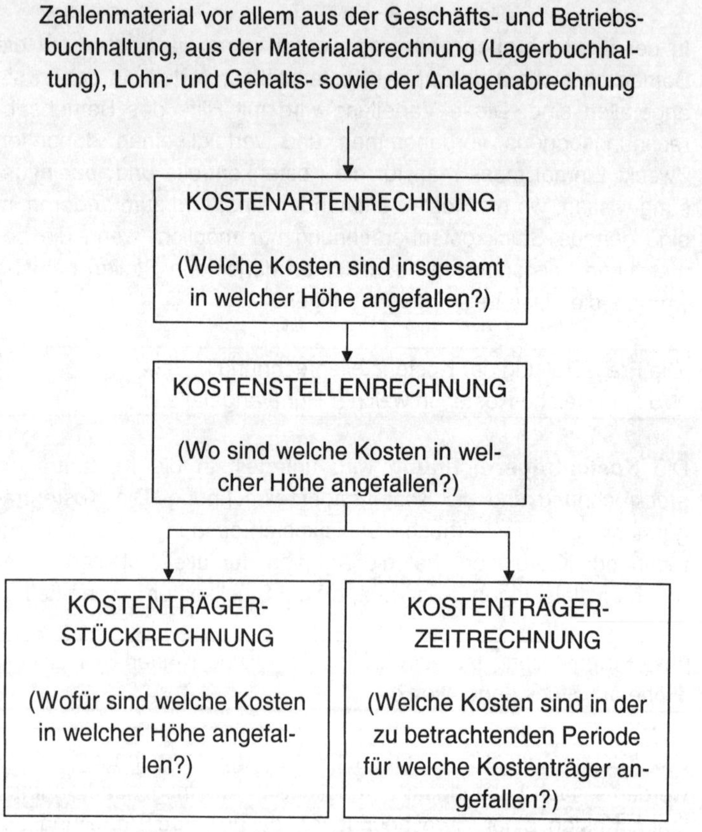

Abb. 2: Teilbereiche der Kostenrechnung

Ziel der Investitionsrechnung

Das Rechnungsziel der (dynamischen) **Investitionsrechnung** ist ebenfalls der Erfolg. In Abgrenzung zu den bisher genannten Rechnungen handelt es sich hier jedoch nicht um eine ein-, sondern um eine mehrperiodige Erfolgsgröße, z.B. den Kapitalwert, die Annuität oder den Internen Zinsfuß.[42] Die Funktion der Investitionsrechnung besteht darin, der Unternehmungsführung (**interner Adressat**) Unterlagen über die

- Ermittlung der Vorteilhaftigkeit einer einzelnen Investition,
- Vorteilhaftigkeitswahl zwischen sich technisch ausschließenden Investitionsalternativen,
- Bestimmung der Rangfolge von konkurrierenden Investitionsvorhaben und die Fixierung des Investitionsprogramms

zu liefern. Dafür werden die aus der Investition resultierenden und sich i.d.R. über mehrere Perioden erstreckenden (erwarteten) Ein- und Auszahlungen/Einnahmen oder Ausgaben betrachtet.[43] Die Durchführung einer Investitionsrechnung ist gesetzlich nicht vorgeschrieben, sondern liegt im Ermessen der Unternehmungsleitung.

Ziel der Finanzrechnung

Die **Finanzrechnung** soll die Liquidität einer Unternehmung gewährleisten. Dabei wird Liquidität verstanden als die Fähigkeit einer Unternehmung, zu jeder Zeit ihre fälligen Zahlungsverpflichtungen zu erfüllen.[44] Die Gewährleistung der Liquidität ist eine notwendige Nebenbedingung im Zielsystem der Unternehmung. Illiquidität führt – unabhängig von der Rechtsform – zur Insolvenz der Unternehmung.[45] In der (gesetzlich nicht vorgeschriebenen) Finanzrechnung werden (erwartete) Ein- und Auszahlungen/Einnahmen oder Ausgaben einer Periode gegenübergestellt. Die Unternehmungsführung – als **interner Adressat** der Finanzrechnung – muss diese Zahlungsströme so aufeinander abstimmen, dass die zukünftige Zahlungsfähigkeit der Unternehmung unter Beachtung der Unsicherheit zu je dem Zeitpunkt gewährleistet ist und gleichzeitig das Rentabilitätsziel berücksichtigt wird.[46]

---

[42] Vgl. z.B. HABERSTOCK/BREITHECKER (2005), S. 118-123.

[43] Zu den Verfahren der dynamischen Investitionsrechnung siehe z.B. SCHIERENBECK (2003), S. 353 ff., sowie ROLFES (2003), S. 9-22.

[44] So auch – mit kritischen Anmerkungen hinsichtlich der definitorischen Einengung des Begriffs Liquidität – STROBEL (1953), S. 51.

[45] Siehe z.B. §§ 130a HGB, 64 Abs. 1 GmbHG, 92 Abs. 2 AktG.

[46] So bereits STROBEL (1953), S. 51; vgl. auch COENENBERG (2003); S. 30.

Teilgebiete / Merkmale	Bilanzrechnung		Kosten- und Erlösrechnung	Investitionsrechnung	Finanzrechnung
	Bilanz	Gewinn- und Verlustrechnung			
Rechnungsziel	Periodenerfolg	Periodenerfolg	Stückerfolg; Periodenerfolg	mehrperiodiger Erfolg	Liquidität
Rechnungsgröße	Vermögen Schulden	Erträge Aufwendungen	Erlöse Kosten	Einzahlungen Auszahlungen	Einzahlungen Auszahlungen
gesetzliche Fixierung	Handels- und Steuerrecht	Handels- und Steuerrecht	keine	keine	keine
Adressat	extern	extern	intern	intern	intern
Zeitbezug	Zeitpunkt	Zeitraum	Zeitraum	Zeitraum	Zeitraum

Abb. 3: Ausgewählte Merkmale von Teilgebieten des betriebswirtschaftlichen Rechnungswesens

Teilgebiete des Rechnungswesens

Die Merkmalsausprägungen der Teilgebiete des Rechnungswesens sind in der Abb. 3 auf S. 12 noch einmal zusammengefasst.[47)]

Adressatenkreis extern/intern

Betrachtet man die einzelnen Rechnungen so wird deutlich, dass die Bilanzrechnung sich vornehmlich an **externe** Adressaten richtet, während die Kosten- und Erlösrechnung, die Investitionsrechnung sowie die Finanzrechnung vornehmlich an die Unternehmungsführung und somit **intern** adressiert ist. Deshalb wird in der Literatur die Bilanzrechnung häufig als **externes Rechnungswesen**, die Kosten- und Erlösrechnung, Investitionsrechnung sowie die Finanzrechnung als **internes Rechnungswesen** bezeichnet.[48)]

Aufbauorganisation des Rechnungswesens

Versucht man die hier vorgenommene inhaltliche Untergliederung des Rechnungswesens in der **Aufbauorganisation einer Unternehmung**[49)] wiederzufinden, stellt man fest, dass hier in der Regel zwischen

- der **Geschäftsbuchhaltung** (mit den primären Aufgaben der Bilanz- und der Finanzrechnung und den sekundären Aufgaben der Kosten- und Erlös- sowie der Investitionsrechnung) und der
- **Betriebsbuchhaltung** (mit den primären Aufgaben der Kosten- und Erlös- sowie der Investitionsrechnung und den sekundären Aufgaben der Bilanz- und Finanzrechnung)

differenziert wird. In Abhängigkeit von der Unternehmungsgröße und der Branchenzugehörigkeit sind u.U. weitere eigenständige Abteilungen wie die Materialabrechnung (Lagerbuchhaltung), Lohn- und Gehalts- sowie die Anlagenabrechnung vorzufinden. In diesem Lehr-

47) Diese Abbildung ist eine modifizierte Version der Abbildung von SCHWEITZER/KÜPPER (2003), S. 12.

48) Es wird dann das oben genannte Systematisierungskriterium „Adressat" verwandt. Diese Bezeichnung benutzen z.B. COENENBERG (2003), S. 24 f., BREID (1996) oder EWERT/WAGENHOFER (2003), die allerdings von externer und interner *Unternehmensrechnung* sprechen.

49) Vgl. z.B. auch SIGLE (1994).

buch wird im weiteren Verlauf von der aufbauorganisatorischen Gliederung des Rechnungswesens weitestgehend abstrahiert.[50)]

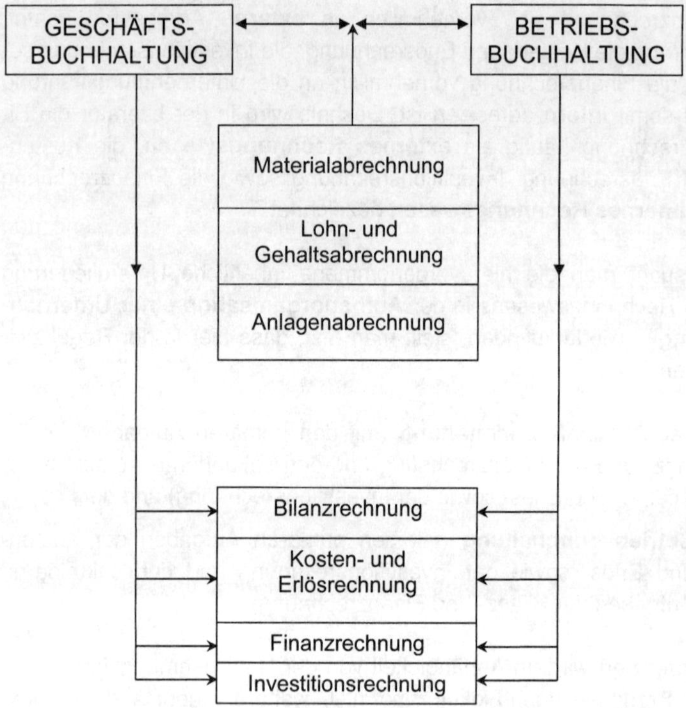

Abb. 4: Informationsströme im Rechnungswesen

wirtschaftssystemabhängige Verpflichtungen

Abschließend bleibt anzumerken, dass in unserem Wirtschaftssystem alle Unternehmungen über eine **Bilanzrechnung** verfügen müssen, da diese aufgrund handels- und steuerrechtlicher Vorschriften **unabdingbar** ist. **Kosten- und Erlösrechnung, Investitions-, und Finanzrechnung** sind *in unserem Wirtschaftssystem*[51)] gesetzlich

50) Vgl. aber Abb. 4 mit den Informationsströmen im Rechnungswesen, die auch die Aufbauorganisation mit erfasst, sowie Einzelanmerkungen zur Datenerfassung im Rahmen der Kostenartenrechnung (Kapitel 31, S. 55-103).

51) Dass die Einschränkung auf „unser Wirtschaftssystem" gerechtfertigt ist, zeigt ein Blick über den Tellerrand: In § 14 Abs. 2 der Verordnung über Rechnungsführung und Statistik vom 11.07.1985, abgedruckt im Gesetzblatt

nicht vorgeschrieben; zumindest für die Kosten- und Erlösrechnung kann wohl gesagt werden, dass viele Unternehmungen auf ihre Durchführung und somit auf ein wertvolles Instrument der Unternehmungsführung verzichten.[52)]

1.3 Grundbegriffe des Rechnungswesens

Terminologien im Rechnungswesen

In den einzelnen Teilgebieten (Teilrechnungssystemen) des betriebswirtschaftlichen Rechnungswesens wird mit unterschiedlichen **ökonomischen Größen** gearbeitet, für die sich **bestimmte Begriffe** herausgebildet haben.[53)] Bevor mit der detaillierteren Behandlung der Kostenrechnung begonnen wird, erscheint deshalb die Klärung der wichtigsten Grundbegriffe des betriebswirtschaftlichen Rechnungswesens (Rechnungsgrößen) angebracht, weil

- zum einen saubere terminologische Abgrenzungen späteren Missverständnissen entgegenwirken (man denke etwa an die vielfach synonyme Verwendung der Begriffspaare „Auszahlungen und Ausgaben" oder „Aufwand und Kosten" oder an Ausdrücke wie „Unkosten"[54)] oder „Kostenaufwand"), und
- zum anderen das Verständnis für die Probleme der Datenbeschaffung in der Kostenrechnung und den darauf aufbauenden Teilgebieten des Rechnungswesens erleichtert wird.

---

der Deutschen Demokratischen Republik, Teil I, Nr. 23 vom 26.08.1985, S. 263, heißt es: „In den Betrieben sind insbesondere folgende Rechnungen zu führen: Grundmittel- und Investitionsrechnung, Materialrechnung, Arbeitskräfterechnung, Leistungs- und Warenrechnung, Kostenrechnung, Finanzrechnung, Valutarechnung, Nutzensrechnung, Gesamtrechnung."

52) Praxiserfahrungen zeigen, dass nur größere Industriebetriebe eine systematisch ausgebaute Kosten- und Erlösrechnung betreiben; viele Klein- und Mittelbetriebe begnügen sich dagegen mit „mehr oder minder sporadischen Produkt- und Auftragskalkulationen, losgelöst von der laufenden Buchhaltung, und mit einer periodischen Erfolgsermittlung auf Basis von Aufwendungen und Erträgen"; LASSMANN (1995), S. 1047. In Dienstleistungsbetrieben findet sich kaum eine Kostenrechnung.

53) Siehe z.B. noch einmal Abb. 3 auf S. 12. Zu Begriffen und Zeichen zur Kostenrechnung vgl. auch den Entwurf bei DEUTSCHE NORM (1982).

54) Vgl. lesenswert zum mittlerweile veralteten Begriff der „Unkosten", dem historisch eine eigenständige Bedeutung beizumessen ist, KÜHNEL (1981). Diese Bedeutung kann auch beispielhaft in SCHMALENBACHs „Unkostenbüchern" nachgelesen werden; vgl. SCHMALENBACH (1911/12).

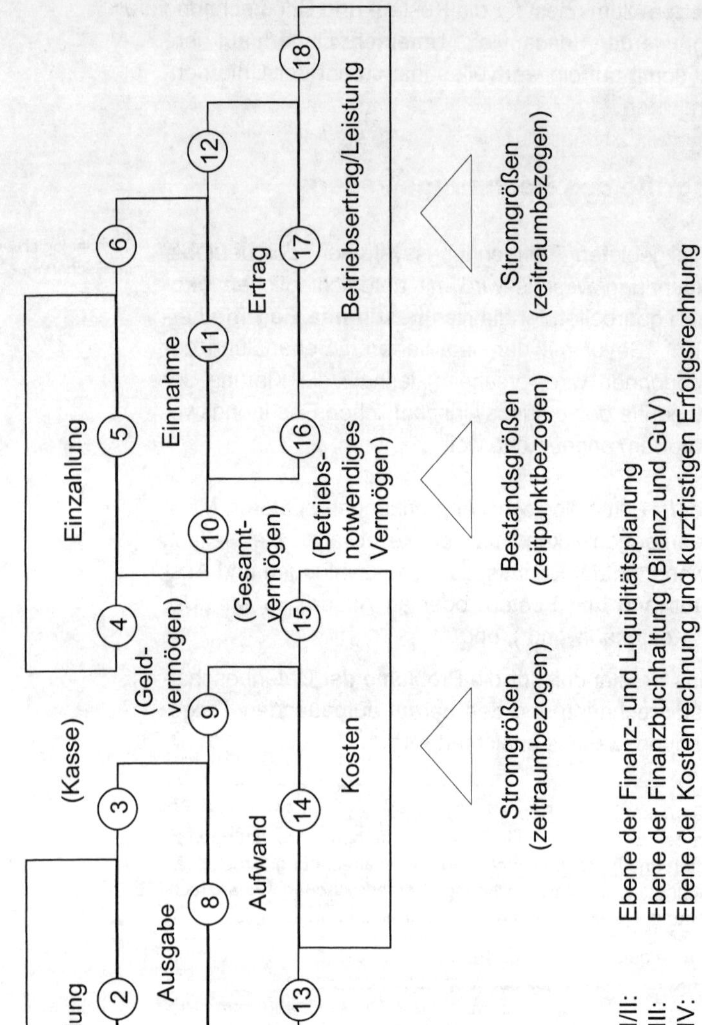

Abb. 5: Grundbegriffe des betriebswirtschaftlichen Rechnungswesens

In der Abb. 5 (auf der Vorseite) ist ein Schema der wichtigsten Grundbegriffe gegeben, die dann in der Abb. 6 einzeln definiert sind. Die 18 Ziffern im Schema sollen im Folgenden als Richtschnur zur systematischen Erläuterung der Unterschiede und Gemeinsamkeiten zwischen den einzelnen Begriffen anhand von Beispielen[55)] dienen:

Stromgrößen	
Auszahlung:[56)]	Abgang liquider Mittel (Bargeld und Sichtguthaben) pro Periode
Einzahlung:	Zugang liquider Mittel (Bargeld und Sichtguthaben) pro Periode
Ausgabe:	Wert aller zugegangenen Güter und Dienstleistungen pro Periode (= Beschaffungswert)[57)]
Einnahme:	Wert aller veräußerten Leistungen[58)] pro Periode (Umsatz)
Aufwand:	Wert aller verbrauchten Güter und Dienstleistungen pro Periode (genauer: ...., der aufgrund gesetzlicher Bestimmungen in der Finanzbuchhaltung verrechnet wird)
Ertrag:	Wert aller erbrachten Leistungen pro Periode (genauer: – vgl. bei „Aufwand" –)
Kosten:	Wert aller verbrauchten Güter und Dienstleistungen pro Periode und zwar für die Erstellung der „eigentlichen" (typischen) betrieblichen Leistungen

55) Die Beispiele entstammen alle dem Leistungssektor; von Einlagen oder Entnahmen wird abstrahiert.

56) Eine andere Ansicht vertritt z.B. SCHNEIDER, Dieter (1997), S. 58: „**Einzahlungen (Zuflüsse an Geld) heißen Einnahmen, Auszahlungen (Abflüsse an Geld) heißen Ausgaben**. Eine Unterscheidung zwischen Einzahlung und Einnahme, Auszahlung und Ausgabe ist entbehrlich."

57) Diese prinzipiell umfassende Definition kann *ausnahmsweise* einen Fall einer Ausgabe nicht fassen: Die Spende an eine gemeinnützige Organisation ist eine Ausgabe, es fehlt allerdings die Gegenleistung in Form des Gutes oder der Dienstleistung.

58) Leistungen werden hier definiert als *mengenmäßige* Ausbringung an Gütern und Dienstleistungen pro Periode.

Betriebsertrag:	Wert aller erbrachten Leistungen pro Periode im Rahmen der „eigentlichen" (typischen) betrieblichen Tätigkeit (= Erlös)
Bestandsgrößen	
Kasse:	Bestand an liquiden Mitteln (Bargeld und Sichtguthaben)
Geldvermögen:	Kasse (wie vorher) + Forderungen ./. Verbindlichkeiten
Gesamtvermögen:	Geldvermögen (wie vorher) + Sachvermögen
Betriebsnotw. Vermögen:	Gesamtvermögen (kostenrechnerisch bewertet ./. nicht-betriebsnotwendiges (neutrales) Vermögen

Abb. 6: Definitionen im betriebswirtschaftlichen Rechnungswesen

Auszahlung ≠ Ausgabe

Mit **Fall 1** wird ein Beispiel (Geschäftsvorfall) für eine Auszahlung gesucht, die nicht gleichzeitig – d.h. in derselben Periode – zu einer Ausgabe führt. Ein solcher Geschäftsvorfall ist die Begleichung einer (aus der Vorperiode stammenden) Lieferantenverbindlichkeit in bar. Es handelt sich um eine Auszahlung, da eine Barzahlung den Abgang liquider Mittel bedeutet (vgl. die Definition in Abb. 6, S. 17). Eine Ausgabe liegt nicht vor, da keine Güter und Dienstleistungen zugegangen sind und der Beschaffungswert somit Null ist. Zum gleichen Ergebnis gelangt man auch bei einer Betrachtung der zugehörigen Bestandsgrößen:[59] Der Kassenbestand nimmt bei obigem Geschäftsvorfall ab; also handelt es sich um eine Auszahlung. Das Geldvermögen dagegen bleibt unverändert, denn der Kassenverringerung steht eine entsprechende Abnahme der Verbindlichkeiten gegenüber; also liegt keine Ausgabe vor.

Auszahlung = Ausgabe

Im **Fall 2** entspricht einer Auszahlung auch eine Ausgabe in der gleichen Periode: Bareinkauf von Rohstoffen.

Ausgabe ≠ Auszahlung

Im **Fall 3** soll eine Ausgabe genannt werden, die in der gleichen Periode nicht zu einer Auszahlung führt: Zieleinkauf von Rohstoffen. Wird

[59] Bestandsgrößen werden durch die zugehörigen Strömungsgrößen erhöht oder verringert: Anfangsbestand + Zugang ./. Abgang = Endbestand.

in einer späteren Periode die hier entstandene Verbindlichkeit bar bezahlt, liegt Fall 1 vor.

Beispiele für die **Fälle 4-6** können analog gebildet werden.

Man erkennt, dass Ausgaben und Auszahlungen sowie Einnahmen und Einzahlungen immer dann auseinanderfallen, wenn Kreditvorgänge stattfinden. Wenn sich die Bestände an Forderungen und Verbindlichkeiten dagegen nicht verändern, dann bedeutet jede Veränderung der Bestandsgröße „Kasse" eine gleiche Veränderung der Bestandsgröße „Geldvermögen". Man erkennt weiter, dass die Strömungsgrößen der Ebenen I und II umso eher auseinanderfallen, je kürzer die zugrunde liegende Periode ist. Auf genügend lange Sicht führt (im Normalfall) jede Ausgabe auch zu einer Auszahlung.

Im **Fall 7** wird ein Beispiel gesucht für eine Ausgabe, die nicht gleichzeitig einen Aufwand bedeutet: Kauf und Lagerung von Rohstoffen. Es handelt sich um einen Zugang von Gütern, die aber noch nicht verbraucht werden. Mit diesem Fall wird nichts darüber gesagt, ob auch gleichzeitig noch eine Auszahlung stattfindet oder nicht. Dazu wäre anzugeben, ob der Kauf von Rohstoffen gegen Kasse oder auf Ziel erfolgt. Es läge dann entweder eine Kombination der Fälle 7 und 2 oder der Fälle 7 und 3 vor. Ausgabe $\neq$ Aufwand

Als Beispiel für **Fall 8** trifft ein Kauf von Rohstoffen zu, die noch in derselben Periode verbraucht werden.[60] Ausgabe = Aufwand

Dem **Fall 9** entspricht eine Lagerentnahme von in der Vorperiode gekauften Rohstoffen für die Fertigung. Dieser Fall ist zeitlich dem Fall 7 nachgelagert. Aufwand $\neq$ Ausgabe

Die **Fälle 10-12** sind wieder analog zu behandeln.

Als Fazit lässt sich festhalten, dass Ausgaben und Aufwendungen sowie Einnahmen und Erträge immer dann auseinanderfallen, wenn

[60] Ein Aufwand liegt rein abrechnungstechnisch für die Finanzbuchhaltung schon dann vor, wenn die Rohstoffe vom Lager in die Fertigung gegeben werden und dort noch nicht verbraucht sind. Die Abgänge werden aufgrund der Materialentnahmescheine in der Lagerbuchhaltung verbucht und in der Finanzbuchhaltung als Aufwand (Gesamtvermögensminderung) betrachtet, und zwar unabhängig von ihrer aktuellen Verwendung.

Lagerbestandsveränderungen bei der Beschaffung von Produktionsfaktoren oder dem Absatz von betrieblichen Leistungen stattfinden. Daraus folgt weiter, dass bei nicht lagerfähigen Gütern und Dienstleistungen die Ebenen II und III zusammenfallen; es gibt dann keine Unterschiede zwischen Ausgaben und Aufwendungen oder zwischen Einnahmen und Erträgen. Beispiele hierfür sind etwa der Bezug elektrischer Energie oder der Absatz von Dienstleistungen.

Aufwand ≠ Kosten = neutraler Aufwand

Bei **Fall 13** wird ein Aufwand gesucht, dem nicht gleichzeitig auch Kosten entsprechen. Bei genauer Betrachtung der Definitionen muss es sich hierbei um einen Aufwand handeln, der in der Kostenrechnung nicht in derselben Periode als Wert von Gütern und Dienstleistungen verrechnet wird, die für die Erstellung der betrieblichen Leistungen verbraucht wurden. Man spricht in diesen Fällen von **neutralem Aufwand** und unterscheidet folgende Unterarten:

betriebsfremder Aufwand

1. **Betriebsfremder Aufwand** ist der „reinste" Fall von neutralem Aufwand, da er in keinerlei Beziehung zur betrieblichen Leistungserstellung steht, also nicht durch die Produktions- und Absatztätigkeit verursacht ist.

   Beispiele sind: Spenden für karitative Zwecke, Kursverluste bei einer nicht betriebsnotwendigen Wertpapieranlage, Reparaturen an betrieblich nicht notwendigen Gebäuden.

periodenfremder Aufwand

2. **Periodenfremder Aufwand** ist zwar betriebsbezogen, fällt aber erst in einer späteren Periode an als in der, in der die entsprechenden Produktionsfaktoren verbraucht werden.

   Ein Beispiel für diesen (relativ seltenen) Fall:

   Der Betrieb muss (aufgrund einer steuerlichen Außenprüfung) eine Gewerbesteuer-Nachzahlung für frühere Perioden leisten. Würde man jetzt die Gewerbesteuer als Kosten verrechnen,[61] so würde nicht nur ein früheres – jetzt ohnehin nicht mehr korrigierbares

[61] Auf die Frage, wann und ob die Gewerbesteuer eine Kostensteuer darstellt, wird in Kapitel 3.1.3.4, S. 72-77, eingegangen.

– Betriebsergebnis falsch sein, sondern auch noch die Kostenhöhe und damit das Betriebsergebnis der laufenden Periode.[62)]

außerordentlicher Aufwand

3. Betrieblicher **außerordentlicher Aufwand**[63)] ist ebenfalls betriebsbedingt, jedoch nach Höhe und Art so außergewöhnlich, dass er nicht als Kosten verrechnet wird. Dahinter steht die Vorstellung, als Kosten nur den normalen (durchschnittlichen, gewöhnlichen) Werteverzehr zu verrechnen, da anderenfalls die Ergebnisse der Kostenrechnung durch Zufallsschwankungen verzerrt werden und als Grundlage „normaler" Dispositionen nicht mehr verwendbar sind.

   Beispiele: Katastrophenschäden oder Verkäufe gebrauchter Anlagegüter unter ihrem Buchwert.

Die Aufspaltung des Aufwandes in neutralen Aufwand und Kosten ist in Abb. 7 (auf S. 22) graphisch dargestellt.

Als nächstes Beispiel (**Fall 14**) sind Aufwendungen gesucht, die zugleich Kosten sind. Dieser Fall tritt sehr häufig auf; das Zahlenmaterial der Finanzbuchhaltung wird unverändert in die Kostenrechnung übernommen. Man spricht dann von Zweckaufwand und von Grundkosten.[64)] Beispiele sind Akkordlöhne oder der Verbrauch von Verpackungsmaterial.

---

62) Der periodenfremde Aufwand wird fälschlicherweise oft in Verbindung gebracht mit der sogenannten „zeitlichen Abgrenzung" von Aufwendungen. Diese Abgrenzung findet bereits zwischen den Ebenen II und III, d.h. zwischen Ausgaben und Aufwand, statt.

63) Der Begriff des außerordentlichen Aufwands ist auch in der Bilanzrechnung bekannt (vgl. § 275 Abs. 2 Nr. 16 HGB). Die frühere inhaltliche Identität der Rechnungsgröße der Bilanzrechnung und der Kosten- und Erlösrechnung ist seit dem BiRiLiG jedoch nicht mehr gegeben. Handelsrechtliche außerordentliche Aufwendungen sind mittlerweile **außerordentlich** selten! Vgl. im Einzelnen die Beispiele bei FÖRSCHLE (2003), Tz. 222-223.

64) Diese Aussagen werden im Folgenden – im Zusammenhang mit den kalkulatorischen Kosten – noch präzisiert.

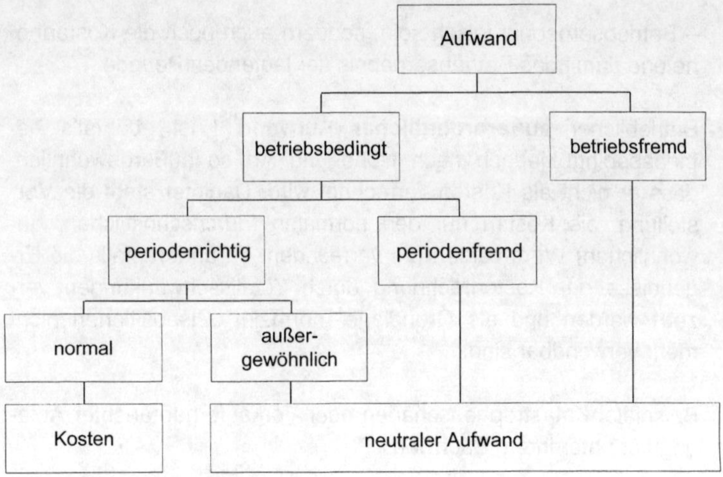

Abb. 7: Aufspaltung des Aufwands in neutralen Aufwand und Kosten

Aufwand = Kosten

Kosten ≠ Aufwand = kalkulatorische Kosten

Bei **Fall 15** handelt es sich um Kosten, denen kein Aufwand gegenübersteht. Man bezeichnet sie als **kalkulatorische Kosten**, weil sie eigens für kostenrechnerische Zwecke „kalkuliert" werden. Da hierauf im Kapitel über die Kostenartenrechnung (insbesondere auf den S. 77-103) noch näher eingegangen wird, sollen die kalkulatorischen Kosten an dieser Stelle nur so weit behandelt werden, wie dies für Zwecke der Systematisierung der Grundbegriffe des betriebswirtschaftlichen Rechnungswesens notwendig erscheint.

Kalkulatorische Kostenarten sind:

- kalkulatorische Abschreibungen,
- kalkulatorische Zinsen,
- kalkulatorischer Unternehmerlohn,
- kalkulatorische Mieten,
- kalkulatorische Wagnisse.

Als Beispiel sei die Verrechnung von **kalkulatorischem Unternehmerlohn** und von **kalkulatorischen Zinsen** herausgegriffen:

kalkulatorischer Unternehmerlohn

In Personen- und Kapitalgesellschaften kann als Entgelt für die dispositive Arbeitsleistung der Geschäfts- und Betriebsleitung (auch wenn diese selbst Inhaber der Gesellschaft sind) ein vertraglich vereinbartes Gehalt gezahlt werden. Dieses Gehalt verrechnet man in der Finanzbuchhaltung als Aufwand[65)] und in der Kostenrechnung als Kosten (vgl. Fall 14). In Einzelunternehmungen dagegen darf aus dem **Selbstkontrahierungsverbot des § 181 BGB** heraus (und somit auch mit handels- und steuerrechtlicher Wirkung) die Arbeitsleistung der Inhaber nicht durch ein Gehalt vergütet werden, sondern ist aus dem Gewinn zu decken. Aufwand entsteht also nicht.[66)] Dieses Ergebnis bei den Einzelunternehmungen (aber auch bei den Personen- und Kapitalgesellschaften, die auf Gesellschafter-Geschäftsführer-Anstellungsverträge verzichtet haben!) ist für die kostenrechnerischen Zielsetzungen unbefriedigend, da tatsächlich ein Verbrauch von Produktionsfaktoren stattfindet. Dieser Verbrauch wird deshalb mit Hilfe des kalkulatorischen Unternehmerlohns erfasst.

kalkulatorische Zinsen

In ähnlicher Weise werden die Zinsen für Gesellschafter-Fremdkapital in der Finanzbuchhaltung als Aufwand verrechnet, nicht dagegen Zinsen für das Eigenkapital in Einzelunternehmungen (als Dividenden oder Gewinnentnahmen). Dieses ebenfalls unbefriedigende Ergebnis führt dazu, dass man in der Kostenrechnung – unabhängig von den gezahlten Fremdkapitalzinsen – kalkulatorische Zinsen auf das betriebsnotwendige Kapital verrechnet.

Unter Berücksichtigung dieser beiden Beispiele kann man die kalkulatorischen Kosten wie folgt differenzieren:

Zusatzkosten

1. **Zusatzkosten** sind kalkulatorische Kosten, denen überhaupt kein Aufwand gegenübersteht (Beispiel: kalkulatorischer Unternehmerlohn).

Anderskosten

2. **Anderskosten**[67)] sind kalkulatorische Kosten, denen Aufwand in anderer Höhe gegenübersteht (Beispiel: kalkulatorische Zinsen).

---

65) Diese Handhabe ist unbeeinflusst von der steuerlichen Umqualifizierung der Gesellschafter-Geschäftsführerentgelte in Personengesellschaften gem. § 15 Abs. 1 Nr. 2 EStG. Vgl. zur Umqualifizierung z.B. HABERSTOCK/BREITHECKER (2005), S. 187.

66) Vgl. den Zusatz bei der Definition des Aufwands in Abb. 6 auf S. 17, und auch die einschränkenden Überlegungen später auf S. 99-100.

67) Der Begriff der Anderskosten wurde von KOSIOL (1964), S. 35 f., geprägt. Autoren, die nicht zwischen Zusatz- und Anderskosten unterscheiden, verwenden gewöhnlich die Ausdrücke Zusatzkosten, Anderskosten und kalkulatorische Kosten synonym.

Die Abgrenzung zwischen Aufwand und Kosten gehört zu den wichtigsten (und schwierigsten) kostenrechnerischen Vorarbeiten. Man bezeichnet sie als sachliche (Fall 13) und kalkulatorische Abgrenzung (Fall 15). Einen Überblick hierzu bietet Abb. 8.

1) Anderskosten können größer oder kleiner sein als der entsprechende Zweckaufwand, der nicht als Kosten verrechnet wird.

Abb. 8: Abgrenzung zwischen Aufwand und Kosten

Beim **Fall 16** handelt es sich um neutralen Ertrag; die Ausführungen zum neutralen Aufwand gelten hier analog.

Abgrenzung von Ertrag und Betriebsertrag

Im **Fall 17** werden betriebliche Leistungen erstellt, die auch in der Finanzbuchhaltung als Ertrag verbucht werden.

Fall 18 stellt das Pendant zu den kalkulatorischen Kosten dar. Es muss sich um **kalkulatorische Betriebserträge** handeln, denen in der Finanzbuchhaltung entweder überhaupt kein Ertrag oder ein Ertrag in anderer Höhe gegenübersteht. Beispiel ist die Bewertung der unfertigen/fertigen Erzeugnisse für Zwecke der kurzfristigen Erfolgsrechnung (oder für kostenrechnerische Planungsaufgaben – make or buy –). Diese sind zu Herstellkosten (unter Einbeziehung kalkulatorischer Kosten) anzusetzen. In die Herstellkosten[68)] für Bilanzierungszwecke dürfen die kalkulatorischen Kosten nicht einbezogen werden, sondern lediglich die tatsächlichen Aufwendungen – soweit sie überhaupt anfallen. Ein weiteres Beispiel ist die Bewertung der betrieblichen Leistungen zu erwarteten höheren Marktpreisen; für *dispositive Zwecke* kann dieses Vorgehen geboten sein, für Bewertungszwecke in der Bilanz dürfen nach § 253 Abs. 1 S. 1 HGB höchstens die Herstellungskosten angesetzt werden.

Damit sind alle 18 Fälle der Abb. 5 erörtert. Viele Geschäftsvorgänge lassen sich jedoch nicht durch einen dieser Fälle beschreiben, sondern stellen Kombinationen verschiedener Fälle dar, wie bereits bei Fall 7 angedeutet. Ein Beispiel für die Kombination der Fälle 14, 8 und 2 ist der Kauf und die Barzahlung von Rohstoffen, die noch in der gleichen Periode für Zwecke der betrieblichen Leistungserstellung verbraucht werden. Ein Beispiel für das gleichzeitige Vorliegen der Fälle 16, 11 und 6 ist der Verkauf einer Maschine über dem Buchwert auf Ziel.

[68)] Handelsgesetzbuch und Einkommensteuergesetz sprechen von Herstel*lungs*kosten. Vgl. hierzu ausführlich z.B. WÖHE (1997), S. 385-416, oder WOHLGEMUTH (2004), Tz. A500-A521.

2 Theoretische Grundlagen der Kostenrechnung

2.1 Kostenbegriffe

Kostenbegriff

Mit den Grundbegriffen des Rechnungswesens (vgl. S. 17) sind die Kosten bereits definiert worden als der Wert aller verbrauchten Güter und Dienstleistungen pro Periode für die Erstellung der „eigentlichen“ (typischen) betrieblichen Leistungen. Diese Definition soll auch im Folgenden – allerdings etwas umformuliert – beibehalten werden:

Kosten sind der bewertete Verzehr von Produktionsfaktoren und Dienstleistungen, der zur Erstellung und zum Absatz der betrieblichen Leistungen sowie zur Aufrechterhaltung der Betriebsbereitschaft (Kapazitäten) erforderlich ist.

wertmäßiger Kostenbegriff

Diese **wertmäßige Definition der Kosten** geht auf SCHMALENBACH zurück.[69)] Sie wird in der Kostentheorie nicht einheitlich,[70)] aber von der herrschenden Meinung vertreten.[71)]

Der **wertmäßige Kostenbegriff** ist durch drei Merkmale gekennzeichnet:

---

69) Siehe SCHMALENBACH (1963), S. 6, der aber gleichzeitig ausführt, dass es sich hierbei um eine allgemeingehaltene Definition der Kosten und nicht um eine absolute Größe handelt. SCHMALENBACH betont ebenda, dass der **Kostenbegriff zweckabhängig** ist; es „hängt vom verfolgten Rechnungszweck ab, ob und in welchem Umfange der für betriebliche Leistungen erfolgte Güterverzehr als Kosten in Ansatz zu bringen ist.“

70) Vgl. KLOOCK/SIEBEN/SCHILDBACH (1999), S. 28. Siehe zu unterschiedlichen Auffassungen zum Kostenbegriff bereits MENRAD (1965), S. 96-169. Diskutiert wird zum einen der wertmäßige versus dem pagatorischen Kostenbegriff. Zum anderen werden beide Kostenbegriffe insofern kritisch hinterfragt, als dass sie in Einzelfällen bestimmte Größen nicht als Kosten erfassen, obwohl diese Größen entscheidungsrelevant sind und damit in einer Kostenrechnung, die den Rechnungszweck „Planung“ erfüllen soll, berücksichtigungspflichtig wären. Ein schon fast klassisches Beispiel für diese Größen sind die Steuern; siehe dazu Kap. 3.1.3.4, S. 72-77.

71) Vgl. VODRAZKA (1992), S. 20. Siehe auch SCHNEIDER, Dieter (1997), S. 60 f., der allerdings betont, dass der *wertmäßige* Kostenbegriff im Schrifttum *noch* vorherrscht.

Merkmal 1: Güterverzehr

1. Es muss ein **Güterverzehr** vorliegen, d.h. die eingesetzten Güter verlieren die Fähigkeit, zur Hervorbringung betrieblicher Ausbringungsgüter beizutragen.[72)] Verbrauchsgüter (Repetiergüter, z.B. Roh-, Hilfs-, und Betriebsstoffe) werden mit ihrem Einsatz in der Produktion verzehrt. Langlebige Gebrauchsgüter (Potentialgüter, z.B. Maschinen) führen bei ihrer Anschaffung zu Ausgaben und erst beim „Verzehr" des in ihnen vorhandenen Nutzungsvorrates im Laufe der Zeit zu Kosten. Auch immaterielle Güter können verzehrt werden, wie z.B. ein Patentschutz im Laufe der Zeit. Kapital kann als Verfügungspotential (Nutzungsmöglichkeit) über Güter betrachtet werden; der Preis dieses Verfügungsrechts ist der Zins.[73)]

Merkmal 2: Leistungsbezogenheit

2. Der Güterverzehr muss eine **Leistungsbezogenheit** (**Sachzielbezogenheit**)[74)] aufweisen. Damit dies erfüllt ist, muss eine Beziehung zwischen dem Güterverbrauch und der Leistung bzw. dem Sachziel bestehen. Dies ist z.B. bei einer Spende an das Rote Kreuz nicht der Fall, deshalb liegen auch keine Kosten, sondern neutrale Aufwendungen vor. Die Frage, wann Leistungs- bzw. Sachzielbezogenheit vorliegt, wird bei der Behandlung der Kostenverrechnungsprinzipien noch einmal aufgegriffen.[75)]

---

72) Siehe SCHWEITZER/KÜPPER (2003), S. 17 f.

73) Nach KOSIOL (1964), S. 26, ist Kapital somit ein „Wert sui generis, der zu der jeweiligen spezifischen Gütereigenschaft als individuelles Real- oder Nominalgut noch hinzutritt. ... Dieses besondere Wirtschaftsgut Kapital ist stets nur *zeitlich* verfügbar, es verzehrt sich unaufhaltsam im kontinuierlichen Zeitablauf." Eine andere Auffassung kommt im *realwirtschaftlichen* Kostenbegriff von Erich SCHNEIDER (1961), S. 5 und S. 38, zum Ausdruck; danach führt nur ein Verbrauch an Realgütern zu Kosten, während Zinsen sogenannte „Als-ob-Kosten" darstellen.

74) Zum Teil wird in der Literatur das Kriterium Leistungsbezogenheit durch das Kriterium Sachzielbezogenheit ersetzt. Siehe z.B. KLOOCK/SIEBEN/SCHILDBACH (1999), S. 29, und auch SCHWEITZER/KÜPPER (2003), S. 20 ff., mit der Begründung, dass der Leistungsbegriff nicht eindeutig verwandt wird. Versteht man allerdings Leistung im Sinne von mengenmäßiger Ausbringung an Gütern und Dienstleistungen pro Periode und unter dem Sachziel das Ziel der Unternehmung, Güter und Dienstleistungen zu produzieren, ist ein Unterschied zwischen beiden Begriffen nicht erkennbar.

75) Siehe dazu unten S. 47-52.

Merkmal 3: Bewertung

(zu Grenzauszahlungen, zum Grenzgewinn oder zu Opportunitätskosten)

3. Der Güterverzehr muss einer **Bewertung** unterliegen, da anderenfalls die verschiedenen Produktionsfaktorarten nicht verglichen, also nicht „unter einen Hut gebracht" werden können. Es kommen verschiedene Preise als Kostenwerte in Betracht. Man kennt Bewertungen zu Anschaffungs-, Wiederbeschaffungs-, Tages-, Börsen-, Durchschnitts-, Verrechnungs- oder Knappheitspreisen (Schattenpreisen, Lenkungspreisen). Dem wertmäßigen Kostenbegriff liegt nun die Vorstellung zugrunde, dass der Kostenwert so zu wählen ist, dass er die Wirtschaftsgüter in ihre optimale Verwendungsform lenkt.[76)] Er besteht grundsätzlich aus der Grenzauszahlung, dem Grenzgewinn oder den Opportunitätskosten (= Kosten der entgangenen Gelegenheit) der eingesetzten Güter.[77)]

pagatorischer Kostenbegriff

In diesem letzten Merkmal „Bewertung" besteht der Unterschied zwischen dem *wertmäßigen* und dem *pagatorischen* Kostenbegriff. Der Begriff **pagatorische Kosten** geht auf KOCH zurück, der hierunter „die mit Herstellung und Absatz einer Erzeugniseinheit bzw. einer Periode verbundenen, 'nicht kompensierten' [im Sinne von erfolgswirksamen, Anm. d.V.] Ausgaben"[78)] versteht. Auch im jüngeren Schrifttum wird der pagatorische Kostenbegriff in seiner ursprünglichen oder in einer modifizierten Form vertreten.

entscheidungsorientierter Kostenbegriff

Eine (modifizierte) Form des pagatorischen Kostenbegriffs[79)] ist der **entscheidungsorientierte** Kostenbegriff nach RIEBEL. Für RIEBEL sind Kosten „die durch die Entscheidung über das betrachtete Objekt ausgelösten zusätzlichen – nicht kompensierten – Auszahlungen und kreditorischen Ausgaben."[80)]

---

76) Siehe SCHMALENBACH (1963), S. 141, der diesen Wert als optimale Geltungszahl bezeichnet.

77) Vgl. KOSIOL (1964), S. 34 f.; sowie KLOOCK/SIEBEN/SCHILDBACH (1999), S. 24 und S. 31.

78) KOCH, Helmut (1958), S. 361.

79) Ein anderer modifizierter pagatorischer Kostenbegriff ist der von Dieter SCHNEIDER (1997), S. 66, der Kosten als „Ausgaben .., die gemäß einem ausdrücklich zugrunde gelegten Gewinnbegriff für einen Abrechnungszeitraum und in der Höhe umgerechnet sind", definiert.

80) RIEBEL (1994), S. 15. RIEBEL (1994), S. 16, begründet die Verwendung des pagatorischen statt des wertmäßigen Kostenbegriffs u.a. damit, dass „der so angesetzte Geldbetrag 'im Ist' intersubjektiv nachprüfbar" ist. Der von RIEBEL verwendete Kostenbegriff steht im engen Zusammenhang mit dem von ihm entwickelten Identitätsprinzip, siehe dazu unten S. 50/51.

Anders als beim *wertmäßigen* Kostenbegriff, nach dem über die Auszahlung hinaus auch Opportunitätskosten zu den Kosten zählen, bestimmt beim *pagatorischen* Kostenbegriff (nur) der Anschaffungspreis (d.h. die Auszahlung oder Ausgabe) den Kostenwert.[81] Der *pagatorische* Kostenbegriff als „spezielle Ausgabenkategorie"[82] beinhaltet somit keine Zusatzkosten.[83]

2.2 Produktions- und Kostentheorie als Grundlage der Kostenrechnung

Kostenfunktion

Im vorhergehenden Kapitel wurden verschiedene Kostenbegriffe erläutert. Dabei wurden Kosten u.a. definiert als bewerteter, leistungsbezogener Güterverbrauch. Ein Instrument zur Quantifizierung von Kosten sind **Kostenfunktionen**. Mit Hilfe von Kostenfunktionen soll aufgezeigt werden, „welche *Kostenbestimmungsfaktoren* die Kosten einer Planungs- oder Abrechnungsperiode verursachen und welche funktionalen Zusammenhänge hierbei wirksam werden."[84]

Produktionsfunktion

Kostenfunktionen leiten sich wiederum aus **Produktionsfunktionen** ab. Innerhalb der betriebswirtschaftlichen Theorie hat nun die Produktions- und Kostentheorie die Aufgabe übernommen, die funktionalen Beziehungen der Kombination der Produktionsfaktoren zu erforschen und modellhaft darzustellen.[85] Die theoretischen Erkenntnisse der Produktions- und Kostentheorie finden ihren Niederschlag vor allem in der praktischen Ausgestaltung der Kostenrechnung und der übrigen Teilgebiete des betriebswirtschaftlichen Rechnungswesens;

---

81) Vgl. KLOOCK/SIEBEN/SCHILDBACH (1999), S. 31; siehe auch DÖRING (1984), S. 67. Zur Gegenüberstellung von pagatorischem und wertmäßigem Kostenbegriff siehe auch VODRAZKA (1992).

82) RIEBEL (1994), S. 15.

83) Vgl. KLOOCK/SIEBEN/SCHILDBACH (1999), S. 37. Zum Begriff der Zusatzkosten siehe bereits oben unter S. 23/24. Inwieweit der pagatorische Kostenbegriff Anderskosten (vgl. oben S. 23/24) beinhalten kann, ist abhängig davon, ob der pagatorische Kostenbegriff nur *realisierte* pagatorische Preise (Anschaffungspreise) oder auch *nichtrealisierte* pagatorische Preise (gegenwärtige und zukünftige Anschaffungspreise) umfasst.

84) KILGER/PAMPEL/VIKAS (2002), S. 101.

85) Vgl. BLOECH/LÜCKE (1982), S. 101 f., sowie BUSSE VON COLBE/LASSMANN (1991), S. 71 f.

sie dienen damit der optimalen Gestaltung unternehmerischer Dispositionen.[86)]

Während die **Produktionstheorie** ihr Augenmerk in erster Linie auf die **mengenmäßigen Beziehungen** des Produktionsprozesses[87)] richtet, beschäftigt sich die **Kostentheorie** (meist daran anschließend) mit den **wertmäßigen Relationen.**[88)]

Ertragsfunktion

Im Mittelpunkt der Produktionstheorie steht die Produktionsfunktion. Sie gibt die funktionalen Beziehungen zwischen Produktionsfaktor-Einsatzmengen und den Ausbringungsmengen wieder. Man nennt sie auch Ertragsfunktion oder Input-Output-Funktion und schreibt sie in allgemeiner Form

$$(1) \qquad x = f(r_1, r_2, \ldots, r_n),$$

wobei x die Ausbringung (in Stück, kg, kWh etc.) und r_1 bis r_n die einzelnen Mengen an eingesetzten Produktionsfaktorarten wiedergeben.[89)]

Im Mittelpunkt der Kostentheorie steht die Kostenfunktion als funktionale Beziehung zwischen Ausbringungsmenge und Gesamtkosten (K); sie leitet sich formal aufgrund einfacher Überlegungen aus der Produktionsfunktion ab:

monetäre Produktionsfunktion

Bewertet man in der Produktionsfunktion (1) die Faktormengen mit ihren Preisen q_1 bis q_n, so erhält man als monetäre Produktionsfunktion

$$(2) \qquad x = f(r_1 \cdot q_1, r_2 \cdot q_2, \ldots, r_n \cdot q_n).$$

---

86) Umgekehrt empfängt aber auch die Produktions- und Kostentheorie aus den praktischen Problemen einzelner Teilgebiete des betriebswirtschaftlichen Rechnungswesens, insbesondere der Investitions- und Finanzrechnung, neue Impulse für ihre weiteren Forschungen.

87) Unter dem Begriff der Produktion wird im Folgenden – sofern nicht ausdrücklich ausgeschlossen – nicht nur die Leistungserstellung, sondern auch die Leistungsverwertung verstanden.

88) Vgl. auch ELLINGER/HAUPT (1996), S. 3 ff.

89) Graphisch gesehen werden die Produktionsfaktoren auf der Abszisse, die Ausbringungsmenge auf der Ordinate abgetragen.

Nun entsprechen aber die mit ihren Preisen bewerteten Produktionsfaktoren dem Wert aller verbrauchten Güter und Dienstleistungen,[90)] also den Kosten:

(3) $x = f(K)$.

Bildet man hierzu die Umkehrfunktion, so erhält man die Kosten (abhängige Variable) als Funktion der Ausbringung[91)] (unabhängige Variable):[92)]

(4) $K = f(x)$.

Es kommt nun darauf an, welche Gestalt die Kostenfunktion für einen bestimmten Betrieb (oder Betriebsteil oder Arbeitsplatz) aufweist, mit anderen Worten, wie sich die Kostenhöhe bei Änderungen der Ausbringung ändert.

Kostenverläufe

Man kann grundsätzlich folgende **Möglichkeiten des Gesamtkostenverlaufs** in Abhängigkeit von der Ausbringung[93)] unterscheiden:

90) Vgl. Abb. 6, S. 17, und Kap. 2.1, S. 26-29.

91) Es sei darauf hingewiesen, dass sich die Produktions- und Kostentheorie nicht darauf beschränkt, die Kosten in Abhängigkeit von der Ausbringung (Beschäftigung) zu untersuchen, sondern dass sie versucht, die Kosten als Funktion einer ganzen Reihe von Kostenbestimmungsfaktoren zu analysieren. Die Ausbringung (Beschäftigung) ist nur *einer* dieser Kostenbestimmungsfaktoren; GUTENBERG (1983), S. 344-347, unterscheidet fünf Haupt-Kosteneinflussgrößen: Faktorqualität, Beschäftigung, Faktorpreise, Betriebsgröße und Fertigungsprogramm. Ein sehr differenziertes System der Kostenbestimmungsfaktoren findet sich bei HABERSTOCK (2004), S. 35-45, KILGER/PAMPEL/VIKAS (2002), S. 102, oder BUSSE VON COLBE/LASSMANN (1991), S. 209-218.

92) Graphisch gesehen wird nun die Ausbringungsmenge auf der Abszisse und die Gesamtkosten werden auf der Ordinate abgetragen.

93) Da durch die Ausbringungsmenge der Beschäftigungsgrad determiniert wird, beschreibt dieser Kostenverlauf gleichzeitig auch das Verhalten der Gesamtkosten bei Änderungen des Beschäftigungsgrades.

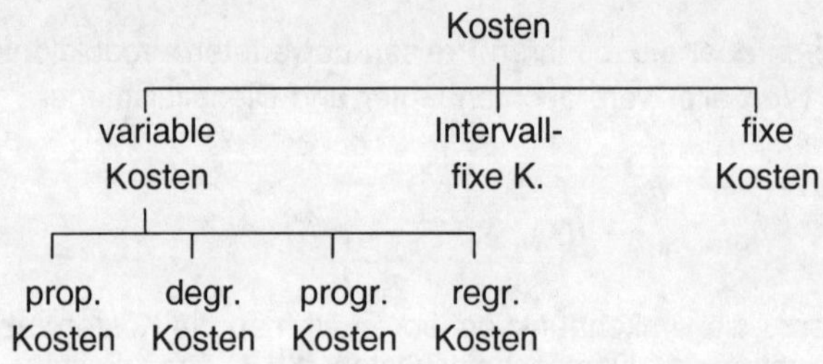

Abb. 9: Kostenverläufe in Abhängigkeit von der Ausbringung

proportional

1. **Proportionaler (linearer) Verlauf:** Jede (relative) Beschäftigungsänderung (in %) führt zur gleichen (relativen) Änderung der Kostenhöhe. Wenn sich z.B. die Ausbringung verdoppelt, dann verdoppeln sich auch die Gesamtkosten; sie verlaufen also linear.

degressiv

2. **Degressiver Verlauf:** Eine relative Beschäftigungsänderung führt zu einer geringeren relativen Kostenänderung. Die Kosten steigen langsamer als die Ausbringung; sie verhalten sich unterproportional.

progressiv

3. **Progressiver Verlauf:** Die Kosten steigen schneller als die Ausbringung; sie verhalten sich überproportional.

regressiv

4. **Regressiver Verlauf:** Jede relative Beschäftigungsänderung führt zu einer relativen Kostenänderung mit umgekehrtem Vorzeichen; wenn die Beschäftigung steigt, dann sinken die Gesamtkosten absolut und umgekehrt. Der Verlauf der Regression kann wiederum linear, unter- oder überproportional sein.

fix

5. **Fixer Verlauf:** Jede relative Beschäftigungsänderung führt zu einer relativen (und absoluten) Kostenänderung von Null. Die Gesamtkosten verändern sich also nicht bei Ausbringungsschwankungen; sie verhalten sich fix (konstant).

intervallfix

6. **Intervallfixer Verlauf:** Innerhalb bestimmter Beschäftigungsbereiche verhalten sich diese Kosten fix. Beim Überschreiten bestimmter Beschäftigungsgrenzen steigen die Kosten sprunghaft an, um

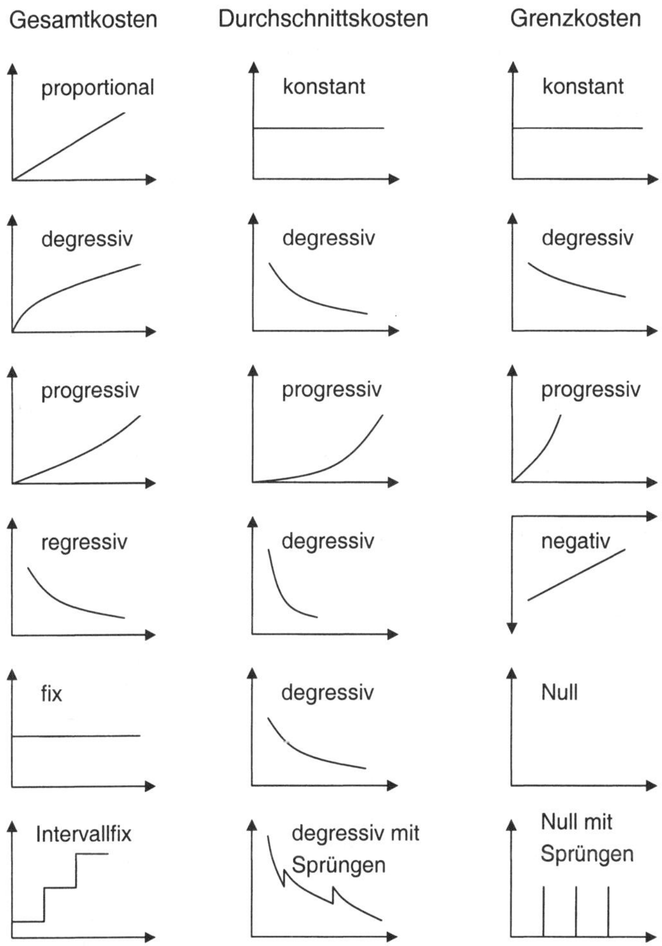

Abb. 10: Graphische Darstellung der Kostenverläufe

dann bis zum nächsten Beschäftigungsintervall wieder fix, aber auf höherem Niveau, zu verlaufen. Man nennt sie auch Sprungkosten oder relativ-fixe Kosten.

variable Kosten

Die Gesamtkosten nach 1. bis 4. bezeichnet man als variable Kosten, weil sie sich im Gegensatz zu den fixen Kosten bei Beschäftigungsschwankungen ändern. Die intervallfixen Kosten nehmen eine Mittelstellung zwischen variablen und fixen Kosten ein. In der Abb. 10 (auf S. 33) sind die verschiedenen Gesamtkostenverläufe graphisch dargestellt. Von den regressiven Kosten sind nur die unterproportionalen abgebildet.

Da die Gesamtkosten eines Betriebes (oder Betriebsteiles) selten in der reinen Form einer der in Abb. 10 abgebildeten Kostenkurven verlaufen, seien im Folgenden als Beispiele einige Kostenarten angegeben, die tendenziell den angegebenen Verläufen entsprechen können:

typische Kostenarten je Kostenverlauf

Typisches Beispiel für proportionale Kosten sind Akkordlöhne, die per definitionem für jedes Stück in gleicher Höhe gezahlt werden. Degressiv können bestimmte Werkstoffkosten verlaufen, wenn beim Einkauf gestaffelte Mengenrabatte gewährt werden oder wenn die Arbeitskräfte aufgrund der mit steigender Ausbringung wachsenden Übung und Erfahrung Lerneffekte[94)] erzielen. Progressiv verhalten sich z.B. Energiekosten, wenn Anlagen mit überhöhten Intensitäten gefahren werden (man denke an den Benzinverbrauch eines Ottomotors).[95)] Regressive Kosten treten so selten auf, dass sie eher von akademischem als praktischem Interesse sind. Als Beispiel seien die Heizungskosten in einem Kino (oder Hörsaal), die Warmhaltekosten in Gießereien („Nachtwächterkosten") sowie die Füllmenge offener Kühltruhen im Supermarkt genannt. Fixe Kosten sind z.B. die Abschreibungen auf Betriebsgebäude oder die Steuern und Versicherungen für den Fuhrpark. Intervallfix können z.B. Vorarbeitergehälter oder Maschinenabschreibungen sein.

---

94) Vgl. zur „Theorie der Lernkurven" HABERSTOCK (2004), S. 163-170. Diese Lernkurven haben enge Verwandtschaft zum Kostenerfahrungskurvenkonzept, das jedoch über das Konzept der Lernkurven hinausgeht. Siehe zum Erfahrungskurvenkonzept HENDERSON (1984), S. 17 ff., oder WELGE/AL-LAHAM (1992), S. 72 ff.

95) Vgl. zur Ableitung der Kostenverläufe bei Intensitätsänderungen HABERSTOCK (2004), S. 144-155.

Für kostentheoretische und kostenrechnerische Zwecke benötigt man nicht nur die **Gesamtkosten** bei einer bestimmten Ausbringungsmenge, sondern auch die dazugehörigen **Durchschnitts- und Grenzkosten**:

Durchschnittskosten

Die **Durchschnittskosten** (k) sind die **Kosten je Produkteinheit** (Einheitskosten oder durchschnittliche Stückkosten). Man errechnet sie, indem man die Gesamtkosten durch die Ausbringungsmenge dividiert:

(5) $$k = \frac{K}{x}$$

Graphisch lassen sich die Durchschnittskosten aus der Gesamtkostenkurve ableiten, indem aus dem Ursprungspunkt des Koordinatenkreuzes ein **Fahrstrahl an einen bestimmten Punkt der Gesamtkostenkurve** gelegt und dieser Fahrstrahl parallel verschoben wird, bis er die Abszisse im Punkt - 1 schneidet. Die Höhe der betreffenden Durchschnittskosten kann dann an der Ordinate in jenem Punkt abgelesen werden, in dem sie von dem parallel verschobenen Fahrstrahl geschnitten wird.[96] Wendet man dieses Verfahren mehrfach für verschiedene Punkte der Gesamtkostenkurve an, so erhält man die dazugehörigen Durchschnittskosten, die sich ebenfalls als Funktion der Ausbringung kurvenförmig darstellen lassen.

Grenzkosten

Die **Grenzkosten** (K') sind der **Gesamtkostenzuwachs**, der durch die Produktion der jeweils letzten Ausbringungseinheit verursacht wird. Sie sind ebenfalls auf eine Einheit bezogen und entsprechen der Zunahme (Abnahme) der Gesamtkosten bei Erhöhung (Verringerung) der Ausbringung um diese Einheit. Mathematisch gesehen stellen sie das Steigungsmaß der Gesamtkostenkurve dar und werden durch Differenziation dieser Funktion errechnet:

(6) $$K' = \frac{dK}{dx}$$

---

[96] Man nutzt hier die Beziehungen des rechtwinkligen Dreiecks, nach denen sich der Tangens eines Winkels (hier k) als Quotient aus Gegenkathete (hier K) und Ankathete (hier x) ergibt. Da die Ankathete gleich 1 gesetzt wird, kann das Ergebnis direkt an der Ordinate abgelesen werden.

Graphisch kann man die Grenzkosten(-kurve) in Analogie zu den Durchschnittskosten ableiten, indem man nicht den Fahrstrahl durch den betreffenden Punkt der Gesamtkostenkurve parallel verschiebt, sondern die **Tangente an** diesem Punkt der **Gesamtkostenkurve**. Es sei bereits hier darauf hingewiesen, dass Durchschnitts- und Grenzkosten gleich sind, wenn Fahrstrahl und Tangente zusammenfallen, also die gleiche Steigung aufweisen.

In Abb. 10 (S. 33) sind zu den verschiedenen Gesamtkostenverläufen auch die entsprechenden Durchschnitts- und Grenzkostenkurven abgebildet. Terminologisch ist zu beachten, dass sinkende Durchschnitts- und Grenzkosten nicht regressiv, sondern „degressiv" genannt werden. Leider ergeben sich hieraus immer wieder Sprachverwirrungen.

Einige Zahlenbeispiele sollen die graphische Darstellung ergänzen. Auf den Reagibilitätsgrad (R = Kostenänderung zu Beschäftigungsänderung) wird jeweils verwiesen.

Ausbringungsmenge x	Gesamtkosten K	Durchschnittskosten k	Grenzkosten K'
1	15	15	15
2	30	15	15
3	45	15	15
4	60	15	15
5	75	15	15

Proportionale (lineare) Gesamtkosten (R = 1)

Ausbringungsmenge x	Gesamtkosten K	Durchschnittskosten k	Grenzkosten K'
1	15	15	15
2	28	14	13
3	39	13	11
4	48	12	9
5	55	11	7

Degressive Gesamtkosten (0 < R < 1)

Ausbringungsmenge x	Gesamtkosten K	Durchschnittskosten k	Grenzkosten K'
1	15	15	15
2	32	16	17
3	51	17	19
4	72	18	21
5	95	19	23

Progressive Gesamtkosten (R > 1)

Ausbringungsmenge x	Gesamtkosten K	Durchschnittskosten k	Grenzkosten K'
1	15	15,00	15
2	11	5,50	./. 4
3	8	2,67	./. 3
4	6	1,50	./. 2
5	5	1,00	./. 1

Regressive Gesamtkosten (R < 0)

Ausbringungsmenge x	Gesamtkosten K	Durchschnittskosten k	Grenzkosten K'
1	15	15,00	15
2	15	7,50	0
3	15	5,00	0
4	15	3,75	0
5	15	3,00	0

Fixe Gesamtkosten (R = 0)

Ausbringungsmenge x	Gesamtkosten K	Durchschnittskosten k	Grenzkosten K'
1	15	15,00	15
2	15	7,50	0
3	15	5,00	0
4	30	7,50	15
5	30	6,00	0
6	30	5,00	0
7	45	6,43	15
8	45	5,63	0
9	45	5,00	0

Intervallfixe Gesamtkosten (R = 0; 1)

Produktionsfaktoren: limitationale und substitutionale

Es erhebt sich nun die Frage, **mit welchem Kostenverlauf man in der Kostentheorie und Kostenrechnungspraxis vorwiegend arbeitet**. Zur Beantwortung soll wieder auf die Produktionsfunktion und die Art der ihr zugrunde liegenden Produktionsfaktoren zurückgegriffen werden.

Man unterscheidet in der Produktionstheorie **substitutionale und limitationale Produktionsfaktoren**. Erstere sind dadurch gekennzeichnet, dass sie zur Erstellung der gleichen Ausbringung mehr oder weniger stark gegeneinander ausgetauscht (substituiert) werden können,[97)] z.B. menschliche Arbeit gegen Maschinenarbeit oder Werkstoff A gegen Werkstoff B. Die limitationalen Produktionsfaktoren dagegen können nur in einem ganz bestimmten Verhältnis zueinander kombiniert werden. So erfordert (insbesondere in der chemischen Industrie) etwa eine Verdoppelung der Produktionsmenge auch eine Verdoppelung der eingesetzten Rohstoffmengen. Es ist hier nicht möglich, Rohstoff A durch Rohstoff B zu substituieren.

Aus dieser Unterscheidung in substitutionale und limitationale Produktionsfaktoren resultieren zwei verschiedene Typen von Produkti-

97) GUTENBERG (1983) nennt einen vollständigen Austausch alternative Substitution (S. 302) und einen nur teilweisen Austausch periphere oder Rand-Substitution (S. 312).

onsfunktionen[98)] und daraus wiederum zwei Typen von Kostenfunktionen, nämlich

1. die s-förmige Gesamtkostenfunktion
   (auch ertragsgesetzliche Gesamtkostenfunktion genannt)
2. die lineare Gesamtkostenfunktion.

Produktionsfunktion Typ A

ad 1. (s-förmige Gesamtkostenfunktion): Die s-förmige Gesamtkostenfunktion basiert auf der Produktionsfunktion vom Typ A, die eine lange Tradition in der Volkswirtschaftslehre hat und deren Grundlage das sog. Ertragsgesetz oder (genauer) „Gesetz vom abnehmenden Ertragszuwachs" ist. Es geht von substitutionalen Produktionsfaktoren aus und besagt (in groben Zügen), dass man durch zunehmenden Einsatz eines Produktionsfaktors bei Konstanz aller anderen Faktoren Erträge erzielt, die zunächst progressiv ansteigen, dann degressiv weitersteigen und schließlich absolut abnehmen (regressiv verlaufen).[99)] Die entsprechende ertragsgesetzliche Gesamtkostenfunktion hat den in Abb. 11 dargestellten s-förmigen Verlauf.

Als Rechenbeispiel zur ertragsgesetzlichen Gesamtkostenkurve sei folgende Funktion gegeben:

(7) $$K = 600 + 60x - 1{,}5x^2 + 0{,}02x^3$$

Hierin gibt das erste Glied die Fixkosten (K_F) an und die anderen drei Glieder beschreiben den Verlauf der variablen Kosten (K_V).

Einige Werte dieser Funktion sind in der folgenden Wertetafel zusammengestellt und in Abb. 11 maßstabgetreu abgebildet:

x	0	1	10	20	30	40	50	60
K	600	658,5	1.070	1.360	1.590	1.880	2.350	3.120

98) Die beiden Produktionsfunktionen (vom Typ A und Typ B) werden hier nicht mehr explizit beschrieben. Ausführliche verbale, graphische und mathematische Erläuterungen finden sich z.B. bei HABERSTOCK (2004), S. 105 ff.

99) Das Ertragsgesetz wurde bereits 1766 von JACQUES TURGOT und 1826 von JOHANN HEINRICH VON THÜNEN am Beispiel der Landwirtschaft beschrieben. Vgl. KILGER (1958), S. 9.

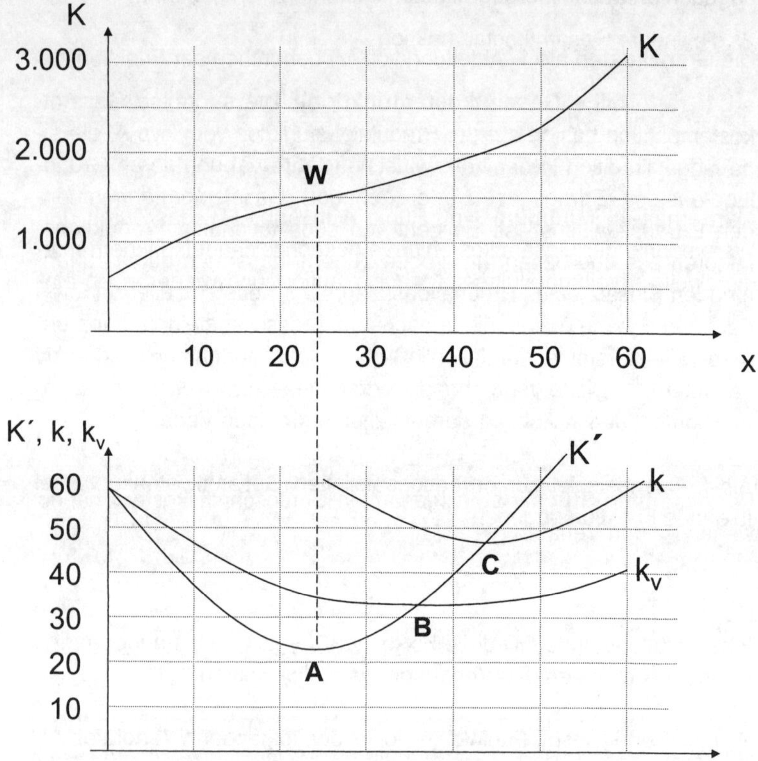

Abb. 11: Ertragsgesetzlicher Kostenverlauf aufgrund der Produktionsfunktion „Typ A"

Es sollen nun die Funktionen der

- Grenzkosten (K'),
- gesamten Durchschnittskosten (k) und
- variablen Durchschnittskosten (k_v)

untersucht und bestimmte Werte, die sogenannten **kritischen Kostenpunkte**, errechnet werden.[100] Man kann dies z.B. erreichen, indem man eine Wertetafel aufstellt und für alternative Ausbringungsmengen die verschiedenen Kostenwerte ermittelt. Im Folgenden wird dagegen analytisch vorgegangen.

kritische Kostenpunkte

Die **Grenzkosten** als 1. Ableitung von (7) gehorchen der Funktion

(8) $$\frac{dK}{dx} = K' = 60 - 3x + 0{,}06x^2$$

Man erhält ihr **Minimum** (vgl. Punkt A in Abb. 11), das durch den Wendepunkt der Gesamtkostenkurve gekennzeichnet ist, indem man die zweite Ableitung Null setzt, nach x auflöst und wieder in (8) einsetzt:

(9) $$\begin{aligned} K'' &= 0 = -3 + 0{,}12x \\ x &= 25 \\ K'_{Min} &= 22{,}50 \end{aligned}$$

Die **gesamten Stückkosten** (gesamten Durchschnittskosten) haben wegen (5) den Verlauf

(10) $$\frac{K}{x} = k = \frac{600}{x} + 60 - 1{,}5x + 0{,}02x^2$$

Ihr **Minimum** (vgl. Punkt C in Abb. 11) liegt dort, wo die Kurve der gesamten Stückkosten die der Grenzkosten schneidet, denn bei diesem Abszissenwert hat die Tangente an die Gesamtkostenkurve die gleiche Steigung wie der Fahrstrahl aus dem Ursprungspunkt; man setzt also (8) und (10) gleich, löst (z.B. durch Probieren oder mit Hilfe der Cardanischen Formel) nach x auf und setzt in (8) oder (10) ein:

(11) $$\begin{aligned} 60 - 3x + 0{,}06x^2 &= \frac{600}{x} + 60 - 1{,}5x + 0{,}02x^2 \\ x &\approx 44{,}93 \\ k_{Min} &\approx 46{,}33 \end{aligned}$$

---

[100] Vgl. hierzu auch die Abb. 11 auf der Vorseite.

Betriebsoptimum

Der Punkt C (Minimum der gesamten Stückkosten) wird häufig **Betriebsoptimum** genannt, denn hier ist die Relation von Ausbringung und Gesamtkosten am günstigsten.[101] Man kann ihn auch als langfristige Preisuntergrenze bezeichnen, weil auf lange Sicht der Preis nicht unter die gesamten Stückkosten sinken darf.

Die **variablen Stückkosten** (variablen Durchschnittskosten) haben den Verlauf

$$(12) \qquad \frac{K_V}{x} = k_V = 60 - 1{,}5x + 0{,}02x^2$$

Ihr **Minimum** (vgl. Punkt B in Abb. 11) liegt dort, wo die Kurve der variablen Stückkosten die der Grenzkosten schneidet, denn bei diesem Abszissenwert hat die Tangente an die Gesamtkostenkurve die gleiche Steigung wie der Fahrstrahl aus dem Schnittpunkt der Kurve mit der Ordinate. Die Berechnung erfolgt analog zu k; man setzt (8) und (12) gleich, löst nach x auf und setzt in (8) oder (12) ein:

$$(13) \qquad \begin{aligned} 60 - 1{,}5x + 0{,}02x^2 &= 60 - 3 + 0{,}06x^2 \\ x &= 37{,}5 \\ k_{v,Min} &= 31{,}875 \end{aligned}$$

kurzfristige Preisuntergrenze

Der Punkt B wird häufig **Betriebsminimum** genannt, denn die variablen Stückkosten geben die **kurzfristige (absolute) Preisuntergrenze** an. Wenn der Preis diese Kosten nicht deckt, muss (normalerweise) die Produktion eingestellt werden.

Die Minima der variablen und gesamten Stückkosten kann man auch einfacher errechnen, indem man die 1. Ableitung der Funktionen (10) bzw. (12) bildet, diese Null setzt und nach x auflöst.

---

[101] Das **Betriebsoptimum** darf **nicht** mit dem **Gewinnmaximum** verwechselt werden. Letzteres wird bei der Ausbringungs- bzw. Absatzmenge erreicht, bei der die Grenzkosten gleich dem Grenzumsatz sind. Dieses Feld wird aber hier nicht weiter behandelt, da wir uns hier auf die *Kostenrechnung* beschränken wollen. Vgl. aber HABERSTOCK (1982), S. 44 ff.

Gutenberg-Produktionsfunktion Typ B

ad 2. (lineare Gesamtkostenfunktion): Die lineare Gesamtkostenfunktion basiert auf der Produktionsfunktion vom Typ B, die maßgebend von GUTENBERG entwickelt wurde[102] und die von limitationalen Produktionsfaktoren ausgeht. In einer Produktionsfunktion – wie in (1) formuliert – werden direkte Abhängigkeiten der Faktorverbrauchsmengen von der Ausbringung wiedergegeben. GUTENBERG geht an dieser Stelle gleichsam einen Schritt zurück und untersucht, welche Faktoren wiederum den Faktorverbrauch bestimmen. Er kommt zu dem Ergebnis:

> „Die Verbrauchsmengen sind nicht unmittelbar, sondern mittelbar von der Ausbringung abhängig und zwar über die 'zwischengeschalteten' Produktionsstätten (Betriebsmittel, Arbeitsplätze, Anlageteile). In ihnen werden die Beziehungen zwischen Produktmengen und Verbrauchsmengen wie in einem Prisma gebrochen. Es sind die technischen Eigenschaften der Aggregate und Arbeitsplätze, die den Verbrauch an Faktoreinsatzmengen bestimmen. Und zwar in durchaus gesetzmäßiger und keineswegs willkürlicher Weise."[103]

Diese Gesetzmäßigkeiten, nach denen sich der Faktorverbrauch vollzieht, werden von GUTENBERG durch sog. Verbrauchsfunktionen ausgedrückt.

Verbrauchsfunktion

Eine **Verbrauchsfunktion** gibt die funktionalen Beziehungen zwischen dem Verbrauch einer Faktorart für eine Ausbringungseinheit und der technischen Leistung (Intensität) eines Betriebsmittels wieder. Die Intensität (Laufgeschwindigkeit) eines Betriebsmittels entspricht hierbei dem physikalisch-technischen Begriff der „Arbeit pro Zeiteinheit" und wird durch Maßgrößen wie z.B. „Ausbringungsmenge pro Stunde" oder „Umdrehungen pro Minute" ausgedrückt.[104]

---

[102] Sie wird deshalb auch manchmal **GUTENBERG-Produktionsfunktion** genannt.

[103] GUTENBERG (1983), S. 328.

[104] Verbrauchsfunktionen sind Spezialfälle der sog. „engineering production functions", die aufgrund naturwissenschaftlicher und technischer Überlegungen den Faktorverbrauch in Abhängigkeit von einer Reihe technischer Größen darzustellen versuchen; vgl. LÜCKE (1976), S. 60 ff.

Für viele Maschinen besteht aufgrund ihrer technischen Daten ein Spielraum, in dem man die Intensität (stufenweise oder stufenlos) variieren kann. Seine Obergrenze ist die Maximalintensität, seine Untergrenze die Minimalintensität, die meistens nicht bei Null, sondern darüber liegt, weil erst ab einer bestimmten Mindestintensität von einer 'einwandfreien' Funktion des Betriebsmittels gesprochen werden kann.

Der Verbrauch an Produktionsfaktoren pro Ausbringungseinheit ist grundsätzlich für jeden Intensitätsgrad verschieden; man kennt deshalb auch sehr unterschiedliche Verläufe von Verbrauchsfunktionen. Typisches und in der Literatur oft zitiertes Beispiel ist die u-förmige Verbrauchsfunktion für den Benzinverbrauch eines Ottomotors: Wird die Drehzahl pro Minute über die Normalintensität hinaus gesteigert, so sinkt zunächst der Benzinverbrauch pro Arbeitseinheit (z.B. pro 100 km Fahrstrecke). Nach Erreichen des Optimums (beim minimalen Kraftstoffverbrauch pro 100 km) steigt aufgrund der erhöhten Leistung des Motors auch der Benzinverbrauch wieder an.

Änderungen der Intensität haben also in der Regel auch Änderungen der Faktorverbrauchsmengen zur Folge; allerdings verhalten sich die Faktorverbrauchsmengen zueinander bei jeder Intensität limitational.

linearer Gesamtkostenverlauf

Das wichtigste Ergebnis der Theorie GUTENBERGs besteht nun darin, dass die aus den Verbrauchsfunktionen über die Produktionsfunktionen vom Typ B abgeleiteten Gesamtkostenverläufe immer dann linear verlaufen, wenn man von der Voraussetzung einer konstanten Intensität der Betriebsmittel ausgeht.[105)]

Als Rechenbeispiel zur linearen Gesamtkostenkurve sei folgende Funktion gegeben:

(14) $$K = 500 + 40x$$

[105)] Vgl. hierzu ausführlich HABERSTOCK (2004), S. 115 ff. Eine Synthese zwischen den Produktionsfunktionen vom Typ A und B versucht HEINEN mit einer Produktionsfunktion vom Typ C herzustellen; vgl. HEINEN (1969), S. 239 ff. Eine statische Produktionsfunktion vom Typ D, die alle anderen Typen als Spezialfälle enthält, entwickelte KLOOCK (1969). Vgl. hierzu auch KLOOCK (1998), S. 313 ff. Zur auch Zeitaspekte erfassenden dynamischen Produktionsfunktion vom Typ E vgl. KÜPPER (1980).

Hierin gibt das erste Glied wiederum die Fixkosten (K_F) an.

Einige Werte dieser Funktion sind in der folgenden Wertetafel zusammengestellt und in Abb. 12 auf der nächsten Seite maßstabgetreu abgebildet:

x	0	1	10	20	30	40	50
K	500	540	900	1.300	1.700	2.100	2.500

Die Grenzkosten als Steigung der Funktion sind konstant und betragen:

(15) $$\frac{dK}{dx} = K' = 40$$

Die variablen Durchschnittskosten sind ebenfalls konstant und so hoch wie die Grenzkosten; sie betragen

(16) $$\frac{K_v}{x} = k_v = \frac{40x}{x} = 40$$

Die fixen Stückkosten (fixen Durchschnittskosten, k_F) errechnet man, indem man die Fixkosten durch die jeweilige Ausbringung dividiert:

(17) $$\frac{K_F}{x} = k_F = \frac{500}{x}$$

Sie weisen den typischen hyperbolischen Verlauf auf, den man allgemein als Fixkostendegression bezeichnet.[106] Fixkosten-degression

Die gesamten Stückkosten setzen sich aus den variablen und den fixen Stückkosten zusammen. Ihre Funktion verläuft also stets in Höhe der (konstanten) variablen Stückkosten über der Funktion (17):

(18) $$k = \frac{K}{x} = \frac{K_F}{x} + \frac{K_v}{x} = k_F + k_v = \frac{500}{x} + 40$$

---

106) In den Kurven der Abb. 11 ist diese Funktion aus Gründen der Übersichtlichkeit nicht enthalten, wohl aber in Abb. 12.

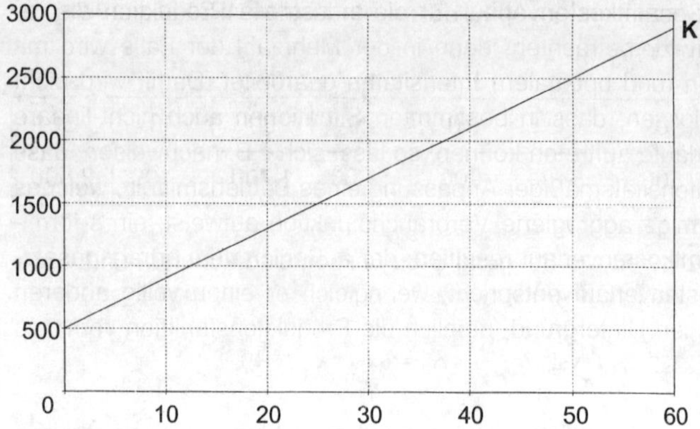

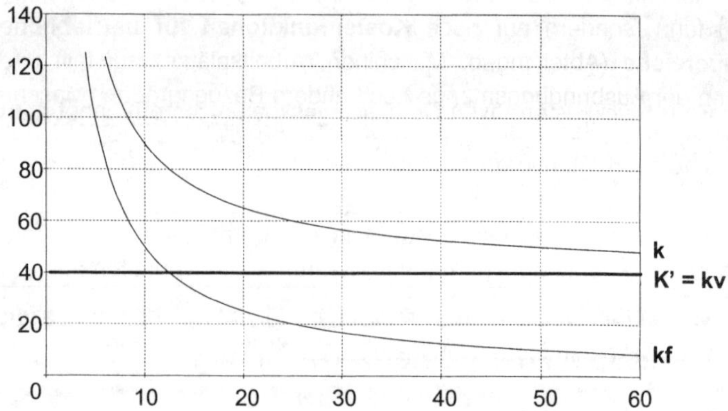

Abb. 12: Linearer Kostenverlauf aufgrund der Produktionsfunktion „Typ B"

In der Betriebswirtschaftslehre hat man lange Zeit diskutiert, ob das **Ertragsgesetz** und die aus ihm abgeleiteten Kostenverläufe, die ursprünglich aufgrund land- und forstwirtschaftlicher Überlegungen konzipiert wurden, auch **für die industrielle Produktion** repräsentativ sind. Diese Frage kann auch heute noch nicht als erschöpfend geklärt angesehen werden, zumal empirische Kostenuntersuchungen wegen ihrer praktischen Schwierigkeiten und begrenzten Aussagefähigkeit keine eindeutige Antwort gebracht haben. Man neigt jedoch – insbesondere aufgrund GUTENBERGs Untersuchungen – dazu, den linearen Gesamtkostenverlauf für die industrielle Produktion als repräsentativ zu betrachten, denn in der Mehrzahl der Fälle wird mit konstanten (und optimalen) Intensitäten gearbeitet. Damit wird nicht ausgeschlossen, dass in bestimmten Situationen auch nicht-lineare Kostenverläufe auftreten können; so lässt sich z.B. nachweisen, dass bei rein intensitätsmäßiger Anpassung eines Betriebsmittels, welches eine u-förmige aggregierte Verbrauchsfunktion aufweist, ein s-förmiger Gesamtkostenverlauf resultiert, der äußerlich dem ertragsgesetzlichen Kostenverlauf entspricht, wenngleich er einen völlig anderen theoretischen Hintergrund, nämlich die Produktionsfunktion vom Typ B, hat.[107)]

Kostenfunktionen für Betriebsteile

Ein weiterer wesentlicher Unterschied zwischen der Kostentheorie aufgrund der Produktionsfunktionen vom Typ A und B besteht darin, dass die GUTENBERGsche Theorie im Gegensatz zum Ertragsgesetz nicht mehr zu Kostenfunktionen für den (Einprodukt-) Gesamtbetrieb führt, sondern nur noch **Kostenfunktionen für betriebliche Teilbereiche** (Abteilungen, Maschinen, Arbeitsplätze) aufstellt und neben der Ausbringungsmenge auch andere Bezugsgrößen (Maschinenstunden, Intensitäten, Rüststunden, Arbeitsverrichtungen) als Maßstab der Kostenverursachung verwendet.[108)]

Die Kostenrechnung, insbesondere in der Form der Grenzkostenrechnung,[109)] geht heute primär von linearen Kostenverläufen aus.

2.3 Prinzipien der Kostenverrechnung

Grundprinzipien der Kostenverrechnung

Die Verrechnung (Verteilung, Zurechnung, Zuordnung) der Kosten innerhalb der Kostenarten-, Kostenstellen- und Kostenträgerrechnung erfolgt nach bestimmten Grundprinzipien, die sich in Theorie und Praxis im Laufe der Zeit herausgebildet haben. Dabei lassen sich zwei Arten von Kostenverrechnungsprinzipien unterscheiden: Zum einen

107) Vgl. auch den Hinweis auf die unterschiedlichen Prämissen hinsichtlich „partieller“ und „totaler“ Faktorvariation bei HABERSTOCK (2004), S. 160.

108) Vgl. die vorherige Fußnote.

109) Vgl. zum Begriff der Grenzkostenrechnung später S. 49 und S. 179/180.

Prinzipien, mit denen eine **möglichst wirklichkeitsgetreue Abbildung der Kostenentstehung** erzielt werden soll. Hierzu zählen das:

- Verursachungsprinzip,
- Identitätsprinzip.

Zum anderen (Hilfs-) Prinzipien, die die Kosten, die nicht verursachungs- oder identitätsgerecht zurechenbar sind, nach bestimmten Verfahren verteilen.[110)] Hierzu gehören das:

- Durchschnittsprinzip,
- Tragfähigkeitsprinzip.

Verursachungsprinzip allgemein

Das **Verursachungsprinzip** besagt in seiner allgemeinen Form,[111)] dass einem bestimmten Bezugsobjekt nur jene Kosten zugerechnet werden dürfen, die dieses verursacht hat. Solche Bezugsobjekte können neben dem einzelnen Kostenträger beispielsweise sein: Die Gesamtheit der Kostenträger einer Produktart, eine Produktgruppe, eine Kostenstelle, ein Betriebsbereich. Man kann das Verursachungsprinzip **über** die **Kostenträger-** und **Kostenstellenrechnung** hinaus auch für die **Kostenartenrechnung** als **gültig** betrachten: Dort besagt es, dass als Kosten nur jener bewertete Verzehr an Gütern und Dienstleistungen verrechnet werden darf, der durch die (typische) betriebliche Leistungserstellung verursacht worden ist; andernfalls liegt neutraler Aufwand vor.[112)]

Verursachungsprinzip speziell

In seiner speziellsten und praktisch bedeutsamsten Form bezieht sich das Verursachungsprinzip nur auf den **Kostenträger** und besagt, dass dem einzelnen *Kostenträger* nur jene Kosten zugerechnet werden dürfen, die dieser verursacht hat.

Das Verursachungsprinzip ist unterschiedlich weit formuliert worden:

110) HUMMEL/MÄNNEL (1986), S. 58, bezeichnen diese Prinzipien als Kostenanlastungsprinzipien.

111) Zum Verursachungsprinzip in seiner allgemeinen Form vgl. auch später S. 121-123.

112) In der Kostenartenrechnung wird das Verursachungsprinzip also dazu verwandt, den Leistungs- bzw. Sachzielbezug (siehe bereits oben S. 27) zu konkretisieren.

Kausalitätsprinzip

Nach kausaler Interpretation (**Kausalitätsprinzip**) besteht zwischen dem Kostenträger und den Kosten ein **Ursache-Wirkungs-Zusammenhang**.

Der Kostenträger ist der Kostenverursacher. Dem Kostenträger sind nur jene Kosten zurechenbar, die bei der Erstellung einer zusätzlichen Kostenträgereinheit zusätzlich anfallen bzw. bei der Einschränkung der Leistungserstellung um eine Einheit wegfallen.

Behandlung von Fixkosten

Wie leicht einzusehen ist, kann das **Kausalitätsprinzip** bei der Verrechnung der **Fixkosten**[113)] in der Kostenträgerrechnung nicht eingehalten werden;[114)] daraus ergibt sich die Konsequenz, Fixkosten überhaupt nicht mehr auf einzelne Kostenträger zu verrechnen. Diesen Weg geht die **Grenzkostenrechnung**[115)], die den einzelnen Kostenträgern nur die variablen Kosten zurechnet, weil nach dem Kausalitätsprinzip nur diese verursachungsgerecht zugeordnet werden können.

Finalitätsprinzip

In seiner **finalen Interpretation** wird das Verursachungsprinzip als **Zweck-Mittel-Beziehung** aufgefasst.

Während nach dem Kausalitätsprinzip die Kosten durch die Leistungserstellung verursacht werden (d.h. die Kosten würden ohne die Leistung nicht entstehen), sind nach dem Finalitätsprinzip die Kosten (nur) Mittel zum Zweck der Leistungserstellung (d.h. die Leistung würde ohne die Kosten nicht entstehen; es können aber Kosten ohne Leistung entstehen). Sie wirken auf die Leistungserstellung ein, weshalb man mit KOSIOL auch vom „Kosteneinwirkungsprinzip" spricht.[116)]

Behandlung von Fixkosten

Wie sieht nun die Lösung des **Fixkostenproblems** nach dem **Finalitätsprinzip** aus? Die Fixkosten sind als Mittel zum Zweck der Auf-

113) Siehe zur Definition der fixen und variablen Kosten oben S. 34.

114) Darüber hinaus wird deutlich, dass das Kausalitätsprinzip nicht als Maßstab der Sachzielbezogenheit in der *Kostenartenrechnung* Verwendung finden kann, da für fixe Kosten keine Leistungsbezogenheit nach dem Kausalitätsprinzip vorliegt.

115) Siehe dazu später S. 179/180.

116) Vgl. KOSIOL (1969), S. 27 f.

rechterhaltung der Betriebsbereitschaft eingesetzt worden und können deshalb der Gesamtheit der im Rahmen dieser Kapazität hergestellten Leistungen zugerechnet werden.[117)] Bestimmte Fixkosten können danach auch einer einzelnen Kostenstelle[118)] oder einem einzelnen Kostenträger[119)] verursachungsgerecht zugerechnet werden. Es können aber auch nach dem Finalitätsprinzip nicht alle Fixkosten verursachungsgerecht verteilt werden. Man denke z.B. an das Gehalt eines in einer Kostenstelle tätigen Meisters, das den in dieser Stelle bearbeiteten Produktarten zugeordnet werden soll. Die Konsequenz einer verursachungsgerechten Zurechnung im Sinne des Finalitätsprinzip wäre eine Kostenrechnung, die variable und bestimmte Fixkosten dem Kostenträger zurechnet.[120)]

Identitätsprinzip

Nach RIEBEL bestehen „zwischen verzehrten Kostengütern und den entstandenen Leistungsgütern weder *kausale* noch *finale* Beziehungen."[121)] Ausgehend von der Überlegung, dass die eigentlichen Kostenquellen in einem Unternehmen die Entscheidungen (= Dispositionen) sind, ist eine Kostenzurechnung nach RIEBEL nur nach dem **Identitätsprinzip** möglich.[122)]

Nach dem *Identitätsprinzip* sind Kosten „einem Untersuchungsobjekt nur dann eindeutig und zwingend zurechenbar, wenn die Existenz dieses Untersuchungsobjekts durch dieselbe Disposition ausgelöst worden ist wie eben diese zuzurechnenden ... Kosten..."[123)]

---

117) Nach dem Finalitätsprinzip wird somit der Leistungs-, bzw. Sachzielbezug auch für Fixkosten bejaht.

118) Z.B. das Gehalt eines in einer Kostenstelle tätigen Meisters.

119) Z.B. der Zeitlohn eines Beschäftigten, der diesen Kostenträger bearbeitet/hergestellt hat.

120) Eine anderer Versuch, das Verursachungsprinzip zu konkretisieren, wurde mit dem *Proportionalitätsprinzip* unternommen. Danach soll eine Zurechnung nur aufgrund *proportionaler* Beziehungen zwischen Kosten und Kostenträger erfolgen. Kritisch ist hier allerdings anzumerken, dass Proportionalität nicht zwingend Verursachung bedeutet; siehe kritisch zum Proportionalitätsprinzip statt vieler HUMMEL/MÄNNEL (1986), S. 55.

121) RIEBEL (1990), S. 75.

122) Siehe RIEBEL (1994), S. 13 ff.

123) RIEBEL (1972), S. 272.

Nur diese von RIEBEL auch als echte Einzelkosten[124] bezeichneten Kosten sind dem Bezugsobjekt zuzuordnen bzw. auf den Kostenträger zu verteilen.[125]

Für jene Fälle, in denen man ohne Rücksicht auf das *Verursachungsprinzip* oder *Identitätsprinzip* volle Stückkosten ermitteln möchte (z.B. für die steuerbilanzielle Bestandsbewertung oder für LSP-Kalkulationen), behilft man sich mit dem Durchschnitts- oder Tragfähigkeitsprinzip.

Durchschnittsprinzip

Beim *Durchschnittsprinzip* (Prinzip der Durchschnittsbildung) lautet die Fragestellung: Welche Kosten entfallen im Durchschnitt auf welchen Kostenträger?

- Im Falle eines **Einprodukt-Betriebes** werden also die gesamten Fixkosten einfach durch die gesamte Leistungsmenge dividiert.[126]

- Im Falle des **Mehrprodukt-Betriebes** muss diese Verteilung mit Hilfe bestimmter Schlüsselgrößen (Bezugsgrößen)[127] vorgenommen werden.[128]

Tragfähigkeitsprinzip

---

124) Einzelkosten sind die Kosten, die dem Kostenträger unmittelbar zurechenbar sind; Gemeinkosten sind dagegen dem Kostenträger nur indirekt zurechenbar. Siehe zu den Begriffen ausführlicher unten S. 53 und S. 57/58. RIEBEL belegt die Begriffe Einzel- und Gemeinkosten also mit einem anderen Inhalt.

125) RIEBEL macht somit eine Zurechnung von Kosten auf die Kostenträger nicht – wie z.B. die Grenzkostenrechnung – davon abhängig, ob es sich um variable oder fixe Kosten, sondern vielmehr davon, ob es sich um Einzel- oder Gemeinkosten handelt. Die Abgrenzung zwischen Kausalitäts- und Identitätsprinzip ist schwierig, da auch das Identitätsprinzip kausale Zusammenhänge berücksichtigt. Deshalb wird das Identitätsprinzip in der Literatur zum Teil auch als Konkretisierung des Kausalitätsprinzips verstanden. Gegen diese Interpretation spricht sich RIEBEL (1994), S. 13 f., aber explizit aus.

126) Vgl. die Parallelen zur einstufigen Divisionskalkulation und ihren Verfeinerungen später S. 148-153.

127) Vgl. zu Art und Auswahl solcher Bezugsgrößen später S. 106 ff.

128) Es wird deutlich, dass durch die Anwendung des Durchschnittsprinzips lediglich eine rechnerische Proportionalität zwischen Kosten- und Kostenträger entsteht. Man spricht in diesem Zusammenhang auch von der Proportionalisierung der Fixkosten.

Nach dem *Tragfähigkeitsprinzip* (Prinzip der Kostentragfähigkeit, Belastbarkeits- oder Deckungsprinzip) verrechnet man die nicht verursachungsgemäß (bzw. identitätsgerecht) zurechenbaren Kosten im proportionalen Verhältnis zu den Absatzpreisen oder Deckungsbeiträgen[129)] der Kostenträger auf eben diese Kostenträger.

Für Kontroll- und dispositive Zwecke sind derartige Kalkulationsergebnisse ungeeignet, da sie nicht mehr das reine Spiegelbild des innerbetrieblichen Kombinationsprozesses sind, nachdem die Absatzmarktpreise als externe Daten die Kostenhöhe beeinflussen.[130)]

---

129) Unter dem Deckungsbeitrag eines Kostenträgers (Produktes) versteht man die Differenz zwischen Stückerlös und variablen Stückkosten. Der Deckungsbeitrag wird auch Bruttogewinn genannt und vom Nettogewinn unterschieden, der die Differenz zwischen Preis und gesamten Stückkosten angibt. Vgl. ausführlich HABERSTOCK (1982), S. 148 ff.

130) Nach KILGER (1993), S. 6, kommt die Verrechnung der Kosten nach dem Tragfähigkeitsprinzip insbesondere für die Bestimmung von Wertansätzen zur Bewertung von Halb- und Fertigfabrikaten in Frage. Relativ häufige Anwendung dürfte das Tragfähigkeitsprinzip bei der Kuppelkalkulation nach der Verteilungsmethode finden; vgl. später S. 168/169 sowie die Aufgaben 2.3/2 ff. (S. 211 ff.) und 3.3/7 auf S. 247.

3 Teilbereiche der Kostenrechnung

Skizzierung der Teilbereiche der Kostenrechnung

Die Kostenrechnung gliedert sich in die Teilbereiche **Kostenarten-**, **Kostenstellen-** und **Kostenträgerrechnung** (vgl. bereits oben S. 9-10). In der **Kostenartenrechnung** werden zunächst sämtliche Kosten erfasst und nach Kostenarten gegliedert. Dabei erfolgt u.a. eine Untergliederung nach Kosten, die den Kostenträgern unmittelbar zugerechnet werden können (Einzelkosten) und nach Kosten, bei denen diese unmittelbare Zurechnung nicht möglich ist (Gemeinkosten). Diese Gemeinkosten werden in der **Kostenstellenrechnung** den Kostenstellen (möglichst) verursachungsgerecht zugeordnet. Die Beanspruchung der einzelnen Kostenstellen durch die Kostenträger ist dann Maßstab für die (indirekte) Zuordnung der Gemeinkosten auf die Kostenträger. Dies geschieht in der **Kostenträgerrechnung**, in der auch die Einzelkosten aus der Kostenartenrechnung den Kostenträgern direkt zugerechnet werden. Dieser Zusammenhang ist noch einmal in der folgenden Abb. 13 (S. 54) dargestellt.

Aufgabenorientierung der Kostenarten-, Kostenstellen-, Kostenträgerrechnung

Die konkrete Ausgestaltung dieses sehr grob skizzierten Abrechnungsweges wird bestimmt durch das zugrundeliegende Kostenrechnungssystem. Hierunter versteht man Systeme, die die Kosten nach vorgegebenen Regeln erfassen, speichern und auswerten.[131] Die Ausgestaltung des Kostenrechnungssystems und damit auch der Kostenarten-, Kostenstellen-, und Kostenträgerrechnung ist ausgerichtet an der **Aufgabe** (**Planung**, **Kontrolle**, **Dokumentation**), die durch das System erfüllt werden soll. „Je nach dem zu verfolgenden Zweck wird die Umgrenzung, Gliederung und Bewertung der Kosten ... sowie das rechnungstechnische Verfahren verschieden sein."[132] So ist z.B. eine andere Ausgestaltung der Kostenrechnung notwendig, wenn Zahlenmaterial für die **Disposition der Geschäftsleitung** (sogenannte entscheidungsrelevante Kosten),[133] für die **Wirtschaftlichkeitskontrolle** oder für die **Berechnung bilanzieller Herstellungskosten** geliefert werden soll.

---

131) Siehe dazu unter Kap. 4, S. 171-185.

132) SCHMALENBACH (1963), S. 269.

133) HUMMEL (1992), S. 79, definiert diese entscheidungsrelevanten Kosten als „die Kosten, die in einer bestimmten Entscheidungssituation zusätzlich in Kauf genommen werden müßten, wenn man eine geplante Aktion ausführte, bzw. die wegfielen oder gar nicht erst entstünden, wenn man die erwogene Maßnahme nicht ergriffe."

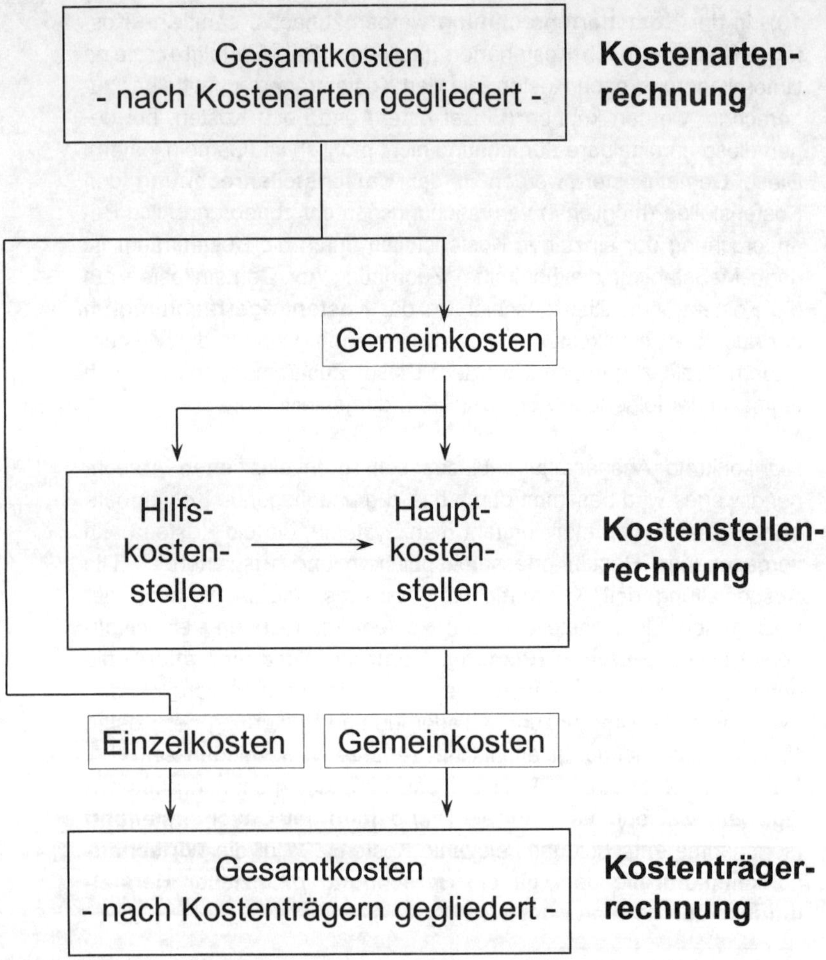

Abb. 13: Verrechnung der Kosten von der Kostenarten- über die Kostenstellen- in die Kostenträgerrechnung

Die folgenden Ausführungen zur Kostenarten- und auch zur Kostenstellen- und Kostenträgerrechnung sollen – soweit wie möglich – unabhängig vom Rechnungszweck den Abrechnungsweg der Kosten über die drei Teilbereiche der Kostenrechnung aufzeigen.

3.1 Kostenartenrechnung

3.1.1 Aufgaben der Kostenartenrechnung

Erfassung statt Rechnung

Die Kostenartenrechnung steht am Anfang der laufenden Kostenrechnung und dient der Erfassung und Gliederung aller im Laufe der jeweiligen Abrechnungsperiode angefallenen Kostenarten. Ihre Fragestellung lautet: **Welche Kosten sind angefallen?** Es handelt sich also bei der Kostenartenrechnung nicht um eine besondere Art der *Rechnung*, sondern lediglich um die geordnete *Erfassung* der Kosten. Diese Erfassung der Kosten wird in Zusammenarbeit mit den organisatorischen Teileinheiten der Unternehmung durchgeführt. Vergleiche insoweit den Informationsfluss in Abb. 4 auf S. 14.

Aufgaben der Kostenartenrechnung

Die Kostenartenrechnung hat somit die Aufgabe

- zunächst zu klären, was Kosten sind (dies hängt vom verwendeten Kostenbegriff[134] ab);
- die Grundlagen für eine exakte, überschneidungsfreie und eindeutige Zuordnung der Kosten auf Kostenstellen und Kostenträger zu schaffen; sie dient somit der Vorbereitung der Kostenstellen- und Kostenträgerrechnung;[135]
- eine kostenartenorientierte Planung und Kontrolle zu ermöglichen;[136]
- eine Informationsbasis für Entscheidungszwecke bereitzustellen.

134) Vgl. nochmals zum Kostenbegriff oben S. 26-29.

135) Hierunter fallen somit eine zweckentsprechende Gliederung, die Festlegung der Zuordnung und die vollständige und richtige Erfassung der Kosten.

136) MELLWIG (1995, Fach 4, Seite 90) bezeichnet dies als Kostenarten-Controlling.

3.1.2 Einteilungsmöglichkeiten der Kosten

Die gesamten Kosten einer Abrechnungsperiode lassen sich nach verschiedenen Gesichtspunkten einteilen. Die wichtigsten Einteilungsmöglichkeiten, die allerdings für die Kostenartenrechnung nicht alle gleich bedeutsam sind, werden im Folgenden aufgezählt:[137)]

Einteilung nach Produktionsfaktoren

1. Verwendet man als Gliederungskriterium die **Art der verbrauchten Produktionsfaktoren**, so erhält man folgende Einteilung:

    - Werkstoffkosten,
    - Personalkosten,
    - Dienstleistungskosten,
    - Steuern, Gebühren, Beiträge,
    - Betriebsmittelkosten.[138)]

    Diese Gruppen lassen sich natürlich noch weiter differenzieren, doch sollen hier zunächst lediglich die großen Linien aufgezeigt werden.

Einteilung nach Funktionen

2. Nach den **betrieblichen Funktionen** unterteilen sich die Kosten in

    - Beschaffungskosten,
    - Fertigungskosten,
    - Vertriebskosten,
    - Verwaltungskosten.

    Diese Einteilung stimmt bei weiterer Differenzierung mit der Verteilung der Kosten auf die Kostenstellen überein.

---

137) Vgl. hierzu auch WÖHE/DÖRING (2002), S. 1087-1091.

138) Die Betriebsmittelkosten umfassen die Abschreibungen, Reparatur- und Instandhaltungskosten sowie die Zinsen. Bei der Erfassung ausgewählter Kostenarten in Kapitel 3.1.4, S. 64 ff., werden nicht die Betriebsmittelkosten als solche, sondern die kalkulatorischen Kosten (Abschreibungen, Zinsen, Unternehmerlohn, Mieten und Wagnisse) behandelt.

3. Nach der **Art der Verrechnung** gliedert man in

Einteilung nach Verrechnungsart

- Einzelkosten,
- Gemeinkosten.

Einzelkosten (direkte Kosten) lassen sich direkt den einzelnen betrieblichen Leistungen (Kostenträgern) zurechnen, d.h. sie werden unmittelbar aus der Kostenartenrechnung ohne Verrechnung über die Kostenstellen auf die Kostenträger kalkuliert. Beispiele sind das Holz in der (Holz-) Möbelindustrie (Einzelmaterialkosten) oder die meisten Akkordlöhne (Einzellohnkosten).

Einzelkosten

Sondereinzelkosten sind zwar nicht pro Stück, aber pro Auftrag erfassbar. Zu den Sondereinzelkosten der Fertigung zählt man z.B. die Kosten für Modelle, Spezialwerkzeuge oder Lizenzgebühren. Sondereinzelkosten des Vertriebs sind Kosten für Verpackungsmaterial, Frachten, auftragsbezogene Werbekosten usw.

Sondereinzelkosten

Gemeinkosten (indirekte Kosten) dagegen sind nicht unmittelbar, sondern nur indirekt den einzelnen Kostenträgern zurechenbar. Bei ihnen ist das Verursachungsprinzip schwerer (oder gar nicht) einzuhalten, weil sie nicht von einer Produkteinheit allein verursacht worden sind; sie werden deshalb abrechnungstechnisch über die einzelnen Kostenstellen geleitet und mit Hilfe besonderer Bezugsgrößen (Schlüsselgrößen) verteilt. Beispiele sind die Gehälter der Unternehmensleitung, die Feuerversicherungsprämien für die Produktionsgebäude oder die Treibstoffkosten des Fuhrparks.

Gemeinkosten

Von **unechten Gemeinkosten** spricht man bei Kosten, die den Leistungen zwar direkt zurechenbar sind, also Einzelkosten sind, die aber aus Gründen der abrechnungstechnischen Vereinfachung wie Gemeinkosten behandelt werden. Beispiele können die Kosten für Hilfs- und Betriebsstoffe sein; man denke an Schrauben, Lacke oder Leim in der Möbelindustrie.

unechte Gemeinkosten

Der bisher erörterten Einteilung der Kosten in Einzel- und Gemeinkosten liegt die Art der Verrechnung auf die *Kostenträger* zugrunde; gelegentlich spricht man aber auch von *Kostenstelleneinzel-* und *Kostenstellengemeinkosten* und meint damit die direkte oder indirekte Art der Zurechnung der Kosten auf die Kosten-

Kostenstelleneinzel- und -gemeinkosten

stellen. Diese Begriffe werden hier nicht weiter verwandt, da sie leicht entbehrlich sind und im übrigen sehr mit der Art und Größe der jeweiligen Kostenstelleneinteilung variieren.

Einteilung nach Beschäftigungsabhängigkeit

4. Die Gliederung der Kosten nach der **Art ihrer Beschäftigungsabhängigkeit** wurde bereits erörtert[139] und führt zu den

   - variablen Kosten,
   - fixen Kosten.

   Es erhebt sich an dieser Stelle noch die Frage nach den Beziehungen zwischen Einzel- und Gemeinkosten einerseits sowie fixen und variablen Kosten andererseits:

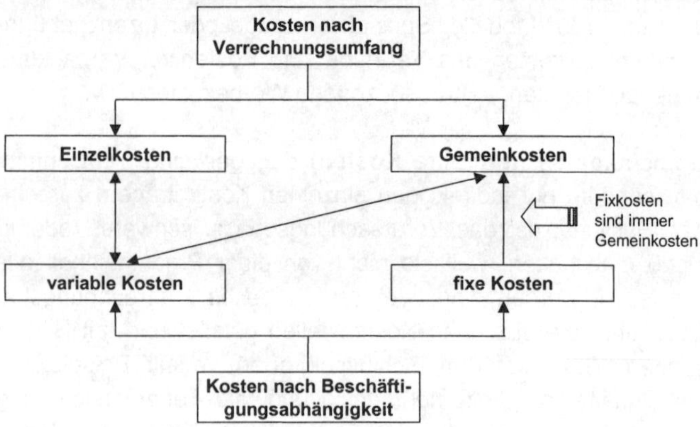

Abb. 14: Verhältnis Einzel- und Gemeinkosten, variable und fixe Kosten

Fixkosten = Gemeinkosten

Da Einzelkosten durch ein Stück (eine Einheit) verursacht sind, zählen sie eindeutig zu den variablen Kosten, denn sie würden nicht anfallen, wenn dieses Stück (diese Einheit) nicht produziert würde. Eine ebenso eindeutige Aussage ist für die Gemeinkosten nicht möglich; sie können als nicht direkt zurechenbare Kosten sowohl variabel als auch fix sein. In umgekehrter Richtung lässt sich aber eindeutig feststellen, dass fixe Kosten immer Gemeinkosten sein müssen, denn sie werden nicht durch eine einzelne Leistung, sondern durch die Aufrechterhaltung der Betriebsbereitschaft ver-

139) Vgl. oben S. 34.

ursacht. Als Ergebnis (vgl. auch die Abb. 14 auf S. 58) lässt sich feststellen:

Fixkosten sind immer Gemeinkosten, aber Gemeinkosten sind nicht immer Fixkosten!

5. Nach der **Art der Kostenerfassung** unterscheidet man (vgl. auch S. 22-24)

Einteilung nach Kostenerfassung

- aufwandgleiche Kosten,
- kalkulatorische Kosten.

Die aufwandgleichen Kosten, die im Normalfall den größten Teil der Kosten ausmachen, stimmen mit den entsprechenden Zahlen der Bilanzrechnung aus der Finanzbuchhaltung überein. Die kalkulatorischen Kosten dagegen werden eigens für Zwecke der Kostenrechnung ermittelt.

aufwandgleiche/kalkulatorische Kosten

6. Nach der **Art der Herkunft der Kostengüter** unterscheidet man

Einteilung nach Kostenherkunft

- primäre Kosten,
- sekundäre Kosten.

Die **primären Kosten** werden auch ursprüngliche oder einfache Kosten genannt; ihnen liegen Faktormengen zugrunde, die der Betrieb von den Beschaffungsmärkten, d.h. von außen bezogen hat. Beispiele: Lohnkosten oder Kosten für Büromaterial.

primäre Kosten

Sekundäre Kosten sind das geldmäßige Äquivalent des Verbrauchs an innerbetrieblichen Leistungen. Sie entstehen also erst (abrechnungstechnisch in der Kostenstellenrechnung) bei der Erstellung der innerbetrieblichen Leistungen und stellen gleichsam den „Preis“ dieser Leistungen dar, den jene Kostenstellen entrichten müssen, die die Leistungen empfangen. Da zur Erstellung der innerbetrieblichen Leistungen primäre (und auch sekundäre) Kostengüter erforderlich sind, bezeichnet man die sekundären Kosten auch als gemischte, zusammengesetzte oder abgeleitete Kosten. Beispiele: Kosten des selbsterstellten Stromes oder Dampfes, Kosten für Reparaturen, die von eigenen Werkstätten ausgeführt werden.

sekundäre Kosten

Einteilung nach Kostenträgern

7. Auch nach **Kostenträgern (oder Kostenträgergruppen)** kann man die Gesamtkosten gliedern:

   - Kosten des Produkts 1,
   - Kosten des Produkts 2, usw.

   Diese Einteilung ist erst nach Durchführung der Kostenträgerrechnung möglich.

Gliederung nach Kostengütern

Es ergibt sich nun die Frage, nach welchen Kriterien man die Kosten in der Kostenartenrechnung gliedert. Vergegenwärtigt man sich die Weiterverrechnung der Kosten in den anderen kostenrechnerischen Teilbereichen, so erkennt man, dass für die Aufstellung eines Kostenartenplanes[140] kostenstellenorientierte Kriterien (vgl. 2. und 6.) und kostenträgerorientierte Kriterien (vgl. 7. und 3.) nur geringere Bedeutung haben können. Man stellt in erster Linie auf sachliche Kriterien ab, d.h. **man gliedert die Kostenarten regelmäßig nach der Art der verbrauchten Kostengüter** (vgl. 1.). In weiteren Unterteilungen werden dann allerdings auch andere Gliederungsgesichtspunkte zusätzlich berücksichtigt, etwa 3. und/oder 2. Eine solche weitere Gliederung der Kosten könnte wie folgt aussehen:

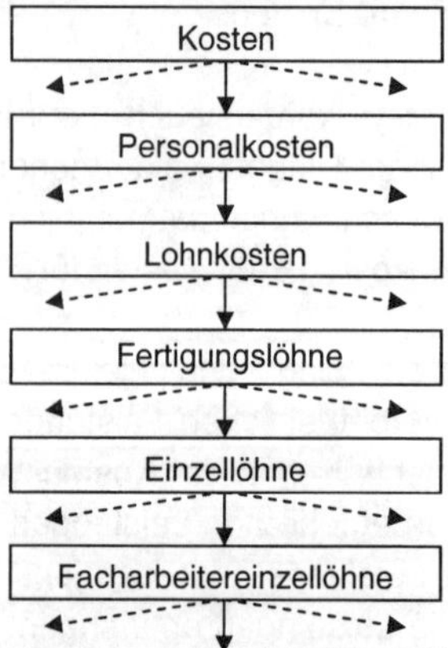

Abbildung 15: Weitere Gliederung von Kostenarten

140) Hierbei handelt es sich um einen erschöpfenden Katalog aller Kostenarten, die in dem jeweiligen Betrieb auftreten können.

Nach den bisherigen Ausführungen zu den Einteilungsmöglichkeiten der Kosten lassen sich vier Grundsätze der Kostenartenrechnung herausstellen:

- **Grundsatz der Reinheit**

Grundsatz der Reinheit

Der Grundsatz der Reinheit (Eindeutigkeit) besagt, dass für den Inhalt einer Kostenart nur eine (primäre) Kostengüterart bestimmend sein darf. Mit der Einhaltung dieses Grundsatzes schafft man „saubere Kostenarten“,[141] denen die anfallenden Kosten zweifelsfrei zugeordnet werden können. Ein Beispiel für „unsaubere Kostenarten“ („Mischkostenarten“) wäre das gleichzeitige Auftreten von „Schlossereikosten“ und „Lohnkosten“. Welcher Position sollen nun die anfallenden Schlosserlöhne zugerechnet werden? Eine unsaubere Kostenart liegt auch fast immer mit den „Sonstigen Kosten“ vor.

- **Grundsatz der Einheitlichkeit**

Grundsatz der Einheitlichkeit

Der Grundsatz der Einheitlichkeit (Überschneidungsfreiheit) besagt, dass durch eindeutige, einheitliche und überschneidungsfreie Kontierungsvorschriften sichergestellt sein muss, dass die Zurechnung der Kosten (Kontierung) aufgrund der vorliegenden Belege einheitlich und schnell erfolgen kann. Aus Gründen der Vergleichbarkeit der Ergebnisse der Kostenrechnung ist es wichtig, die gleichen Kostengüter auch in jeder Abrechnungsperiode den gleichen Kostenarten zuzuordnen. Kontierungsvorschriften können sehr umfangreich sein, da sie den Inhalt jeder Kostenart genau beschreiben und anhand von Beispielen Lösungshinweise für Zweifelsfragen geben.

- **Grundsatz der Vollständigkeit**

Grundsatz der Vollständigkeit

- Der Grundsatz der Vollständigkeit besagt, dass in die Kostenartenrechnung alle Kosten aufgenommen werden müssen, die in Abhängigkeit vom verwendeten Kostenbegriff die Kosteneigenschaft erfüllen.

[141] KILGER (1969), S. 868.

- **Grundsatz der Wirtschaftlichkeit**

Grundsatz der Wirtschaftlichkeit

Der Grundsatz der Wirtschaftlichkeit besagt, dass die Kostenartendifferenzierung so zu erfolgen hat, dass die vorgenannten Grundsätze in ökonomisch sinnvoller Weise erfüllt werden können. Je mehr die Grundsätze der Reinheit und Einheitlichkeit erfüllt sind, desto feingliedriger ist die Differenzierung der Kostenarten und desto aufwendiger wird die Tätigkeit der Kostenerfassung.

Kostenartenplan (GKR)

Ihren praktischen Niederschlag finden die obigen Überlegungen bei der Ausgestaltung der Kostenartenpläne der Betriebe. Ein Beispiel für einen solchen Kostenartenplan findet sich in der Abb. 16 auf der folgenden Seite mit einer Kurzfassung der Klasse 4 des „Gemeinschaftskontenrahmens der Industrie“. Dieser Gemeinschaftskontenrahmen der Industrie (GKR) ist eine 1948/1949 vom Bundesverband der Deutschen Industrie erarbeitete Gliederungsempfehlung für die Konten der Finanz- und Betriebsbuchhaltung industrieller Betriebe, die sich weitgehend durchgesetzt hat. Es handelt sich hierbei um ein Rahmenschema, dessen Anwendung nicht zwingend vorgeschrieben ist, und das nach betriebsindividuellen Gesichtspunkten umgegliedert oder differenziert werden kann.

Bei der Klasse 4 des GKR, den Kostenarten, hängt die Gliederungstiefe von der Art und Größe des Betriebes sowie von dem angestrebten Grad der Genauigkeit bezüglich Kostenkontrolle, Kalkulation und Ermittlung entscheidungsrelevanter Kosten ab.[142)] Auf die Gliederung der Klasse 4 des GKR wird auch im folgenden Abschnitt über die Erfassung ausgewählter Kostenarten zurückgegriffen.[143)]

---

142) Eine sehr weitgehende Unterteilung der Konten findet sich in dem „Gemeinschafts-Kontenplan der Industrie“, einer Anlage zum GKR. Vgl. BUNDESVERBAND DER DEUTSCHEN INDUSTRIE: Gemeinschafts-Richtlinien für das Rechnungswesen, Ausgabe Industrie, Teil II, GRK, Frankfurt o.J.

143) Im Jahre 1971 ist vom Betriebswirtschaftlichen Ausschuss des Bundesverbandes der Deutschen Industrie ein „Industrie-Kontenrahmen (IKR)“ veröffentlicht worden, der sich an der Bilanz- und Gewinn- und Verlustrechnungsgliederung des HGB anlehnt. Vgl. Bundesverband der Deutschen Industrie: Industrie-Kontenrahmen (IKR), Bergisch Gladbach 1971.

40/42 Stoffkosten u. dgl.
40/41 Soffverbrauch u. dgl.
400 Stoffverbrauch-Sammelkonto
Gegebenenfalls Aufgliederung
401/19 Einsatz-, Fertigungsstoffe u. dgl. Auswärtige Bearbeitung Hilfs- und Betriebsstoffe u. dgl. Werkzeuge u. dgl.
42 Brennstoffe, Energie u. dgl.
420 Brenn- u. Treibstoffe
429 Energie u. dgl.
Gegebenfalls Aufgliederung:
420/29 Brenn- und Treibstoffe: fest, flüssig, gasförmig
Energie: Dampf, Strom, Wasser usw.
43/44 Personalkosten u. dgl.
43 Löhne und Gehälter
420 Löhne-Sammelkonto
Gegebenenfalls Aufgliederung:
431/38 Fertigungslöhne u. dgl. Hilfslöhne Andere Löhne
439 Gehälter
44 Sozialkosten und andere Personalkosten
440/47 Sozialkosten
440 Gesetzliche Sozialkosten
447 Freiwillige Sozialkosten
440/47 Gegebenenfalls Aufgliederung der gesetzlichen und freiwilligen Sozialkosten
448 Andere Personalkosten
45 Instandhaltung, verschiedene Leistungen u. dgl.
450 Instandhaltung
Gegebenenfalls Aufgliederung:
450/54 Instandhaltung an Grundstücken und Gebäuden
Instandhaltung an Maschinen und Anlagen
Instandhaltung an Fahrzeugen, Werkzeugen, Betriebs- und Geschäftsausstattung Instandhaltungs-Ratenverrechnung/ Ratenausgleich
455 Allgemeine Dienstleistungen
456 Entwicklungs-, Versuchskosten u. dgl.
457 Mehr- bzw. Minderkosten
Gegebenenfalls Aufgliederung:
457/59 Über-, Unterschreitung, Ausschuss, Gewährleistung usw.

46 Steuern, Gebühren, Beiträge, Versicherungsprämien u. dgl.
460 Steuern
Gegebenenfalls Aufgliederung:
460 Grundsteuer u. dgl.
461 Gewerbesteuer
462 Umsatzsteuer
463 Andere Steuern
464 Abgaben, Gebühren u. dgl.
464 Allgemeine Abgaben und Gebühren und dgl. für den gewerblichen Rechtsschutz
465 Gebühren und dgl. für den gewerblichen Rechtsschutz
466 Gebühren und dgl. für den allgemeinen Rechtsschutz
467 Prüfungsgebühren u. dgl.
468 Beiträge und Spenden
469 Versicherungsprämien
47 Mieten, Verkehrs-, Büro-, Werbekosten u. dgl.
470/71 Raum-, Maschinen-Mieten (-Kosten) u. dgl.
472/75 Verkehrskosten
Gegebenenfalls Aufgliederung:
472 Allgemeine Transportkosten
473 Versandkosten
474 Reisekosten
475 Postkosten
476 Bürokosten
477/78 Werbe- und Vertreterkosten
479 Finanzspesen und sonstige Kosten
48 Kalkulatorische Kosten
480 Verbrauchsbedingte Abschreibungen
481 Betriebsbedingte Zinsen
482 Betriebsbedingte Wagnisse
483 Unternehmerlohn
484 Sonstige kalkulatorische Kosten
49 Innerbertriebliche Kostenverrechnung, Sondereinzelkosten und Sammelverrechnung
490/97 Innerbetriebliche Kostenverrechung Sondereinzelkosten
498 Sammelkonto Zeitliche Abgrenzung
499 Sammelkonto Kostenarten

Abb. 16: Kurzfassung der Klasse 4 (Kostenarten) des Gemeinschaftskontenrahmens der Industrie (GKR)

3.1.3 Erfassung ausgewählter Kostenarten

3.1.3.1 Werkstoffkosten

Verbrauchsmengenermittlung

Werkstoffkosten (Materialkosten, Stoffkosten) sind die **mit ihren Preisen bewerteten Verbrauchsmengen** an Roh-, Hilfs- und Betriebsstoffen. Ihre Erfassung erfolgt in zwei Schritten: Zunächst werden die Verbrauchsmengen ermittelt und dann bewertet. Hierbei sind organisatorisch die Materialabrechnung, die Betriebsabrechnung und die Finanzbuchhaltung beteiligt.[144)] In der Materialabrechnung werden die Verbrauchsmengen festgestellt, die Betriebsabrechnung nimmt die Bewertung[145)] und Weiterverarbeitung der Kostenwerte vor, und die Finanzbuchhaltung liefert das für die Bewertung erforderliche Zahlenmaterial.[146)]

Zur **Erfassung der Werkstoffverbrauchsmengen** haben sich insbesondere drei Methoden herausgebildet:[147)]

1. Inventurmethode,
2. Skontrationsmethode,
3. Rückrechnung (retrograde Methode).

Inventurmethode

- Die **Inventurmethode** (Befundrechnung, Bestandsdifferenzrechnung) errechnet den gesamten Verbrauch am Ende der Abrechnungsperiode, indem sie den Lagerabgang als Differenz zwischen Anfangsbestand (AB) und Zugängen einerseits und Endbestand (EB) laut Inventur andererseits bildet:

$$\text{Verbrauch} = \text{AB} + \text{Zugang} - \text{EB}$$

Aus kostenrechnerischer Sicht weist die Inventurmethode eine Reihe von **Nachteilen** auf:

144) Vgl. S. 13-14.

145) Die Bewertung der Werkstoffverbrauchsmengen erfolgt oft auch schon in der Materialabrechnung.

146) Vgl. zum Datenfluss oben Abb. 4, S. 14.

147) Vgl. WÖHE/DÖRING (2002), S. 1091 f.

- Da der Verbrauch durch Saldierung ermittelt wird, lässt sich nicht feststellen, für welche Kostenstellen (bzw. Kostenträger) die Lagerentnahmen erfolgten.

- Bestandsminderungen aufgrund von Schwund, Verderb und Diebstahl sind nicht feststellbar und damit auch nicht beeinflussbar. Mit anderen Worten lassen sich Differenzen zwischen Ist- und Sollverbrauch nicht analysieren.

- Da die Abrechnungsperiode in der Kostenrechnung gewöhnlich ein Monat ist, erfordert die monatliche Inventur einen hohen Arbeitsaufwand.

Man kann also feststellen, dass für Zwecke einer aussagefähigen Kostenrechnung die Inventurmethode im Normalfall wenig geeignet ist.[148)] Sie bietet nur in jenen seltenen Fällen **Vorteile**, in denen körperlich leicht und schnell erfassbare Werkstoffe, die nicht der Gefahr der Bestandsminderung ausgesetzt sind, auch eindeutig in ihrem Verwendungsort und -zweck bekannt sind.

Skontrationsmethode

- Die Mängel der Inventurmethode haben zur **Skontrationsmethode**[149)] (Fortschreibungsmethode) geführt, bei der nicht nur die Lagerzugänge, sondern auch die Lagerabgänge belegmäßig mit Hilfe von Materialentnahmescheinen innerhalb der Lagerbuchhaltung erfasst werden. Den Abgang (Verbrauch) erhält man durch Addition der auf den Materialentnahmescheinen festgehaltenen Mengen:[150)]

Verbrauch =	Summe der Entnahmemengen laut Materialentnahmescheinen

[148)] Für Zwecke der Finanzbuchhaltung ist sie – allerdings nur jährlich – unerlässlich (vgl. § 240 Abs. 2 HGB).

[149)] Vgl. zur Skontrationsmethode z.B. auch DÖRING/BUCHHOLZ (2002), S. 93.

[150)] Die Schlussfolgerung, die Skontrationsmethode könne zur Ermittlung des Endbestandes für Bilanzierungszwecke verwandt werden, wäre jedoch verfehlt, weil sie lediglich einen Soll-Endbestand und nicht den (nur durch Inventur) feststellbaren Ist-Endbestand ermittelt.

Die Skontrationsmethode beseitigt die Mängel der Inventurmethode; ihre **Vorteile** sind deshalb:

- Verwendungsort und -zweck der Werkstoffe sind genau feststellbar, da jeder Materialentnahmeschein neben anderen Daten die empfangende Kostenstelle und die Auftragsnummer enthält. Sehr gute Möglichkeiten der Weiterverrechnung bieten sich, wenn man – wie üblicherweise praktiziert – die Lagerbuchhaltung mit Hilfe der EDV[151)] durchführt.

- Bestandsverminderungen innerhalb des Lagers aufgrund von Diebstahl etc. sind errechenbar, wenn man den buchmäßigen Endbestand mit dem Endbestand laut Inventur vergleicht. Man muss dann zwar auch eine Inventur (mit dem hohen Arbeitsaufwand) durchführen, jedoch nicht monatlich, sondern jährlich oder halbjährlich. Außerdem braucht diese Inventur keine Stichtagsinventur zu sein, sondern kann als permanente Inventur ausgestaltet sein.

retrograde Methode

- Die dritte Möglichkeit zur Ermittlung der Materialverbrauchsmenge ist die **Rückrechnung (retrograde Methode)**. Hier werden die Verbrauchsmengen (unter Berücksichtigung unvermeidbarer Abfälle bei der Bearbeitung) aus den abgelieferten Stückzahlen der Halb- und Fertigfabrikate abgeleitet:

Verbrauch = Produzierte Stückzahlen * Sollverbrauchsmenge pro Stück

Da es sich hierbei um Soll-Verbrauchsmengen handelt, können sonstige Bestandsminderungen an Werkstoffen nur durch zusätzliche Kontrollen, wie Materialentnahmescheine und/oder Inventur ermittelt werden. Die Analyse des Werkstoffverbrauchs wird um so genauer, je mehr der drei Methoden kombiniert angewandt werden.

151) Vgl. z.B. STAHLKNECHT (1982), HORVÁTH/PETSCH/WEIHE (1983) oder KOCH, Joachim (1999).

Verbrauchsbewertung

Für die **Bewertung des Materialverbrauchs** stehen ebenfalls verschiedene Methoden zur Verfügung. Einmal kann man die Mengen mit den durchschnittlichen Anschaffungspreisen (**Einstandspreisen**) bewerten. Der Rechenaufwand ist erheblich, da in jeder Abrechnungsperiode ein neuer Durchschnitt errechnet werden muss. Dem Nachteil dieses Istpreis-Verfahrens[152)] versucht man durch Ansatz von **Festpreisen** zu begegnen, in denen auch **Wiederbeschaffungspreise** oder andere Bewertungsgesichtspunkte berücksichtigt werden können. Festpreis-Verfahren haben darüber hinaus für die Kostenkontrolle eine große Bedeutung, da nur mit ihrer Hilfe Preisschwankungen, die den reinen Faktormengenvergleich stören würden, in Form von Preisabweichungen zu eliminieren sind.

3.1.3.2 Personalkosten

Lohn- und Gehaltsabrechnung

Die Personalkosten werden in erster Linie in der Lohn- und Gehaltsabrechnung[153)] ermittelt. Sie umfassen alle Kosten, die durch den Einsatz des **Produktionsfaktors Arbeit** unmittelbar und mittelbar entstanden sind, also folgende Hauptgruppen:[154)]

- Löhne,
- Gehälter,
- gesetzliche Sozialkosten,
- freiwillige Sozialkosten,
- sonstige Personalkosten.

Fertigungs- und Hilfslöhne

Bei den Löhnen unterscheidet man Fertigungs- und Hilfslöhne. Diese Trennung hat „rechnungstechnischen Charakter. Es sollen die Arbeitsleistungen, die unmittelbar der Herstellung des Erzeugnisses dienen, von den Arbeiten getrennt werden, die nur mittelbar an der Herstellung beteiligt sind. Ein Werturteil über die Bedeutung der ge-

152) Andere Istpreis-Verfahren sind die Lifo-, Fifo- und Hifo-Methode, die jedoch in der Kostenrechnung keine Bedeutung haben, sondern bei der bilanziellen Bestandsbewertung eingesetzt werden. Vgl. zu diesen Methoden ausführlich HABERSTOCK (1991), S. 128-131, oder BREITHECKER/SCHMIEL (2003), S. 210-212.

153) Der kalkulatorische Unternehmerlohn wird später behandelt.

154) Vgl. Abb. 16, S. 63.

leisteten Arbeit kann in dieser begrifflichen Unterscheidung nicht erblickt werden. Vielmehr können unter Umständen gerade die Löhne der für den Betrieb wichtigsten Arbeitergruppen (Vorarbeiter, gelernte Arbeiter) unter den Begriff der Hilfslöhne fallen. Auch eine Beurteilung der Wirtschaftlichkeit der Leistungserstellung nach dem Verhältnis der Hilfslöhne zu den Fertigungslöhnen ist nicht angängig, da sich die Höhe der Hilfslöhne aus einer weitgehenden Arbeitsteilung und einer Befreiung der Fertigungsarbeiter von allen nicht zu ihrer eigentlichen Aufgabe gehörenden Arbeiten ergeben kann."[155]

Akkord- und Zeitlohn

Löhne werden als **Akkord- oder Zeitlohn** gezahlt.[156] Diese Unterscheidung stimmt nicht mit der in Fertigungs- und Hilfslöhne und auch nicht mit der in Einzel- und Gemeinkostenlöhne überein. So wie Fertigungslöhne durchaus als Zeitlohn gezahlt werden können, kann es auch vorkommen, dass Hilfslöhne als Akkordlöhne berechnet werden. Einzellöhne (= Einzelkostenlöhne) können nur Fertigungslöhne sein, jedoch können Fertigungslöhne (als Zeitlöhne) auch Gemeinkosten sein. Gehälter sind das Arbeitsentgelt insbesondere für Angestellte; sie werden für bestimmte Zeitabschnitte gezahlt, entsprechen damit einer Zeitentlohnung und sind Gemeinkosten. Auch alle anderen Personalkosten sind stets Gemeinkosten. Mit Hilfe der Übersicht **12 auf der Folgeseite** soll versucht werden, diese Zusammenhänge zu verdeutlichen.

Die Lohn- und Gehaltskosten werden aufgrund von Zeitlohnscheinen, Akkordscheinen, Prämienunterlagen, Zusatzlohnscheinen, Gehaltslisten, Stempelkarten etc. erfasst und weiterverrechnet. Sowohl bei der Erfassung als auch bei der Weiterverrechnung leisten Personal-Computer für die EDV-Abrechnung große Dienste.

gesetzliche Sozialkosten

Die **gesetzlichen Sozialkosten** sind durch Gesetz, Verordnung oder Tarif bestimmt. Zu ihnen zählen insbesondere die Arbeitgeberanteile an der Renten-, Kranken-, Pflege- und Arbeitslosenversicherung sowie die allein vom Arbeitgeber aufzubringenden Beiträge zur Unfallversicherung (Berufsgenossenschaft). Gewöhnlich werden auch tarif-

---

155) BUNDESVERBAND DER DEUTSCHEN INDUSTRIE (o.J.), Ziffer K 262.1.

156) Von Prämienlöhnen als Mischform soll hier abgesehen werden.

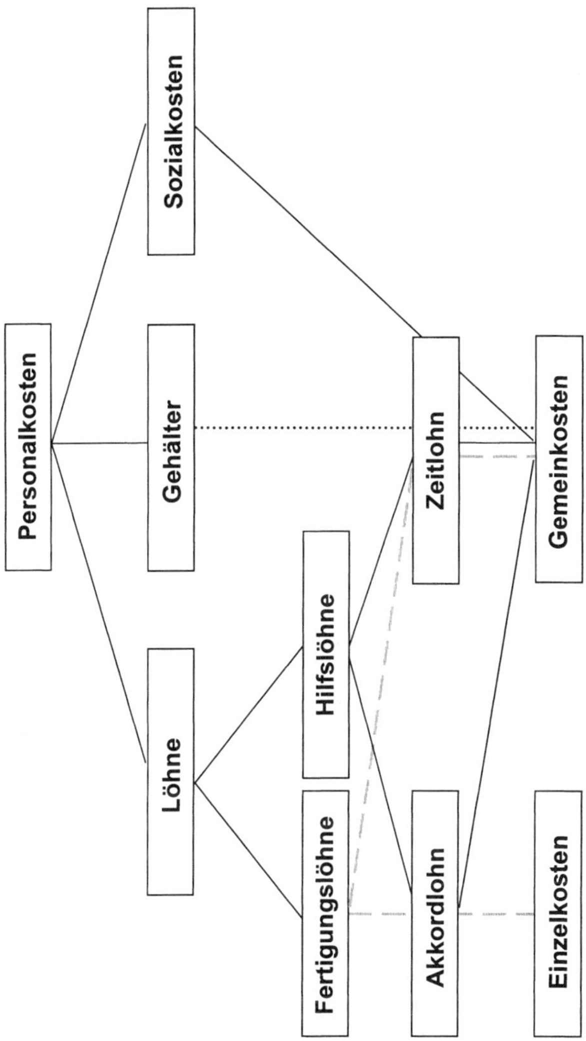

Abbildung 17: Gliederung und Verrechnung der Personalkosten

lich vereinbarte Leistungen, wie z.B. Krankengeldzuschüsse, hier eingeordnet.[157)]

freiwillige Sozialkosten

Bei den **freiwilligen Sozialkosten** werden zwei Gruppen unterschieden. Primäre[158)] freiwillige Sozialkosten entsprechen direkten Leistungen an den Arbeitnehmer, wie z.B. zusätzliche Zahlungen an die Sozialversicherung, freiwillige Zusagen zur betrieblichen Altersversorgung, Beihilfen für Fahrt und Verpflegung, zur Ausbildung, zu Kuraufenthalten, Unterstützungszahlungen bei Geburten, Hochzeiten, Jubiläumsgeschenke etc. Sekundäre[159)] freiwillige Sozialleistungen (-kosten) kommen dem Arbeitnehmer „indirekt" zugute, z.B. die Kosten für die Sanitätsstation, Werksfürsorge, Röntgenreihenuntersuchungen, Bücherei, Werkszeitung, Sportanlagen, Kindergarten, Kantine etc.

sonstige Personalkosten

Sonstige Personalkosten entstehen insbesondere beim Personalwechsel durch Inserate-, Vorstellungs-, Umzugs- und Abfindungskosten.

Abgrenzungsprobleme

Besondere Abgrenzungsberechnungen ergeben sich bei den Personalkosten aufgrund der Tatsache, dass sich bestimmte Teile dieser Kosten ungleichmäßig auf das Jahr verteilen. Das gilt insbesondere für die Urlaubs-, Feiertags- und Krankheitslöhne sowie für die meisten Kategorien der Sozialkosten. Würde man beispielsweise die gesamten Urlaubslöhne in voller Höhe dem Monat anlasten, in dem das Werk Betriebsferien macht, so wäre die Kostenstruktur in Relation zum Produktionsvolumen erheblich gestört und die Aussagefähigkeit der Ergebnisse der Kostenrechnung sehr gering. Man schätzt also die voraussichtlichen Beträge für diese stoßweise anfallenden Teile der Personalkosten und verrechnet sie in gleichmäßigen Raten oder in Relation zu der jeweils gezahlten Lohn- und Gehaltssumme[160)] der

157) In Hinblick auf Urlaubs-, Krankheits- und Feiertagslöhne (und -gehälter) findet man eine Zurechnung entweder zu den Löhnen und Gehältern oder zu den Sozialkosten.

158) Vgl. in etwas weiterem Zusammenhang auch S. 59, Punkt 6.

159) Siehe Fußnote 160.

160) Die Personalnebenkosten beliefen sich in 2000 nach Berechnungen des Statistischen Bundesamtes (vgl. http://www.destatis.de/basis/d/logh/loghtab 12.php) für das produzierende Gewerbe (Dienstleistungsgewerbe) auf durchschnittlich 76,3 % (76,8 %) der vereinbarten Löhne und Gehälter. Man bezeichnet diese Kosten auch als „zweiten" oder „unsichtbaren" oder indirek-

Abrechnungsperiode in die Kosten. Rechentechnisch wird hierzu ein Abgrenzungskonto eingerichtet, dem die tatsächlichen Zahlungen belastet und die verrechneten Beträge gutgeschrieben werden.

3.1.3.3 Dienstleistungskosten

Dienst- und Fremdleistungskosten

Der Begriff der Dienstleistungskosten soll hier weit gefasst werden. Unter Dienstleistungen werden zunächst alle 'Lieferungen' außenstehender Dienstleistungsunternehmen verstanden, also z.B. Transport-, Reparatur-, Werbe-, Reise-, Rechtsberatungs-, Prüfungs-, Versicherungs- sowie Forschungs- und Entwicklungsleistungen.

Daneben fallen unter die Dienst- oder Fremdleistungskosten auch Mieten und Pachten sowie die Kosten für Wasser, Strom und Gas, obwohl die letzteren im strengen Sinne als Betriebsstoffkosten zu den Werkstoffkosten gehören.[161)]

Auch **öffentliche Abgaben** (in der Form der Gebühren und Beiträge) seien zu den **Dienstleistungskosten** im weiteren Sinne gerechnet. Dies lässt sich leicht vertreten, da ihnen (zum Teil) besondere Gegenleistungen der öffentlichen Hand gegenüberstehen. Zur näheren Analyse (auch der Steuern als Kosten) sei jedoch auf Kapitel 3.3.4 verwiesen.

Dienstleistungskostenerfassung

Bei der Erfassung der Dienstleistungskosten ergeben sich keine besonderen Probleme, wenn man einmal von der häufig notwendigen zeitlichen Abgrenzung absieht. In diesen Fällen (z.B. bei im voraus gezahlten Versicherungsprämien oder bei unregelmäßig anfallenden Rechtsanwalts- und Prozesskosten) geht man abrechnungstechnisch so vor, wie soeben für die „Egalisierung“ der Sozialkosten skizziert.

---

ten Lohn bzw. als Personalzusatz- oder -nebenkosten. Dieser „Sozialkostenprozentsatz“ ist nach Wirtschaftszweigen und Betriebsgrößen unterschiedlich.

161) Diese Auflistung zeigt bereits den Umfang, umreißt aber auch die zunehmende Bedeutung der Dienstleistungskosten.

3.1.3.4 Steuern, Gebühren, Beiträge[162)]

Abgaben

Abgaben werden definiert als „Sammelbegriff für alle kraft öffentlicher Finanzhoheit zur Erzielung von Einnahmen erhobenen Zahlungen“, **Steuern** als „Abgaben, die keine Gegenleistung für eine besondere Leistung eines öffentlich-rechtlichen Gemeinwesens (Bund, Länder, Gemeinden) darstellen und allen auferlegt werden, bei denen der Tatbestand des jeweiligen Steuergesetzes zutrifft“ (vgl. § 3 Abs. 1 AO), **Gebühren** als „Abgaben, die für (freiwillig oder gezwungenermaßen in Anspruch genommene) besondere Einzelleistungen der öffentlichen Hand erhoben werden“ und **Beiträge** als „Abgaben, die von jedem erhoben werden, dem ein dauernder Vorteil aus einer öffentlichen Einrichtung geboten wird, unabhängig von dem Ausmaß der Inanspruchnahme des Vorteils“.[163)] Inwieweit nun Abgaben und insbesondere Steuern als Kosten zu qualifizieren sind, ist umstritten.[164)]

Abgaben und wertmäßiger Kostenbegriff

Wir haben oben (S. 55) als eine Aufgabe der Kostenartenrechnung die Klärung der Frage bezeichnet, was Kosten sind und dort auch festgestellt, dass die Antwort auf diese Frage von dem zugrunde gelegten Kostenbegriff abhängig ist.[165)] Zunächst ist somit hier zu klären, **ob Abgaben** (= Steuern, Gebühren und Beiträge) nach dem von uns vertretenen wertmäßigen Kostenbegriff **Kosten darstellen**.[166)]

Der **wertmäßige Kostenbegriff** verlangt

- einen Güterverzehr,
- der leistungsbezogen und

---

162) Vgl. hierzu auch BREITHECKER (2002), S. 28-31.

163) HABERSTOCK/BREITHECKER (2005), S. 5/6.

164) So bereits oben Fn. 69, S. 26.

165) Bei den bisher behandelten Kostenarten Werkstoff-, Personal- und Dienstleistungskosten stellte sich diese Frage erst gar nicht, da ihre Kosteneigenschaft unumstritten ist.

166) Zum wertmäßigen Kostenbegriff vgl. oben S. 26-28. DÖRING (1984), S. 67, stellt allerdings bereits fest, dass „die Ableitung der Kosteneigenschaft von Steuern aus einem Kostenbegriff ... ein Versuch am untauglichen Objekt (ist), solange es an einer allgemein gültigen Interpretation des Kostenbegriffs fehlt.“

- bewertet sein muss.

Fasst man die Gebühren und Beiträge als (staatliche) Dienstleistungen auf, da hierfür besondere Gegenleistungen der öffentlichen Hand gewährt werden (so bereits oben S. 71), kann hier der wertmäßige Kostenbegriff als erfüllt angesehen, Gebühren und Beiträge als Kosten verrechnet werden. Bei Steuern fehlt aber definitionsgemäß die Gegenleistung der öffentlichen Hand und damit der leistungsbezogene Güterverzehr.

Kostensteuern

Die Literatur[167)] behilft sich zur Bestimmung von „Kostensteuern" bisweilen über den Umweg

- Steuern explizit als zusätzliche staatliche Dienstleistung zu definieren, die durch die betriebliche Leistungserstellung verursacht ist,
- Geldzahlungen zum Nominalgut zu erklären und die Steuerzahlung als Nominalgüterverzehr zu qualifizieren,
- Steuern als „Als-ob-Kosten" zu definieren.

Steuern und Güterverzehr

Nach allen drei Erklärungsansätzen ist die Voraussetzung „Güterverzehr" erfüllt. Das Kriterium der (verursachungsgerechten) Leistungsbezogenheit entscheidet dann allein darüber, ob Steuern Kosten oder neutraler Aufwand sind. Grundsätzlich werden danach mit Ausnahme der Ertragsteuern (in Abhängigkeit von autorenspezifischen Begründungen) nahezu alle Steuern zu den Kosten gezählt (= Kostensteuern).[168)] Nach dem wertmäßigen Kostenbegriff stellen somit nicht al-

167) Vgl. statt vieler die Nachweise bei WAGNER/HEYD (1981), S. 922-924, oder bei DÖRING (1984), S. 67-70.

168) Lesenswert zur kostenmäßigen Beurteilung deutscher Steuerarten in der betriebswirtschaftlichen Literatur bis 1984 ist DÖRING (1984), S. 13-56. Die Aussage von WAGNER/PASTERNAK (1985), S. 195, dass „die in der Vergangenheit teilweise heftig geführte Diskussion um den 'Kostencharakter' der Steuern ... aus entscheidungslogischer Sicht als ein gelöstes Problem betrachtet werden" kann, gilt inhaltlich uneingeschränkt, lässt sich jedoch nicht auf die Kenntnisnahme der Problemlösung in der Fachliteratur und der Praxis übertragen. HOITSCH/LINGNAU (2004), S. 162, zählen die Kraftfahrzeug- und die Grundsteuer „eindeutig" zu den Kostensteuern. KLOOCK/SIEBEN/SCHILDBACH (1999), S. 107, geben Begründungen an, wonach alle Ertragsteuern Kosten sein können; gleiches gilt für die sonstigen Verkehr-, Verbrauch- und Substanzsteuern. An beiden Stellen bleibt die Konsequenz aus dieser definitorischen Abgrenzung offen.

le, sondern nur bestimmte Steuern Kosten dar. Nur diese Kostensteuern gehen in die Kostenarten-, Kostenstellen- und Kostenträgerrechnung ein. Für Planungsaufgaben wird nur eine Teilmenge dieser Kostensteuern – die **entscheidungsrelevanten Kostensteuern**[169)] – berücksichtigt.

Aufgabenerfüllung der Kostenrechnung und Kostensteuern

Diesem Weg der Beurteilung der Kosteneigenschaft mit Hilfe des wertmäßigen Kostenbegriffs steht ein anderer gegenüber. Danach wird nicht gefragt, ob Steuern definitionsgemäß Kosten sind, sondern vielmehr, **inwieweit die Berücksichtigung von Steuern in der Kostenrechnung zur Erfüllung ihrer Aufgaben notwendig ist.** Vergegenwärtigen wir uns noch einmal die Aufgaben der Kostenrechnung, die wir oben (S. 3) mit

1. Planungsaufgaben,
2. Kontrollaufgaben und
3. Dokumentationsaufgaben

umschrieben haben.

Kontrollaufgabe und Steuern

Die **Kontrollaufgaben** bestehen insbesondere in einem Soll-Ist-Vergleich zur Wirtschaftlichkeitskontrolle. Die Berücksichtigung von Steuern zur Erfüllung der Kontrollaufgabe ist insoweit notwendig, als bei der Ermittlung der Sollgröße Steuern im selben Umfang wie bei der Ermittlung der Istgröße einbezogen werden.

Dokumentationsaufgabe und Steuern

Für die Erfüllung der **Dokumentationsaufgaben** der Kostenrechnung gilt, dass Steuern insoweit einbezogen werden wie sie in den zur Ermittlung der Selbstkosten im Rahmen der LSP oder zur Ermittlung der bilanziellen Herstellungskosten[170)] vorgeschriebenen Rechenschemata Verwendung finden.

Planungsaufgabe und Steuern

Inwieweit die Erfüllung der **Planungsaufgaben** die Berücksichtigung von Steuern erfordert, bedeutet konkret danach zu fragen, ob „die Einbeziehung von Steuern die mit der Kostenrechnung zu treffenden

169) Zur Definition der entscheidungsrelevanten Kosten siehe bereits oben S. 53.

170) R 33 Abs. 6 EStR macht die Einbeziehung von Steuern in die steuerbilanziellen Herstellungskosten im wesentlichen davon abhängig, ob die Steuerart zu den abzugs- und damit zu den aktivierungsfähigen oder nicht abzugsfähigen Betriebsausgaben zählt.

Entscheidungen"[171] verbessert. Die nach dieser Fragestellung in die Planungsaufgabe einzubeziehenden Steuern entsprechen dem Teil der Steuerzahlungen, „der einer Handlungsmöglichkeit als negative Entscheidungskomponente zugerechnet werden muss."[172] Welche (entscheidungsrelevanten) Steuern sind nun beispielhaft bei der Bestimmung von Preisuntergrenzen, bei der Frage „make or buy" oder bei der Bestimmung des optimalen Produktionsprogramms zu berücksichtigen?

Im Rahmen von Planungsaufgaben sind solche Steuern zu erfassen, die eine „vor Steuern vorteilhafte Handlungsmöglichkeit unvorteilhaft werden" lassen „(absolute Vorteilhaftigkeit) oder ... die Rangfolge zwischen mehreren Handlungsmöglichkeiten (relative Vorteilhaftigkeit)" verändern.[173]

Steuern im Entscheidungskalkül

Welche Steuerarten dies im Einzelnen sind, kann nicht generell beantwortet werden. Hier ist jede Entscheidungssituation gesondert zu beleuchten; es spielen wegen der Betrachtung der Alternativ- oder Unterlassensentscheidung (der Vergleichsbasis) sowohl die Rechtsform, in der eine wirtschaftliche Aktivität durchgeführt wird, als auch deren Finanzierung oder das sich ständig ändernde Steuerrecht eine Rolle. Dabei kann der Fall eintreten, dass für Planungsaufgaben unter Umständen Steuern im Entscheidungskalkül zu berücksichtigen sind, die nach dem wertmäßigen Kostenbegriff überhaupt keine Kosten darstellen. **Der wertmäßige Kostenbegriff umfasst somit nicht unbedingt alle entscheidungsrelevanten Steuern**.

---

171) WAGNER/HEYD (1981), S. 924.

172) DÖRING (1984), S. 3 und passim. WAGNER (1993), S. 500, beantwortet die Frage nach dem Kostencharakter von Steuern in etwas anderer Vorgehensweise als DÖRING. Er bejaht grundsätzlich die Kosteneigenschaft jeder Steuer „wegen der durch sie verursachten Ausgaben". Von dieser Qualifizierung losgelöst prüft er jedoch die Frage nach der Notwendigkeit der Einbeziehung von Steuern für Entscheidungszwecke; vgl. WAGNER/HEYD (1981), S. 927.

173) DÖRING (1984), S. 107.

DÖRING analysiert sowohl theoretisch die Kosteneigenschaft von Steuern als auch deren praktische Berücksichtigung. Er kommt zu dem tendenziellen Ergebnis, dass **für Planungsaufgaben**[174)]

- gewinnabhängige Steuern (ESt, KSt, GewSt, KiSt, Solz) nur in geringem Maße und in seltenen Fällen entscheidungsrelevanten Kostencharakter besitzen;
- die GrdESt, die GrdSt und die USt keinen entscheidungsrelevanten Kostencharakter besitzen;
- die übrigen Verkehrsteuern (KfzSt, VersSt) und Verbrauchsteuern die geringsten Zuordnungsschwierigkeiten aufwerfen und häufig entscheidungsrelevanten Kostencharakter besitzen.

Kosteneigenschaft oder Entscheidungsrelevanz

Der Umfang der Berücksichtigung von Steuern in der Kostenrechnung hängt somit davon ab, ob man nach der Kosteneigenschaft oder der **Entscheidungsrelevanz von Steuern** fragt. Da nach dem wertmäßigen Kostenbegriff unter Umständen entscheidungsrelevante Steuern „auf der Strecke bleiben", muss das Kriterium Rechnungszweck darüber bestimmen, ob es sich bei den Steuern um Kosten handelt oder nicht. Ob Steuern Kosten sind, ist davon abhängig, ob es um die Erfüllung der Dokumentations-, Kontroll- oder Planungsaufgabe der Kostenrechnung geht und bei letzterer zusätzlich davon, ob die Steuern entscheidungsrelevant sind oder nicht.

3.1.3.5 Kalkulatorische Kosten

Vorbemerkung:

Zusatzkosten/ Anderskosten

Wie bereits oben dargestellt (S. 22-24), sind kalkulatorische Kosten solche Kosten, denen entweder kein Aufwand (**Zusatzkosten**) oder Aufwand in anderer Höhe (**Anderskosten**) in der Finanzbuchhaltung

---

174) Die hier getroffenen Feststellungen gelten nur für *kurzfristige, nicht die Kapazität verändernde Entscheidungssituationen*; vgl. DÖRING (1984), S. 211-215. Mit dieser Wiedergabe der möglichen Entscheidungsrelevanz von Steuern soll nicht verkannt werden, dass optimale Produktions- und Absatzentscheidungen nur unter *exakter Ermittlung der Besteuerung* der Handlungs- und der Vergleichsalternative möglich sind! Hierzu bieten die Habilitationsschrift von DÖRING (1984) und der Aufsatz von WAGNER/HEYD (1981) wertvolle Hinweise. Vgl. zu einer Zusammenfassung auch SCHMID (1991).

gegenübersteht. Sie müssen verrechnet werden, damit – unbeeinträchtigt durch handels- und steuerrechtliche Vorschriften, die anderen Zwecken dienen – in der Kostenrechnung der – 'richtige' – Werteverzehr an Produktionsfaktoren berücksichtigt wird, der mit den Aufgaben der Kostenrechnung als Planungs- und Kontrollinstrument in der Hand der Unternehmensleitung korrespondiert.[175)]

Allen kalkulatorischen Kostenarten ist folgende **buchungstechnische Verrechnung** gemeinsam, die – obwohl hier grundsätzlich keine buchhalterischen Vorgänge dargestellt werden – deshalb skizziert werden soll, weil sie einen instruktiven Einblick in den ökonomischen Charakter der kalkulatorischen Kosten gestattet:[176)] Buchungstechnik

Man verbucht die kalkulatorischen Kosten stets entsprechend dem Buchungssatz

Klasse 4 an Klasse 2,

wobei zunächst unerheblich ist, um welche Konten es sich hierbei im Einzelnen handelt.

Die Kostenrechnung kann damit ab Klasse 4 mit den kalkulatorischen Kosten, d.h. mit dem betriebswirtschaftlich sinnvollen Werteverzehr, rechnen. Nach Verarbeitung und Auswertung der Zahlen in der Kostenstellen- und Kostenträgerrechnung finden sich die kalkulatorischen Kosten (im Umsatzkostenverfahren insgesamt nach Kostenträgern gegliedert) auf der Soll-Seite des Betriebsergebniskontos wieder. Dieses Konto wird über das Gewinn- und Verlust-Konto abgeschlossen. Die gleichzeitig in der Klasse 2 gegengebuchten „verrechneten kalkulatorischen Kosten" werden über das Neutrale Ergebnis (Abgrenzungssammelkonto) ebenfalls über das GuV-Konto abgeschlossen; sie finden sich dort auf der Haben-Seite. Im Ergebnis ist also die Verbuchung der kalkulatorischen Kosten erfolgsneutral. Klasse 4

175) Bei der „Richtigkeit" des Werteverzehrs wird hier der wertmäßige Kostenbegriff zugrunde gelegt. Zu einer anderen Auffassung käme man über den pagatorischen Kostenbegriff (vgl. insoweit noch einmal oben S. 28/29).

176) Alle Angaben in Hinblick auf den Kontenrahmen beziehen sich – wie schon bisher – stets auf den GKR.

Klasse 2

Die erfolgswirksame Verbuchung der Aufwendungen der Finanzbuchhaltung, die den kalkulatorischen Kosten entsprechen,[177)] erfolgt im Soll der Klasse 2. Die hier benötigten Konten sind z.B. 'Bilanzmäßige Abschreibungen' (23), 'Zinsaufwendungen' (24), 'Haus- und Grundstücksaufwendungen' (21), 'Betriebliche außerordentliche Aufwendungen' (25). Sie werden über das Neutrale Ergebnis auf das GuV-Konto verbucht und führen dort – nachdem die kalkulatorischen Kosten durch die Gegenbuchung bereits kompensiert wurden – zum gewünschten Ergebnis, nämlich in der GuV-Rechnung nur die Aufwendungen (und Erträge) der Finanzbuchhaltung auszuweisen.[178)]

Zahlenbeispiel

Dieser Buchungsablauf sei für das folgende Zahlenbeispiel skizziert:[179)]

Tatsächlich gezahlte Fremdkapitalzinsen	500,--
Kalkulatorische Zinsen (vgl. S.22/23)	700,--

Klasse 4
kalkulatorische Zinsen

(1)	700	(3)	700

Klasse 2
verr. kalkulat. Zinsen

(4)	700	(1)	700

Klasse 2
Zinsaufwendungen

(2)	500	(5)	500

177) Soweit sie überhaupt – vgl. Unternehmerlohn – anfallen.

178) Vgl. hierzu auch die Ebene III in Abb. 5 auf S. 16.

179) Solche Beispiele finden sich in vielen Lehrbüchern der Buchführung oder Betriebswirtschaftslehre.

Klasse 9
Betriebsergebnis

(3)	700	(6)	700

Klasse 9
Neutrales Ergebnis

(5)	500	(4)	700
(7)	200		

Klasse 9
GuV

(6)	700	(7)	200

(1) = Verbuchung der kalkulatorischen Kosten.

(2) = Verbuchung des tatsächlichen Aufwandes für die Finanzbuchhaltung; die Gegenbuchung zu (2) findet auf einem Bestandskonto (hier z.B. Bank) statt.

(3) - (5) = Abschluss der Konten der Kl. 4 auf das Betriebsergebnis; Abschluss der Konten Kl. 2 auf das Neutrale Ergebnis. Zwischen der Haben- und der Soll-Buchung (3) steht im Einkreis-System noch die gesamte Kostenstellen- und Kostenträgerrechnung!

(6) u. (7) = Abschluss von Betriebsergebnis und Neutralem Ergebnis über GuV.

Fazit: Der bemerkenswerte Ausgangsbuchungssatz „Klasse 4 an Klasse 2" ermöglicht es, gleichzeitig die Interessen von Kostenrechnung und Finanzbuchhaltung zu wahren. Im Betriebsergebnis, das primär den Kostenrechner (und Kurzfristigen Erfolgsrechner) interessiert, sind nur die kalkulatorischen Kosten (hier 700) enthalten. In der Gewinn- und Verlustrechnung, die den erfolgsmäßigen Abschluss der Finanzbuchhaltung darstellt, sind per Saldo nur die Aufwendungen (hier 500) enthalten.

3.1.3.5.1 Kalkulatorische Abschreibungen

Abschreibungen

Den planmäßigen **Wertverzehr am Anlagevermögen,** der in der Gewinn- und Verlustrechnung als Aufwand und in der Kostenrechnung als Kosten angesetzt wird, bezeichnet man als **Abschreibungen**. Daneben verwendet man den Begriff der Abschreibung auch für außerplanmäßige, außerordentliche Wertminderungen am Anlage- oder Umlaufvermögen (z.B. außergewöhnliche technische oder wirtschaftliche Wertminderungen an Maschinen, Sinken der Kurse von Wertpapieren, Forderungsverluste, Wertminderungen an Beständen).[180)]

Aufgrund dieser Definition ergibt sich die in Abb. 18, S. 82, wiedergegebene Systematik der Abschreibungen.

In diesem Zusammenhang interessieren nur die planmäßigen (normalen) Abschreibungen der Kostenrechnung, die man **kalkulatorische Abschreibungen**[181)] nennt und deren Berechnung – ebenso wie die der bilanziellen Abschreibungen – in der Anlagenabrechnung (Betriebsmittelabrechnung) erfolgt.

Aufgabe der kalkulatorischen Abschreibung

Während die bilanziellen Abschreibungen handels- und steuerbilanzpolitischen Zielen dienen, besteht die *Aufgabe der kalkulatorischen Abschreibungen* darin,

> für jede Abrechnungsperiode, während der ein mehrperiodig nutzbares und abnutzbares Betriebsmittel im Kombinationsprozess eingesetzt ist, den **verursachungsgerechten Werteverzehr** zu ermitteln.

Geht man davon aus, dass in jedem dieser Betriebsmittel ein bestimmter Nutzungs- oder Leistungsvorrat enthalten ist, dann lassen sich drei Hauptgruppen von Ursachen des Werteverzehrs, d.h. Abschreibungsursachen, unterscheiden:

---

180) Vgl. WÖHE/DÖRING (2002), S. 900-905.

181) Verzichten Sie bitte auf die Kurzform „kalkulatorische AfA“, da „AfA“ begrifflich für die nur steuerliche Bezeichnung „Absetzungen für Abnutzung“ steht und deshalb in der Kostenrechnung keine Verwendung finden darf!

1) Die **verbrauchsbedingten Ursachen** führen dazu, dass der Nutzungsvorrat *mengenmäßig* abnimmt. Im Einzelnen:

verbrauchsbedingte Abschreibungsursache

- Abnutzung durch Gebrauch,
- Abnutzung durch Zeitverschleiß,
- Abnutzung durch Substanzverringerung, (hiervon spricht man bei Gewinnungsbetrieben, wie z.B. Kaliabbau oder Tongruben)
- Abnutzung durch Katastrophen.

2) Die **wirtschaftlich bedingten Ursachen** führen dazu, dass der Nutzungsvorrat (bei gleicher Menge) *wertmäßig* abnimmt. Im Einzelnen gibt es folgende Ursachen, die sich teilweise überschneiden:

wirtschaftlich bedingte Abschreibungsursache

- Wertminderungen aufgrund des technischen Fortschritts,
- Wertminderungen aufgrund von Nachfrageverschiebungen,
- Wertminderungen aufgrund des Sinkens der Wiederbeschaffungskosten,
- Wertminderungen aufgrund des Sinkens der Absatzpreise,
- Wertminderungen aufgrund von Fehlinvestitionen.

3) Die **zeitlich bedingten Ursachen**, die gelegentlich und vielleicht deutlicher auch als **rechtlich bedingte Ursachen** bezeichnet werden, ergeben sich daraus, dass der Nutzungsvorrat innerhalb einer bestimmten Zeit genutzt werden muss bzw. *nach Ablauf einer bestimmten Zeit* erschöpft ist:

zeitliche bedingte Abschreibungsursache

- Ablauf der Grundmietzeit eines Leasingvertrages (bei wirtschaftlicher Zuordnung des Leasinggegenstandes zum Leasingnehmer) vor Ablauf der technischen Nutzungsdauer des Betriebsmittels,
- Ablauf von Schutzrechten (Patenten, Gebrauchsmustern etc.),
- Ablauf von Konzessionen.

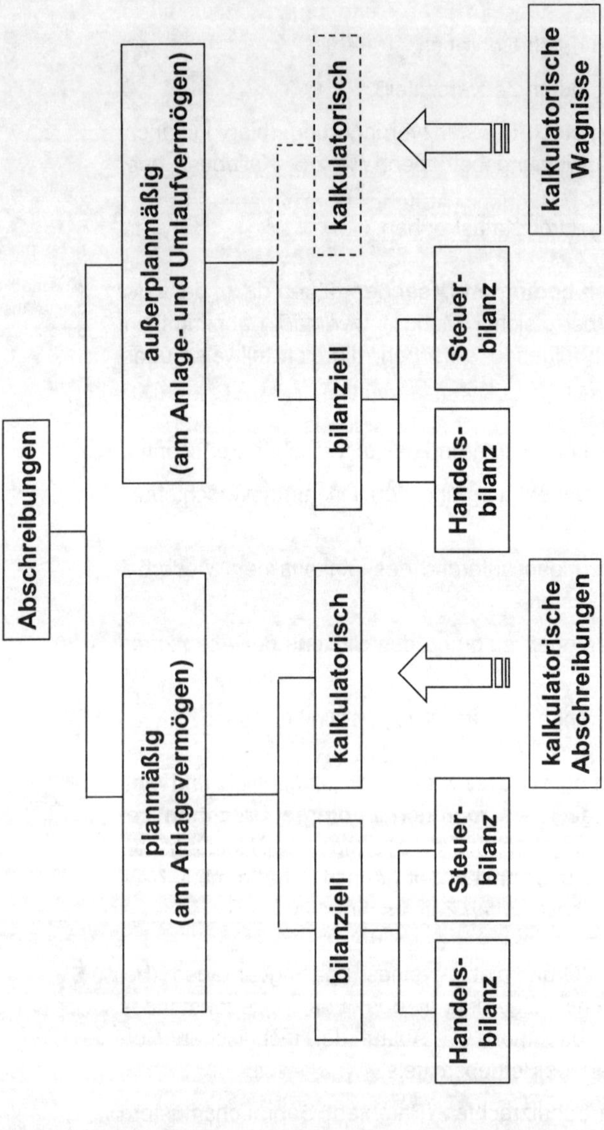

Abb. 18: Systematik der Abschreibungen

Auf die tatsächliche Wertminderung eines Betriebsmittels, die es mit Hilfe der kalkulatorischen Abschreibung zu erfassen gilt, wirken stets mehrere der obigen Ursachen ein. Eine Trennung bzw. Quantifizierung der einzelnen Komponenten ist kaum möglich; man muss sich deshalb damit begnügen, den verursachungsgerechten Werteverzehr so gut wie möglich zu schätzen.

Abschreibungsmethoden

Zur Berechnung (genauer: Schätzung) der kalkulatorischen Abschreibung stehen mehrere Methoden (**Abschreibungsmethoden**) zur Verfügung, die im Folgenden kurz erläutert werden sollen. Allen Methoden ist im Prinzip gemeinsam, dass sie bei Kenntnis des Gesamtwertes des Nutzungsvorrates eine Schätzung der Nutzungsdauer erfordern. Wie dann der Gesamtwert des Nutzungsvorrates auf die einzelnen Abrechnungsperioden der Nutzungsdauer verteilt wird, ergibt sich aufgrund der Beurteilung des Zusammenwirkens der obigen Abrechnungsursachen und der danach zu wählenden Abschreibungsmethode.

Folgende Abschreibungsmethoden (-verfahren) werden hier unterschieden:

- lineare Abschreibung,
- degressive Abschreibung,
- progressive Abschreibung,
- variable Abschreibung.

lineare Abschreibung

Die **lineare Abschreibung** unterstellt einen gleichmäßigen Werteverzehr während der Nutzungsdauer; man verteilt also die Anschaffungskosten zu gleichen Teilen auf die Jahre[182)] der Nutzung.[183)] Bezeichnet man mit

A die Anschaffungskosten[184)] des Betriebsmittels,

n die geschätzte Nutzungsdauer in Jahren und

182) Die Kostenrechnung ist i.d.R. eine Monatsrechnung die Jahresabschreibungen sind also noch durch 12 zu dividieren.

183) Mit anderen Worten verrechnet man in jedem Jahr den gleichen Prozentsatz der Anschaffungskosten als Abschreibung.

184) Vgl. später S. 88 zur Relativierung dieses Begriffs.

a den jährlichen Abschreibungsbetrag,

so erhält man die lineare Abschreibung nach folgender Formel:

$$(19) \qquad a = \frac{A}{n}$$

Liquidationserlös

Wird für das Betriebsmittel nach Ablauf der Nutzungsdauer noch ein Verkaufserlös (L = Liquidationserlös) erzielt, so ist (19) entsprechend zu modifizieren:

$$(20) \qquad a = \frac{A - L}{n}$$

In der praktischen Kostenrechnung werden Liquidationserlöse gewöhnlich vernachlässigt, denn sie sind sehr schwer abzuschätzen. L = 0 ist auch deshalb gerechtfertigt, weil häufig der Fall auftritt, dass man einen Schrotterlös erzielt, der ungefähr den Abbruchkosten der Anlage entspricht oder gar Entsorgungskosten anfallen.[185)]

Zahlenbeispiel:

		a	R[186)]
	1. Jahr	250	750
A = 1.000	2. Jahr	250	500
n = 4	3. Jahr	250	250
	4. Jahr	250	0

degressive Abschreibung

Die **degressive Abschreibung** unterstellt einen im Laufe der Nutzungsdauer abnehmenden Werteverzehr. Nehmen die Abschreibungen in Form einer arithmetischen (geometrischen) Reihe ab, so spricht man von der arithmetisch- (geometrisch-) degressiven Abschreibung.

185) In den folgenden Fällen werden die Liquidationserlöse nicht mehr berücksichtigt; alle Formeln können bei Bedarf leicht analog zu (19) und (20) formuliert werden.

186) R gibt den kalkulatorischen Restbuchwert am Ende des jeweiligen Jahres an.

Die **arithmetisch-degressive** Abschreibung (auch digitale Abschreibung) fällt jedes Jahr um den gleichen Degressionsbetrag = D, den man erhält, indem die Anschaffungskosten durch die Summe der in der Nutzungsdauer enthaltenen Jahresziffern dividiert werden:

arithmetisch-degressiv

(21) $$D = \frac{2 \cdot A}{n(n+1)}$$

Multipliziert man den Degressionsbetrag in umgekehrter Reihenfolge mit den Jahresziffern, so erhält man die Abschreibungsbeträge für die einzelnen Jahre t (t = 1, 2, ..., n):

(22) $$a_t = D \cdot (n+1-t) = \frac{2 \cdot A}{n(n+1)}(n+1-t)$$

Diese Formeln sind recht abstrakt und umständlich; die Bezeichnung „digitale Methode“ soll jedoch verdeutlichen, dass man die Lösung auch an den „Fingern“ abzählen kann.[187)]

Zahlenbeispiel:

		a	R
	1. Jahr	400	600
A = 1.000	2. Jahr	300	300
n = 4	3. Jahr	200	100
(D = 100)	4. Jahr	100	0

Der **geometrisch-degressive** Abschreibungsbetrag fällt nicht mit konstanten Raten D, sondern fällt mit von Jahr zu Jahr kleiner werdenden Raten. Man errechnet die Abschreibungsbeträge, indem man einen konstanten Prozentsatz nicht auf den Anschaffungsbetrag wie bei der linearen Methode, sondern auf den jeweiligen Restbuchwert (in der ersten Periode ist dieser mit dem Anschaffungsbetrag identisch) anwendet. Deshalb wird das Verfahren häufig Buchwertab-

geometrisch-degressiv

187) Die digitale Abschreibung ist steuerlich nicht (mehr) zulässig. Die Abschaffung erfolgte 1985, weil dieser Methode in der Praxis keine Bedeutung zukam. Das dürfte auch für die Anwendung in der Kostenrechnung zutreffen.

schreibung genannt. Da die Methode nie zu einem Restwert von Null führt, bezeichnet man sie auch als unendliche Abschreibung.

Will man also in relativ kurzer Zeit den größten Teil des Anschaffungswertes abschreiben, so muss man einen hohen Abschreibungsprozentsatz (p) wählen. Dieser Prozentsatz, der vom angestrebten Restbuchwert (R) abhängig ist, kann nach folgender Formel errechnet werden, auf deren Herleitung hier jedoch verzichtet werden soll:

(23) $$p = 100\left(1 - \sqrt[n]{\frac{R}{A}}\right)$$

Zahlenbeispiel:

Will man ein Betriebsmittel mit einem Anschaffungsbetrag von 1.000 in vier Jahren bis auf einen Restbuchwert von 240,1 abschreiben, so beträgt der Prozentsatz p = 30 %. Will man in der gleichen Zeit einen Restwert von 25,6 erreichen, so muss der Prozentsatz auf p = 60 % erhöht werden.[188)]

	p = 30 %		p = 60 %	
	a	R	a	R
1. Jahr	300	700	600	400
2. Jahr	210	490	240	160
3. Jahr	147	343	96	64
4. Jahr	102,9	240,1	38,4	25,6

progressive Abschreibung

Die **progressive Abschreibung** unterstellt einen im Laufe der Nutzungsdauer ansteigenden Werteverzehr. Sie ist das Gegenstück zur degressiven Abschreibung und kann ebenfalls in der arithmetischen und geometrischen Variante ermittelt werden. Die Berechnung erfolgt in beiden Fällen zunächst genau wie bei der degressiven Abschrei-

188) Nach steuerrechtlichen – nicht aber nach handelsrechtlichen Vorschriften und schon gar nicht in der (internen) Kostenrechnung (!) – ist derzeit die geometrisch-degressive Abschreibung als „Absetzung für Abnutzung (AfA) in fallenden Jahresbeträgen“ auf das Doppelte des linearen Satzes, maximal auf 20 % begrenzt. Lesen Sie § 7 Abs. 2 EStG und vermeiden Sie dieses häufige Missverständnis der Übertragung dieser Begrenzung auf die Kostenrechnung!

bung; man verrechnet die Abschreibungsbeträge dann nur in umgekehrter Reihenfolge.

Die **variable Abschreibung** unterstellt einen Werteverzehr gemäß der wechselnden Inanspruchnahme oder Substanzverminderung des Betriebsmittels. Sie wird deshalb auch Abschreibung nach der Inanspruchnahme oder Leistungsabschreibung genannt. Bezeichnet man mit

variable Abschreibung

L_G den gesamten Leistungsvorrat des Betriebsmittels und

L_{Pt} die Leistungsentnahme in der Periode t,

dann gilt

(24) $$a_t = \frac{A}{L_G} \cdot L_{Pt}$$

Zahlenbeispiel:

Ein LKW mit einer geschätzten Gesamtkilometerleistung von 200.000 und Anschaffungskosten von € 100.000 fährt in der Abrechnungsperiode laut Kilometerzähler 12.350 km. Die Abschreibung für diese Periode beträgt

$$\frac{100.000}{200.000} \cdot 12.350 = € \, 6.175.$$

Der Verlauf der Abschreibungsbeträge und Restbuchwerte in Abhängigkeit von der Zeit ist für die verschiedenen Abschreibungsmethoden in der Abb. 19 auf der folgenden Seite noch einmal graphisch zusammengestellt. Die Kurven sind nicht stufenförmig dargestellt, sondern kontinuierlich. Diese Darstellung lässt die Unterschiede besser hervortreten und kann bei genügend großer Periodenzahl (genügend kleiner Periodendauer) auch vertreten werden.

graphische Darstellung der Abschreibungsverläufe

Bei den bisherigen Formeln wurde davon ausgegangen, dass der Gesamtnutzungsvorrat des Betriebsmittels zu den Anschaffungskosten (Anschaffungspreis + Beschaffungsnebenkosten) bewertet wird.

Dieses Vorgehen ist nach handels- und steuerrechtlichen Vorschriften gesetzlich vorgeschrieben, da in beiden der Grundsatz der **nomi-**

nominelle Kapitalerhaltung

nellen Kapitalerhaltung gilt. In der Kostenrechnung gilt dieser Grundsatz nicht; hier orientiert sich der Wertansatz grundsätzlich am Bewertungszweck (vgl. oben S. 26, Fn. 68). Sehr oft wird das Prinzip der Substanzerhaltung angewandt: Es soll mit der Abschreibungsverrechnung gewährleistet werden, dass der Absatzmarkt in den Preisen mindestens jene Beträge zurückvergütet, die dazu ausreichen, das Betriebsmittel nach Ablauf der Nutzungsdauer wiederzubeschaffen.[189)]

Substanzerhaltung

Man kann also feststellen, dass für **Substanzerhaltungszwecke** eine Abschreibung auf der Basis der Anschaffungskosten (sog. nominelle Abschreibung) nur geeignet ist, wenn sich die Preise der Betriebsmittel relativ konstant verhalten. In Zeiten steigender (sinkender) Preise muss von den veränderten Wiederbeschaffungskosten abgeschrieben werden (sog. substantielle Abschreibung). Der Ausgangswert – so sei im Folgenden das bisherige Symbol A interpretiert – ist dann gegenüber den Anschaffungskosten zu erhöhen (zu verringern).

Abschreibungsbemessungsgrundlage

Nun lassen sich aber die (zukünftigen) **Wiederbeschaffungskosten** nur sehr schwer bestimmen, weil der Zeitpunkt der Wiederbeschaffung zu weit in der Zukunft liegt und/oder weil rascher technischer Fortschritt das vorhandene Betriebsmittel vom Markt verdrängt. In diesen Fällen wählt man dann die zweitbeste Lösung und geht von den Tagespreisen[190)] (sog. **Zeitwertabschreibung**) aus. Einzelne Verbände geben Tabellen mit Preisindizes bestimmter Betriebsmittel heraus, die zur Umrechnung der Anschaffungskosten auf die Tagespreise verwandt werden können. Sind auch die Tagespreise nicht zu ermitteln oder ist diese Ermittlung zu aufwendig, dann wählt man als drittbeste Lösung die Abschreibung von den **Anschaffungskosten**.

---

189) Dieser Grundgedanke findet sich auch bei der Behandlung des Liquidationserlöses (L); vgl. oben (20). Vgl. auch KRUSCHWITZ (1973a).

190) Diese Forderung hat bereits in den 20er Jahren sehr klar und ausführlich Fritz SCHMIDT mit seiner „organischen Abschreibung" – jedoch für externe Rechnungslegungszwecke – erhoben. SCHMIDT schlägt allerdings eine andere – heute wieder moderne – Abschreibungsmethode vor, die Abschreibung und Zinsen zusammen als Annuität (Kapitaldienst) berechnet. Vgl. SCHMIDT (1929), S. 176 ff., insbes. S. 192 und S. 224. Vgl. zu den Problemen der Tageswertabschreibung auch die Aufg 3.1/29 und 3.1/30 auf S. 224/225.

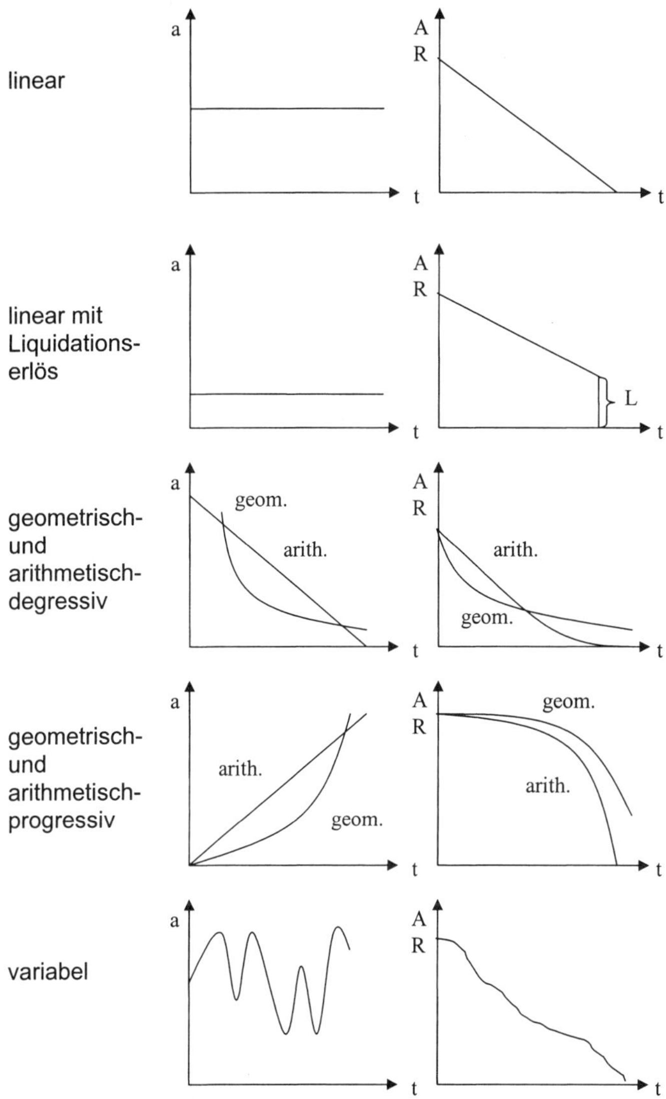

Abb. 19: Abschreibungsbeträge und Restbuchwerte

Die Ermittlung der Abschreibungsbeträge beruht auf **Schätzungen**, insbesondere der Nutzungsdauer bzw. des Gesamtleistungsvorrats. Es erhebt sich die Frage, wie sich der Kostenrechner verhalten soll, wenn sich im Laufe der Nutzungsdauer diese Schätzungen als **unrichtig** herausstellen.

Fehleinschätzungen

Von den beiden Möglichkeiten,

1. effektive Nutzungsdauer größer als geschätzt (geplant),
2. effektive Nutzungsdauer kleiner als geschätzt (geplant),

soll die erste zur Erörterung (nur) anhand der linearen Methode herausgegriffen werden, weil diese Situation in der Praxis häufiger auftritt, denn auch der Kostenrechner oder der hiermit beauftragte Techniker/Ingenieur neigt eher zu 'vorsichtigen' Schätzungen:[191)]

Korrektur bei linearer Abschreibung

Für eine Anlage mit dem Ausgangswert A = 10.000 wurde die voraussichtliche Nutzungsdauer auf n = 8 Jahre geschätzt; nach sechs Jahren stellt sich (bei linearer Abschreibung) heraus, dass die Nutzungsdauer der Anlage zehn Jahre betragen wird. Der Kostenrechner hat folgende Alternativen:[192)]

(a) Er behält den bisherigen Abschreibungsbetrag bis zum Ende des zehnten Jahres bei und schreibt damit insgesamt zuviel ab. Dieses Verfahren ist abzulehnen, denn es wird nicht der tatsächliche Werteverzehr der folgenden Abrechnungsperioden verrechnet.

(b) Er schreibt den am Ende des sechsten Jahres vorhandenen Restbuchwert nunmehr gleichmäßig in der 'neuen' Restnutzungsdauer ab. Hierbei wird insgesamt zwar nur der Ausgangswert verrechnet, dennoch ist das Verfahren aus dem gleichen Grund wie oben abzulehnen.

(c) Er ermittelt den 'richtigen' Abschreibungsbetrag aus dem Ausgangswert und der neuen Nutzungsdauer und verrechnet diesen

---

191) Zur Erörterung der 2. Situation vgl. die Lösung zu Aufgabe 3.1/9 auf S. 311.

192) Vgl. LÜCKE (1959).

Betrag in den folgenden Perioden. Insgesamt wird auch hierbei zuviel abgeschrieben.

Nur bei diesem Verfahren (c) werden die auf die veränderte Situation folgenden Perioden mit dem verursachungsgemäßen Werteverzehr belastet. Es sollte deshalb angewandt werden. Bei den beiden ersten Verfahren ist dem Kostenrechner vorzuwerfen,

> einen Fehler der Vergangenheit durch einen weiteren Fehler für die Zukunft zu kompensieren.

Für das obige Zahlenbeispiel sehen die drei Alternativen tabellarisch und graphisch wie folgt aus:

	(a)		(b)		(c)	
	a	R	a	R	a	R
1. Jahr	1.250	8.750	1.250	8.750	1.250	8.750
:	:	|	:	|	:	|
:	:	|	:	|	:	|
:	:	↓	:	↓	:	↓
6. Jahr	1.250	2.500	1.250	2.500	1.250	2.500
7. Jahr	1.250	1.250	625	1.875	1.000	1.500
8. Jahr	1.250	0	625	1.250	1.000	500
9. Jahr	1.250	-1.250	625	625	1.000	- 500
10. Jahr	1.250	-2.500	625	0	1.000	-1.500
Summe	12.500		10.000		11.500	

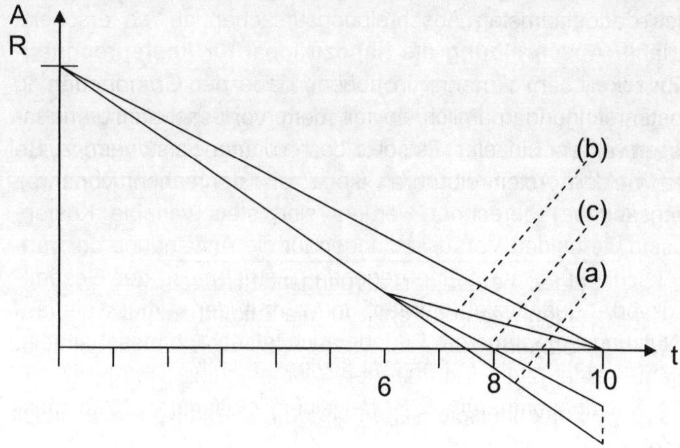

Abb. 20: Auswirkung der drei Möglichkeiten

Die Überlegungen zu den drei Alternativen (a) - (c) gelten analog auch für die zu optimistische Nutzungsdauerschätzung sowie für die Fehleinschätzung von A und L in beiden Richtungen. Die kostenrechnerisch richtige Lösung[193)] führt dazu, dass insgesamt zuviel oder zuwenig abgeschrieben wird. Man bucht diese Beträge als neutrale Erträge bzw. Aufwendungen in der Klasse 2 ab und erfasst die kostenmäßigen Konsequenzen solcher Fehleinschätzungen mit Hilfe kalkulatorischer Wagnisse.[194)]

sinnvolle Abschreibungsmethode in der Kostenrechnung

Abschließend sei die Frage diskutiert, welche der dargestellten **Abschreibungsmethoden** nun **für Zwecke der Kostenrechnung** verwandt werden soll.

Allgemein lässt sich zunächst feststellen, dass jene Methode zu wählen ist, die den Wertminderungsverlauf, der sich als (komplizierte) Kombination obiger Abschreibungsursachen ergibt, verursachungsgerecht wiedergibt.

193) Wenn in der Praxis aus Bequemlichkeitsgründen häufig dennoch nach der Alternative (a) verfahren wird, so berührt dies nicht die Richtigkeit der Alternative (c).

194) Vgl. später Kapitel 3.1.3.5.5, S. 101-103.

Stellt man primär auf den Gebrauchs- und den Zeitverschleiß als die praktisch bedeutsamsten Abschreibungsursachen ab, so erscheint die **variable Abschreibung als nahezu ideal für kostenrechnerische Zwecke.**[195] Sie genügt in hohem Maße der Grundforderung der Kostenrechnung, nämlich soviel Kosten wie möglich verursachungsgemäß als Einzelkosten den betrieblichen Leistungen zuzurechnen. Variable Abschreibungen, die ja nach der Inanspruchnahme (Nutzungsabgabe) berechnet werden, sind stets variable Kosten. Leider sind die beiden Voraussetzungen für die Anwendung der variablen Abschreibung nur selten gegeben: Einmal muss der Gesamtnutzungsvorrat quantifiziert werden, und zum anderen muss die laufende Nutzungsentnahme pro Periode auch tatsächlich messbar sein. Bei einem Kraftfahrzeug hat man den Kilometerzähler; wie aber soll man die Nutzungsentnahme z.B. bei einem stationären Kran messen?

variable Abschreibung

Es bleibt also nichts anderes übrig, als in der Mehrzahl der Fälle auf eine der **anderen Methoden** zurückzugreifen. Sie sind dann als Sonderfälle der variablen Abschreibung aufzufassen, wenn man den Gesamtnutzungsvorrat als die Periodenzahl interpretiert, während der das Betriebsmittel Leistungen abgeben kann. Von diesem Vorrat wird in jeder Periode eine Einheit entnommen. **Damit sind die Abschreibungen** unabhängig von der aktuellen Beschäftigungssituation und bei jeder der Methoden, mit Ausnahme der variablen Abschreibung, **Fixkosten.**[196]

Abschreibungen fast immer Fixkosten

Die progressive Methode kann man wohl aus den Betrachtungen ausklammern, denn sie dürfte höchstens in jenen seltenen Fällen angewandt werden, in denen Grund zu der Annahme besteht, dass der Wertminderungsverlauf tatsächlich progressiv ist.

Zugunsten der degressiven Methoden wird angeführt, dass sie zusammen mit den Reparatur- und Instandhaltungskosten, die im Laufe der Nutzungszeit gewöhnlich steigen, einen relativ gleichmäßigen

195) Man muss allerdings den Gesamtnutzungsvorrat unter Berücksichtigung der voraussichtlichen Gesamtdauer der Leistungsabgaben so schätzen, dass hierin auch die Auswirkungen des Zeitverschleißes zum Ausdruck kommen.

196) Zu einem Versuch, näherungsweise eine Auflösung der Abschreibung in fixe und variable Bestandteile zu erreichen, vgl. KILGER/PAMPEL/VIKAS (2002), S. 305-313.

Verlauf der „Betriebsmittelkosten"[197] ergeben. Das ebenfalls häufig anzutreffende Argument, die Restwerte bei der degressiven Abschreibung stimmten mit dem Verlauf des Liquidationserlöses recht gut überein, ist für kostenrechnerische Zwecke unerheblich, da es nicht die Bestimmung der Betriebsmittel ist, veräußert zu werden.

lineare Abschreibung

Die **Praxis** geht in den meisten Fällen (zu Recht) von der **linearen Methode** aus. Sie ist rechnerisch einfach und hat den Vorteil, die einzelnen Perioden mit gleichmäßigen Abschreibungsbeträgen zu belasten. Sie entspricht also dem oben schon mehrfach angetroffenen „Egalisierungsgedanken", der sich auch mit Hilfe des Verursachungsprinzips begründen lässt. Die steigenden Reparatur- und Instandhaltungskosten müssen dann ebenfalls in gleichen Raten auf alle Perioden der Nutzung verteilt werden.[198]

3.1.3.5.2 Kalkulatorische Zinsen

Gründe für kalkulatorische Zinsen

Die Notwendigkeit zur Verrechnung kalkulatorischer Zinsen als Kosten ergibt sich aus der einfachen Überlegung, dass das im Betrieb eingesetzte Kapital nur zeitlich begrenzt verfügbar ist, da es sich kontinuierlich im Zeitablauf verzehrt.[199] In der Finanzbuchhaltung werden als Aufwand nur die tatsächlich gezahlten Zinsen (für Fremdkapital) verrechnet. In der Kostenrechnung dagegen müssen kalkulatorische Zinsen auf das gesamte betriebsnotwendige Kapital verrechnet werden, also auch auf das Eigenkapital.[200] Dieses Eigenkapital verursacht zwar keine Zinszahlungen, es verursacht aber einen Nutzenentgang, nämlich die Zinsen, die der Kapitaleigner bei anderweitiger

---

197) Zu den „Betriebsmittelkosten" rechnet man als weitere wichtige Komponente noch die Zinskosten.

198) Zur gebrochenen Abschreibung, die einen Kompromiss zwischen der variablen und linearen Methode bildet, indem sie gleichzeitig den Gebrauchsverschleiß in Abhängigkeit von der Beschäftigung und den Zeitverschleiß in Abhängigkeit von der Nutzungsdauer erfasst, vgl. KILGER (1987), S. 130-132, und ausführlich HABERSTOCK (2004), S. 237-241.

199) Vgl. KOSIOL (1964), S. 26, und bereits oben S. 23.

200) Kalkulatorische Zinsen sind also nicht – um einem häufigen Missverständnis vorzubeugen – nur die Zinsen auf das Eigenkapital, sondern die Zinsen auf das betriebsnotwendige Kapital, das auch das betriebsnotwendige Eigenkapital beinhaltet. Anderenfalls wären die kalkulatorischen Zinsen Zusatzkosten!

Anlage erzielen könnte. Die Bewertung erfolgt somit zu Opportunitätskosten[201)] (= 'Kosten' der entgangenen Gelegenheit = entgangene Gewinne).

Man ermittelt die **kalkulatorischen Zinsen**, indem man einen **Zinssatz auf** das für die betriebliche Tätigkeit erforderliche Kapital anwendet.[202)] Da man dieses betriebsnotwendige Kapital nicht ohne weiteres kennt, fragt man nach dem **betriebsnotwendigen Vermögen**, in dem das Kapital gebunden ist. Das betriebsnotwendige Vermögen kann jedoch nicht aus der Aktivseite der Handels- oder Steuerbilanz ersehen werden, denn

betriebsnotwendiges Kapital

1. sind dort auch nicht betriebsnotwendige Vermögensteile aufgeführt und
2. sind die Bilanzpositionen nach den für die Kostenrechnung nicht maßgeblichen handels- und steuerrechtlichen Vorschriften bewertet.

Von den gesamten Vermögenswerten des Betriebes sind also **alle nicht betriebsnotwendigen Teile** auszuklammern; z.B.

nicht betriebsnotwendiges Kapital

- nicht oder landwirtschaftlich genutzte Grundstücke,
- Mietshäuser, in denen keine Betriebsangehörigen wohnen,
- stillgelegte Betriebsabteilungen,
- Wertpapiere, mit denen keine unternehmenspolitischen Beteiligungsziele verfolgt werden, usw.

Übrig bleiben die **betriebsnotwendigen Teile** des abnutzbaren und des nicht abnutzbaren Anlagevermögens sowie das betriebsnotwendige Umlaufvermögen.

betriebsnotwendiges Anlage- und Umlaufvermögen

201) Vgl. bereits oben S. 28/29. **Hinweis**: Opportunitätskosten gibt es nur bei Anwendung des wertmäßigen (nicht bei Anwendung des pagatorischen) Kostenbegriffs!

202) KÜPPER (1991) ermittelt dagegen in Weiterführung des von ihm vertretenen investitionstheoretischen Kostenrechnungssystems (vgl. unten S. 183) die kalkulatorischen Zinsen aus Zahlungsströmen (unter Einbeziehung der Habenzinsen aus realisierten Deckungsbeiträgen).

Umlaufvermögen

Das betriebsnotwendige Umlaufvermögen ist dabei mit jenen Beträgen anzusetzen, die durchschnittlich während der Abrechnungsperiode gebunden sind.[203)] Für das Anlagevermögen verwendet man die kalkulatorischen Werte der Anlagenabrechnung.

Anlagevermögen

Nach der Art des Wertansatzes für das abnutzbare Anlagevermögen lassen sich zwei Methoden der Berechnung der kalkulatorischen Zinsen unterscheiden:

1. Methode der Restwertverzinsung,
2. Methode der Durchschnittswertverzinsung.

Restwertverzinsung

Bei der **Restwertverzinsung** werden die Zinsen vom kalkulatorischen Restwert am Ende der jeweiligen Abrechnungsperiode berechnet.[204)] Die kalkulatorischen Zinsen nehmen also im Laufe der Zeit mit den Restwerten ab.

Durchschnittswertverzinsung

Bei der **Durchschnittswertverzinsung** berechnet man die Zinsen vom halben Ausgangswert, denn dieser ist während der gesamten Nutzungsdauer des Anlagegutes (bei linearer Abschreibung) durchschnittlich im Betrieb gebunden. Hier sind die kalkulatorischen Zinsen im Laufe der Zeit konstant, soweit die Ausgangswerte nicht neu bewertet werden.

Zinsen und Fixkostencharakter

Fixkostencharakter haben die **kalkulatorischen Zinsen** jedoch i.d.R. nach beiden Methoden, denn die verrechneten Zinsen stehen in keiner Abhängigkeit vom Beschäftigungsvolumen der jeweiligen Periode. Die Zinsen auf das Umlaufvermögen können allerdings teilweise proportional sein.

203) Z.B. Anfangsbestand + Endbestand dividiert durch zwei.

204) Bei verfeinerten Varianten geht man vom mittleren Restwert aus.

Graphisch ergibt sich folgendes Bild für die kalkulatorischen Zinsen im Zeitablauf bei den beiden Methoden:

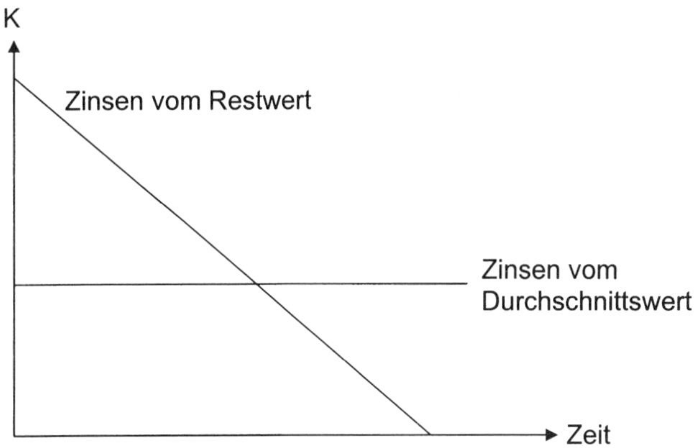

Abb. 21: Zinsen im Zeitablauf

Egalisierungsstreben und Durchschnittsmethode

Für welche Methode sollte sich der Kostenrechner entscheiden? Diese Frage ist eindeutig zugunsten der **Durchschnittsmethode** zu beantworten, denn sie hat einmal den Vorteil der einfacheren Berechnung und entspricht zum anderen mit der gleichmäßigen Zinsverrechnung dem schon bei anderen Kostenarten mit ungleichmäßigem Anfall angetroffenen **'Egalisierungsbestreben'**. Die Restwertmethode führt dagegen dazu, dass die Stückkosten im Falle einer Vollkostenrechnung bei völlig gleichen Produktionsbedingungen von Jahr zu Jahr fallen.[205)]

Berechnungsschema

Damit sind die kalkulatorischen Zinsen (gemäß der Durchschnittsmethode) nach folgendem Berechnungsschema zu ermitteln:

205) Man könnte einwenden, in Betrieben mit heterogener Alterszusammensetzung der Betriebsmittel, die laufend ersetzt würden, sei die Kontroverse Restwert – Durchschnittswert gegenstandslos; für den Gesamtbetrieb gesehen trifft dies wohl zu, nicht jedoch für die Kalkulationssätze einzelner Kostenstellen oder Maschinenplätze.

	Betriebsnotwendiges Anlagevermögen
	a) nicht abnutzbare Teile (zu kalkulatorischen Ausgangswerten)
	b) abnutzbare Teile (zu halben kalkulatorischen Ausgangswerten)
+	Betriebsnotwendiges Umlaufvermögen (zu kalkulatorischen Mittelwerten)
=	Betriebsnotwendiges Vermögen
=	Betriebsnotwendiges Kapital

Betriebsnotwendiges Kapital × Zinssatz = kalkulatorische Zinsen

Zinssatz

Welcher **Zinssatz** der Rechnung zugrundegelegt werden soll, ist eine noch viel diskutierte Frage der Kostentheorie und der Kostenrechnung, die im Zusammenhang mit dem Kalkulationszinsfuß der Investitionsrechnung steht. Auf theoretische Einzelheiten soll hier nicht eingegangen werden;[206)] eine Kopplung des anzuwendenden Zinssatzes an den **langfristigen Kapitalmarktsatz** wird für Zwecke der praktischen Rechnung im Regelfall zu vertreten sein.

Abzugskapital

Abschließend sei auf einen in der Literatur häufig zu findenden Vorschlag für die Berechnung des notwendigen Kapitals eingegangen. Man vertritt die Auffassung, vom betriebsnotwendigen Vermögen müsse noch das sogenannte **Abzugskapital** abgezogen werden, um das betriebsnotwendige Kapital zu erhalten.[207)] Unter dem Abzugskapital versteht man im Betrieb zinsfrei vorhandenes Fremdkapital, wie z.B. Kundenanzahlungen oder zinslose Kredite. Der vorgeschlagenen Berücksichtigung dieser Beträge kann nur zugestimmt werden, wenn die Gefahr einer Doppelerfassung (z.B. durch erhöhte Faktoreinstandspreise) besteht. Ansonsten ist auch der durch das Abzugskapital bewirkte Leistungsverzehr (hier mit dem Grenzgewinn) zu bewerten.[208)]

---

206) Vgl. hierzu z.B. HABERSTOCK (1970) oder SCHNEIDER, Dieter (1992), S. 102 ff.

207) Vgl. z.B. WÖHE/DÖRING (2002), S. 1098, oder SCHWEITZER/KÜPPER (2003), S. 121.

208) Im Ergebnis führt die Nichtberücksichtigung des Abzugskapital dazu, daß die Höhe der kalkulatorischen Zinsen von der Finanzierung der Unternehmung unabhängig ist.

3.1.3.5.3 Kalkulatorischer Unternehmerlohn

Die ökonomische Begründung für die Verrechnung des kalkulatorischen Unternehmerlohns wurde bereits oben (S. 22/23) gegeben. Dort wurde festgestellt, dass ein kalkulatorischer Unternehmerlohn in Einzelunternehmungen immer anzusetzen ist. In Personen- und Kapitalgesellschaften ist nach dem wertmäßigen Kostenbegriff ein kalkulatorischer Unternehmerlohn anzusetzen, wenn der Gesellschafter einer Personen- oder Kapitalgesellschaft für seine Mitarbeit kein oder ein sehr niedriges Gehalt erhält und die Vergütung für seine Arbeitsleistung mit dem Gewinn abdeckt.

Unternehmerlohn und Rechtsform

Häufig wird (noch) in der Literatur zum kalkulatorischen Unternehmerlohn ausgeführt, dass dieser bei Einzelunternehmungen und Personengesellschaften angesetzt werden muss. Diese in Bezug auf die Personengesellschaft falsche Aussage kann nur daraus resultieren, dass übersehen wird, dass Dienstleistungsverträge (zu den vereinbarten Entgelten) zwischen einer Personengesellschaft und deren Gesellschaftern handels- und steuerbilanziell Aufwand darstellen.[209)] Die (bekannte) fehlende Gewinnminderung wird erst durch eine steuerliche Umqualifizierung der Entgelte außerhalb der Bilanz der Personengesellschaft erreicht.[210)]

Bewertung

Für die Ermittlung der **Höhe des kalkulatorischen Unternehmerlohnes** wird man sich in der Regel nach dem durchschnittlichen Gehalt eines leitenden Angestellten in einer vergleichbaren Position in einem vergleichbaren Betrieb richten.

In besonderen Fällen kann jedoch auch hier der Opportunitätskostengedanke eine Rolle spielen; man fragt dann nach dem Gehalt, das

---

209) Auffällig ist allerdings auch die Tatsache, dass der Erlass „Richtlinien zur Organisation der Buchführung" des Reichs- und Preußischen Wirtschaftsministers und des Reichskommissars für die Preisbildung vom 11.11.1937, der bereits für die historische Unterteilung des Rechnungswesens verantwortlich war (vgl. oben Fußnote 26, S. 5/6), zum kalkulatorischen Unternehmerlohn folgendes ausführte: „Bei Einzelkaufleuten und Personalgesellschaften kann ein angemessener Unternehmerlohn für die ohne feste Entlohnung im Betrieb tätigen Unternehmer ... in den Kosten verrechnet werden." Vgl. FISCHER/HESS/SEEBAUER (1939), S. 268.

210) Vgl. zu dieser Umqualifizierung nochmals HABERSTOCK/BREITHECKER (2005), S. 187.

der betreffende geschäftsführende Eigentümer selbst an anderer Stelle erhalten könnte. Abweichungen dieses „entgehenden“ Gehaltes vom oben skizzierten Durchschnittsgehalt können für bestimmte (außergewöhnliche) Dispositionen, z.B. Schließung des Betriebs, in der einen wie der anderen Richtung ausschlaggebend sein.

In der Literatur wird gerne – nicht immer als Kuriosum erkennbar – die sogenannte Seifenformel zitiert. Hierbei handelt es sich um eine Formel zur Errechnung des kalkulatorischen Unternehmerlohnes, die 1940 in eine staatliche Kalkulationsvorschrift für die Preisregelung in der Seifen- und Waschmittelindustrie aufgenommen wurde:

$$\text{Jährlicher Unternehmerlohn} = 18 \times \sqrt{\text{Jahresumsatz}}\,.$$

Bei einem Umsatz von einer Million ergibt sich ein monatlicher Unternehmerlohn von 1.500,--!! Die Fragwürdigkeit eines derartigen schematischen Verfahrens wird klar, wenn man an Veränderungen des Lohn- und Gehaltsniveaus, an Strukturwandlungen und an zufällige Umsatzschwankungen denkt.

3.1.3.5.4 Kalkulatorische Miete

Gründe für kalkulatorische Miete

Kalkulatorische Miete wird für betrieblich genutzte Räume verrechnet, für die jedoch in der Finanzbuchhaltung kein Aufwand verbucht wird. Solche Fälle treten vor allem wegen des Selbstkontrahierungsverbots des § 181 BGB (Verbot der In-sich-Geschäfte) in Einzelunternehmungen auf. In Ausnahmefällen sind kalkulatorische Mieten auch in Personen- oder Kapitalgesellschaften denkbar, wenn z.B. ein Gesellschafter seiner Gesellschaft Räume zu Verfügung stellt und dafür (für Kapitalgesellschaften i.d.R. steuerlich nicht zu empfehlen!) keine oder eine zu niedrige Miete erhält. Alle weiteren Überlegungen sind hier völlig analog denen beim kalkulatorischen Unternehmerlohn.

Abgrenzung zu anderen kalkulatorischen Kosten

Soweit allerdings für diese betrieblich genutzten (Privat-) Grundstücke schon kalkulatorische Abschreibungen oder kalkulatorische Zinsen verrechnet werden, erübrigt sich eine kalkulatorische Miete.

Gelegentlich fasst man unter dem Begriff der kalkulatorischen Miete auch alle Raumkosten zusammen, gleichgültig ob eigene oder fremdgemietete Räume genutzt werden. Die tatsächlichen Aufwendungen werden dann – wie in den Vorbemerkungen zu Kapitel 3.1.3.5, S. 77-80, als Regel herausgestellt – in der Klasse 2 verbucht.

3.1.3.5.5 Kalkulatorische Wagnisse

Mit der unternehmerischen Tätigkeit sind bestimmte Risiken verbunden, die zu unvorhersehbarem Werteverzehr führen können. Bei diesen Risiken, auch Wagnisse genannt, unterscheidet man zunächst

- das **allgemeine Unternehmerwagnis (Unternehmerrisiko)**, das die Unternehmung als Ganzes betrifft. Hierunter zählt man z.B. Rückgänge oder Änderungen in der gesamtwirtschaftlichen Nachfrage, Inflationen, technische Fortschritte etc., Unternehmerrisiko

- die **speziellen Einzelwagnisse (betriebsbedingte Wagnisse)**, die direkt mit der betrieblichen Leistungserstellung verbunden sind und sich auf einzelne Tätigkeiten, Abteilungen oder Produkte der Unternehmung beziehen. Einzelwagnisse

Das allgemeine Unternehmerrisiko soll im Gewinn abgegolten werden und ist damit nicht kalkulierbar. Spezielle Einzelwagnisse werden dagegen als betrieblich verursachter Werteverzehr mit der Verrechnung kalkulatorischer Wagnisse berücksichtigt.

Man gliedert die Einzelwagnisse in folgende Hauptgruppen:[211)]

- Beständewagnis,
- Fertigungswagnis,
- Entwicklungswagnis,
- Vertriebswagnis,
- sonstige Wagnisse.

Zum **Beständewagnis** zählt man Lagerverluste (bei Werkstoffen, Halb- und Fertigfabrikaten), die z.B. durch Schwund, Veralten, Preissenkungen und Güteminderungen auftreten. Beständewagnis

Fertigungswagnis

211) Vgl. zu einzelnen Gruppen auch Abb. 18, S. 82.

Das **Fertigungswagnis** umfasst u.a. Mehrkosten aufgrund von Arbeits- und Konstruktionsfehlern, Kosten für Gewährleistungen, außergewöhnlichen Schäden an Anlagegütern sowie Verrechnungsdifferenzen aufgrund von Fehleinschätzungen der Abschreibungsbeträge.[212)]

Entwicklungswagnis

Zum **Entwicklungswagnis** gehören die Kosten für fehlgeschlagene Forschungs- und Entwicklungsarbeiten.

Vertriebswagnis

Das **Vertriebswagnis** beinhaltet z.B. Forderungsausfälle gegenüber Kunden und Währungsverluste.

sonstige Wagnisse

Sonstige Wagnisse sind vor allem solche Risiken, die in der Eigenart des Betriebes bzw. der Branche liegen, z.B. Wagnisse aufgrund von Bergschäden, Schiffs- oder Flugzeugverluste, Risiken bei der Herstellung und Beförderung von Explosiv- und Giftstoffen, Risiken, die bei Montage- oder Abbrucharbeiten entstehen.

Bewertung

Die **Bewertung solcher Wagnisse** erfolgt in Höhe der **Fremdversicherungsprämien** (= aufwandgleiche Kosten) und/oder zu **Opportunitätskosten** (= Anders- oder Zusatzkosten).[213)] Ihre Berechnung als eine Art von *Selbstversicherung*, mit der ein langfristiger Ausgleich zwischen tatsächlichen Verlusten und kalkulatorischen Wagniskosten angestrebt wird, geschieht wie folgt:

Wagnissatz

Aufgrund statistischer und wahrscheinlichkeitstheoretischer Überlegungen wird zunächst ein sogenannter Wagnissatz ermittelt. Dieser Satz ergibt sich als die durchschnittliche Relation zwischen in der Vergangenheit tatsächlich eingetretenen Wagnisverlusten und einer Bezugsgröße, von der man annimmt, dass sie möglichst verursachungsgerecht mit den Wagnisverlusten in Beziehung steht. Als Zeitraum für diese Berechnung wählt man gewöhnlich fünf und in Sonderfällen auch zehn Jahre. Der Wagnissatz gibt also die durchschnittlichen Wagnisverluste der Vergangenheit pro Einheit der Bezugsgröße (als Wert- oder Mengengröße) an.

---

212) Vgl. hierzu nochmals oben S. 93.

213) Die Einzelwagnisse der Kostenrechnung sind also mit Rückstellungen der Handels- und Steuerbilanz vergleichbar.

Berechnung

In der laufenden Abrechnungsperiode berechnet man nun die kalkulatorischen Wagniskosten, indem man den Wagnissatz mit der Ist- oder Planbezugsgröße multipliziert. Die tatsächlich eintretenden Wagnisverluste der laufenden Periode werden – wie oben in der Vorbemerkung zu Kapitel 3.1.3.5, S. 77-80, beschrieben – über die Klasse 2 (als betriebliche außerordentliche Verluste) verrechnet.

Beispiel: Die effektiven Aufwendungen aufgrund von Gewährleistungen betrugen in den letzten 5 Jahren insgesamt 50.000 €. Die Selbstkosten der abgesetzten Produkte beliefen sich im gleichen Zeitraum auf € 1 Mio. Der Wagnissatz beträgt damit

$$\frac{50.000}{1.000.000} = 0{,}05 \mathrel{\hat{=}} 5\%$$

In der laufenden Abrechnungsperiode betragen die Selbstkosten der abgesetzten Produkte mit Gewährleistungsverpflichtungen € 40.000. Also sind € 40.000 * 0,05 = € 2.000 als kalkulatorische Wagnisse zu verrechnen.

3.2 Kostenstellenrechnung

Im Ablauf der kostenrechnerischen Arbeiten sind bisher die Kosten erfasst und nach Arten gegliedert worden. Der nächste Schritt besteht darin, die Kosten auf die Betriebsbereiche zu verteilen, in denen sie angefallen sind. Die Fragestellung der Kostenstellenrechnung als Bindeglied zwischen der Kostenarten und Kostenträgerrechnung lautet also: Wo sind die Kosten angefallen? Es wird damit nochmals deutlich, dass die **Kostenartenrechnung(-erfassung)** keine eigenständigen Aufgaben erfüllt, sondern als eine zielgerichtete **Vorbereitungsarbeit** für die folgenden Teilgebiete der Kostenrechnung anzusehen ist.

3.2.1 Aufgaben der Kostenstellenrechnung

Kostenstellenrechnung versus Betriebsabrechnungsbogen

In der Literatur werden die Begriffe „Kostenstellenrechnung" und „Betriebsabrechnungsbogen" (BAB) vielfach gleichgesetzt und deshalb auch die Aufgaben der Kostenstellenrechnung mit denen des BAB identifiziert. Ein solches Vorgehen ist zwar vertretbar; dennoch sind die Aufgaben des BAB eher eine „Arbeitsanweisung" zur Realisierung der folgenden – allgemeiner formulierten – **Aufgaben der Kostenstellenrechnung**:

Die Kostenstellenrechnung verteilt die Kosten auf die Orte ihrer Entstehung, um

Leistungsbeziehungen

1. die **Leistungsbeziehungen innerhalb der Unternehmung** darzustellen.

Kontrolle

2. die **Kontrolle der Wirtschaftlichkeit** (Kostenkontrolle) an den Stellen durchzuführen, an denen die Kosten zu verantworten und zu beeinflussen sind.

Kalkulation

3. die Genauigkeit der **Kalkulation** zu erhöhen. Bei unterschiedlicher Beanspruchung der Abteilungen durch die einzelnen Produkte muss man auch die Gesamtkosten des Betriebes nach Kostenstellen differenziert den Kostenträgern zurechnen, die diese Kosten verursacht haben.

4. **relevante Kosten für Planungszwecke** aus einzelnen Betriebsbereichen zu liefern.

Ermittlung relevanter Kosten

Von diesen vier Aufgaben können die ersten beiden als eigenständige Aufgaben der Kostenstellenrechnung bezeichnet werden. Die anderen beiden Aufgaben sind nicht eigenständig, sondern dienen der Vorbereitung der Kostenträger- und kurzfristigen Erfolgsrechnung.

3.2.2 Kostenstellen und ihre Einteilung

Kostenstellen sind die Orte der Kostenentstehung und damit die Orte der Kostenzurechnung.[214)] KILGER definiert wie folgt:

„Unter einer Kostenstelle versteht man einen betrieblichen Teilbereich, der kostenrechnerisch selbständig abgerechnet wird."[215)]

Kostenstelle = Ort der Kostenentstehung

Man bezeichnet die Kostenstellen auch als **„Kontierungseinheiten"**, die nicht immer mit der räumlichen, organisatorischen oder funktionellen Gliederung des Betriebes übereinzustimmen brauchen.

Für die Einteilung des Betriebes in Kostenstellen haben sich **vier Grundsätze** herausgebildet:

1. Die Kostenstelle muss ein **selbständiger Verantwortungsbereich**[216)] sein, um eine wirksame Kostenkontrolle zu gewährleisten. Sie soll *möglichst* auch eine *räumliche Einheit* sein, um Kompetenzüberschneidungen zu vermeiden.

Verantwortungsbereich

---

214) Vgl. zu diesem Kapitel insbesondere KILGER (1987), S. 154-264, MILLING (1993) und WÖHE/DÖRING (2002), S. 1101 ff..

215) KILGER (1969), S. 870.

216) DELLMANN (1993), S. 351-352, schlägt die Bildung von Profit-Centers als Kosten- und Leistungsrechnung für Verantwortungsbereiche vor. Als Profit-Center-Vorteile benennt er die Entlastung der Unternehmensleitung von kurz- bis mittelfristigen Produktions- und Absatzentscheidungen, die Motivation des Sparten-Managements durch höhere Entscheidungsbefugnis sowie die verbesserte Messung der Spartenbeiträge zum Unternehmensziel.

Maßgrößen der Kostenverursachung

2. Für jede Kostenstelle müssen sich möglichst **genaue Maßgrößen der Kostenverursachung**[217] finden lassen; anderenfalls besteht die Gefahr einer fehlerhaften Kostenkontrolle und Kalkulation.

exakte Verbuchung

3. Auf jede Kostenstelle müssen sich die **Kostenbelege** *genau und gleichzeitig einfach* **verbuchen** (kontieren) lassen.

Diese drei Grundsätze lassen ein Optimierungsproblem bei der Kostenstelleneinteilung erkennen:

optimaler Feinheitsgrad

Je feiner (detaillierter) die Kostenstelleneinteilung, desto eher lassen sich exakte Maßstäbe der Kostenverursachung[218] (Bezugsgrößen) finden und desto genauer werden Kostenkontrolle, Kalkulation und relevante Kosten. Andererseits aber bedeutet eine sehr feine Einteilung höhere Abrechnungskosten, denn die Kontierung der Belege wird aufwendiger. Der vierte Grundsatz lautet deshalb

Wirtschaftlichkeit

4. Die Kostenstelleneinteilung hat unter **Beachtung der Wirtschaftlichkeit und der Übersichtlichkeit** zu erfolgen.

Der **optimale Feinheitsgrad (Detaillierungsgrad)** der Kostenstelleneinteilung lässt sich durch folgende Regel umschreiben:

⇒ Wenn die Unterteilung der Kostenstellen für die Kalkulation zu grob ist, dann ist sie auch für die Kostenkontrolle zu grob!

⇒ Oder mit anderen Worten:
Die richtige Bezugsgröße für die Kalkulation ist zugleich die richtige Bezugsgröße für die Kostenkontrolle.

kalkulatorische Fehlerrechnung

Zur Entscheidung der Frage, wie differenziert in bestimmten Situationen die Kostenstelleneinteilung vorzunehmen ist, werden kalkulatorische Fehlerrechnungen durchgeführt. Man vergleicht die Kalkulationssätze bei differenzierter Kostenstelleneinteilung mit denen bei globalerer Einteilung. Übersteigt die Abweichung zwischen den alternativen Sätzen eine bestimmte, vorher festgelegte prozentuale Grenze,

---

217) Vgl. auch oben S. 47-49.

218) Hier ist die Kostenverursachung bezogen auf die Kostenstelle. Vgl. zu den Kostenverrechnungsprinzipien ausführlich oben S. 47-52.

dann ist der kalkulatorische Fehler nicht mehr zu verantworten und die feinere Kostenstelleneinteilung zu wählen.

Beispiel kalkulatorische Fehlerrechnung

Folgendes Beispiel mag dies verdeutlichen:

Kostenstelle	Dreherei	Schlosserei	Zusammenfassung
Gemeinkosten (€)	12.000,--	6.000,--	18.000,--
Bezugsgröße (Std.)	500	400	900
Kalk.satz (€/Std.)	24,--	15,--	20,--

Beträgt die vorher festgelegte kalkulatorische Fehlergrenze hier z.B. 15 %, dann dürfen Dreherei und Schlosserei nicht zu einer Kostenstelle zusammengefasst werden, sondern sind als zwei gesonderte Kostenstellen abzurechnen. Der kalkulatorische Fehler in der Dreherei würde sich bei einem Kalkulationssatz von 20 auf 24 ./. 20 = 4 (= 16,67 % von 24) belaufen und damit über der zulässigen Grenze liegen. In der Schlosserei wäre mit 33,33 % ebenfalls die Fehlergrenze überschritten.

Bezeichnet man mit

K_j die Gemeinkosten der Kostenstelle j

B_j die Bezugsgröße der Kostenstelle j

k_j den Kalkulationssatz der Kostenstelle j[219)]

j den Index der Kostenstellen j = 1, 2, ..., m

$k_\varnothing$ den Durchschnitts-Kalk.satz der m Kostenstellen

p den vorgegebenen maximalen Fehler-Prozentsatz,

dann gilt:

(25) $$k_j = \frac{K_j}{B_j}$$

219) Vgl. Fußnoten 259, 261 und 263.

(26) $$k_{\varnothing} = \frac{\sum_{j=1}^{m} K_j}{\sum_{j=1}^{m} B_j}$$

Die **kalkulatorische Fehlergrenze** ist überschritten, wenn entweder

(27) $$k_{\varnothing} > k_j(1 + \frac{p}{100})$$ - vgl. Schlosserei -

oder

(28) $$k_{\varnothing} < k_j(1 - \frac{p}{100})$$ - vgl. Dreherei -

Diese Rechnung ist jedoch nur sinnvoll, wenn die einzelnen Kostenstellen von den zu bearbeitenden Produkten – relativ gesehen – unterschiedlich beansprucht werden, denn wenn alle Produkte alle Kostenstellen mit gleicher Bezugsgrößenrelation durchlaufen (im Beispiel also Dreherei und Schlosserei stets im Verhältnis 5 : 4 Stunden), dann wirken sich die unterschiedlichen Kalkulationssätze nicht im Kalkulationsergebnis der Produkte aus; man kann also **eine Kostenstelle** bilden.[220)]

Platzkostenrechnung

Für Zwecke einer exakten Kalkulation ist insbesondere im Fertigungsbereich eine tiefgegliederte Kostenstelleneinteilung erforderlich, die (als **Platzkostenrechnung**) häufig bis auf einzelne Maschinen oder Handarbeitsplätze zurückgeht. Die Unterteilung des Betriebs in Kostenstellen ist damit differenzierter als die räumliche und/oder verantwortungsmäßige Gliederung. Die hierbei auftretenden Abrechnungsschwierigkeiten (vgl. den obigen 3. Grundsatz) kann man umgehen, indem man zwar mehrere Aggregate oder Arbeitsplätze zu einer Kontierungseinheit zusammenfasst, dennoch aber keinen Durchschnittssatz, sondern differenzierte Sätze für die Kalkulation verwendet. Dadurch ist die Kalkulationsgenauigkeit sichergestellt, und die Kontierungsschwierigkeiten sind überwunden. Die Kostenkontrolle wird allerdings grober, denn die einzelnen Aggregate oder Arbeitsplätze sind nicht mehr kontrollierbar.

Es kann aber auch der (umgekehrte) Fall eintreten, dass nämlich die räumliche und/oder verantwortungsmäßige Gliederung von Betriebs-

---

220) Bei schwer überschaubaren Relationen der Kostenstellenbeanspruchung wird man die Alternativrechnung als Stückkostenrechnung durchführen und an diesem Ergebnis den kalkulatorischen Fehler überprüfen.

bereichen feiner ist als die abrechnungstechnische. Dies tritt insbesondere im **Verwaltungs-** und auch im **Vertriebsbereich** auf, weil dort **verursachungsgerechte Bezugsgrößen nur sehr schwer zu finden** sind und deshalb globaler kalkuliert und kontrolliert wird. Dennoch gliedert man hier nach dem Gesichtspunkt der (Kosten-) Verantwortung etwa bis zur Hauptabteilungs- oder Abteilungsebene in Kostenstellen.

Wie differenziert im konkreten Fall die **Einteilung** des Betriebes in **Kostenstellen** vorzunehmen ist, hängt von einer Reihe betriebsindividueller Faktoren ab. Hier sind zu nennen:

Einteilung der Kostenstellen und individuelle Faktoren

- Betriebsgröße,
- Branche,
- Produktionsprogramm und -verfahren,
- organisatorische Gliederung,
- angestrebte Kalkulationsgenauigkeit,
- angestrebte Kostenkontrollmöglichkeit.

Ihre Grenzen findet die Aufteilung in Kostenstellen dort, wo sie nicht mehr rentabel ist.[221)]

Nach diesen allgemeinen Gesichtspunkten für die Einteilung des Betriebes in Kostenstellen soll auf die verschiedenen Arten von Kostenstellen eingegangen werden, deren Hauptgruppen man einmal nach **funktionellen Kriterien** und zum anderen nach **abrechnungstechnischen Kriterien** unterscheiden kann:

funktionelle/abrechnungstechnische Kriterien

Nach Funktionen, d.h. Tätigkeitsbereichen, unterscheidet man folgende Hauptgruppen von Kostenstellen, die auch **Kostenbereiche** genannt werden:[222)]

- Die **Materialstellen** beschäftigen sich mit der Beschaffung, Annahme, Prüfung, Lagerung und Ausgabe der Werkstoffe. Beispiele sind die Abteilungen Einkauf, Materialprüflabor oder Rohstoff-

Kostenbereich Materialstellen

221) Vgl. WÖHE/DÖRING (2002), S. 1103. Vgl. auch später im Lösungsteil die S. 279-284.

222) Vgl. BUNDESVERBAND DER DEUTSCHEN INDUSTRIE (o.J.), Teil II (GRK), Abschnitt K 3.

lager, die in großen Betrieben noch jeweils untergliedert sein können.

Kostenbereich Fertigungsstellen

- Die **Fertigungsstellen** beschäftigen sich mit der eigentlichen Leistungserstellung. Sie können unmittelbar (z.B. Gießerei, Montage) oder mittelbar (z.B. Arbeitsvorbereitung, Terminstelle) an der Produktion mitwirken.

Kostenbereich Vertriebsstellen

- Die **Vertriebsstellen** beschäftigen sich mit der Lagerung, dem Verkauf und Versand der Fertigprodukte. Beispiele sind die Abteilungen Werbung, Versand- und Abfertigung oder Verpackungslager.

Kostenbereich Verwaltungsstellen

- Die **Verwaltungsstellen** beinhalten die Geschäftsführung und ihre Stabsstellen, das Rechnungswesen und sonstige Verwaltungsarbeiten. Beispiele sind die Finanzbuchhaltung, Poststelle oder Interne Revision.

Kostenbereich Allgemein

- Die **Allgemeinen Kostenstellen** üben Tätigkeiten aus, die dem gesamten Betrieb dienen. Hierher gehören z.B. die Stromversorgung, die Sanitätsstation, die Kantine, die Betriebsfeuerwehr, die Gebäudereinigung oder der innerbetriebliche Transport.

Kostenbereich F & E

- Die **Forschungs-, Entwicklungs- und Konstruktionsstellen** werden in der kostenrechnerischen Praxis manchmal als eigener Kostenbereich behandelt, manchmal zu den Allgemeinen Kostenstellen gezählt. Hierher gehören z.B. die Stellen Zentrallabor, Versuchswerkstatt, Patentstelle, Konstruktionsabteilung, Zeichnungsarchiv oder Bibliothek.

Kostenstellenplan

In der Abb. 22 (S. 111/112) ist ein Beispiel eines (funktionellen) **Kostenstellenplans** gegeben. Dieses Beispiel soll lediglich einen gewissen Eindruck von den Möglichkeiten der Kostenstellengliederung vermitteln; innerhalb der einzelnen Kostenbereiche sind auch völlig andere Einteilungen denkbar.

1. ALLGEMEINER BEREICH

11 Gruppe Forschung, Entwicklung, Konstruktion

111 Leitung der Gruppe
112 Zentrallabor
113 Konstruktionsabteilung
114 Versuchswerkstatt
115 Patentstelle

12 Gruppe Raum

121 Grundstücke und Gebäude
122 Heizung und Beleuchtung
123 Reinigung
124 Bewachung
125 Feuerschutz

13 Gruppe Energie

131 Wasserverteilung
132 Stromerzeugung und -verteilung
133 Gaserzeugung und -verteilung
134 Dampferzeugung und -verteilung
135 Preßluchterzeugung und -verteilung

14 Gruppe Transport

141 Schienenfahrzeuge und Gleisanlagen
142 Förderanlagen und Kräne
143 Fuhrpark LKW
144 Fuhrpark PKW
145 Fuhrpark Hubstapler

15 Gruppe Instandhaltung

151 Werkstättenleitung
152 Bauabteilung
153 Schlosserei
154 Tischlerei
155 Elektrowerkstatt

16 Gruppe Sozial

161 Gesundheitsdienst
162 Kantine
163 Werksbücherei
164 Sportanlagen
165 Betriebsrat

2. MATERIALBEREICH

211 Einkaufsleitung
212
:
: Einkaufsabteilungen
:
216
221 Lagerleitung
222 Warenannahme
223 Prüflabor
224
:
: Werkstoffläger
:
227
228 Lagerkartei
229 Warenausgabe
:
:
.
.
.

3 FERTIGUNGSBEREICH

311 Technische Betriebsleitung
312 Arbeitsvorbereitung
313 Terminstelle
314 Werkzeugausgabe
315 Werkzeugmacherei
316 Lehrwerkstatt
321 Meisterbüro 1
322
:
: Fertigungsstellen
:
326
331 Meisterbüro 2
332
:
: Fertigungsstellen
:
336
:
:

4. VERTRIEBSBEREICH

411 Verkaufsleitung Inland
412
:
: Verkaufsabteilungen Inland
:
416
421 Verkaufsleitung Ausland
422
:
: Exportabteilung

.
.
426
431
:
: Fabrikateläger
:
441 Marktforschung
442 Werbung
451 Kundendienst
452 Montage
461 Verpackung
462 Verpackungsmateriallager
463 Expedition
:

5 VERWALTUNGSBEREICH

511 Geschäftsleitung
512 Betriebswirtschaftliche Abteilung
513 Interne Revision
514 Rechtsabteilung
521 Buchhaltung
522 Betriebsabrechnung
523 Kalkulation
524 Personalbüro/Lohnbüro
525 Statistik
526 Rechenzentrum
531 Registratur
532 Poststelle/Botendienst
533 Büromateriallager und -ausgabe
541 Gästehaus
542 Yacht und Jagd
:
:

Abb. 22: Beispiel eines Kostenstellenplanes

Nach der Art der Abrechnung unterscheidet man folgende Gruppen von Kostenstellen:

- **Hauptkostenstellen** sind alle Kostenstellen, deren Kosten nicht auf andere Kostenstellen, sondern direkt auf die Kostenträger verrechnet werden. Hauptkostenstelle

- **Hilfskostenstellen** sind alle Kostenstellen, deren Kosten nicht direkt auf die Kostenträger, sondern erst auf andere (Hilfs- oder Haupt-) Kostenstellen umgelegt werden. Hilfskostenstelle

Diese Definitionen stellen ausdrücklich und ausschließlich auf die Art der Verrechnung der Kosten ab. Ob eine Haupt- oder Hilfskostenstelle vorliegt, hängt also grundsätzlich nicht davon ab, ob diese Kostenstelle unmittelbar oder mittelbar an der Leistungserstellung mitwirkt, wenngleich eine gewisse Übereinstimmung zwischen beiden Kriterien besteht.

Wenn man den Kostenstellenplan in Abb. 22 betrachtet, so lässt sich zunächst feststellen, dass alle **Kostenstellen des Allgemeinen Bereichs Hilfskostenstellen** sind, denn sie geben ihre Leistungen nicht unmittelbar an die betrieblichen Produkte ab, sondern als **innerbetriebliche Leistungen an andere Kostenstellen**. Die Problematik dieser Begründung wird jedoch schon aufgrund folgender Überlegung deutlich: Entscheidet sich ein Kostenrechner dafür, die Kosten einer Stelle des Allgemeinen Bereichs direkt auf die Kostenträger zu verrechnen, dann ist damit diese Stelle eine Hauptkostenstelle.[223)] Diese Entscheidung darf jedoch nicht willkürlich getroffen werden, sondern muss sich soweit wie möglich am Verursachungsprinzip i.e.S. ausrichten.

Alle anderen Kostenbereiche (vgl. Abb. 22) werden grundsätzlich als **Hauptkostenstellen** abgerechnet. Bei den Stellen des Fertigungsbereichs ist die verursachungsgerechte Beziehung zwischen Kosten und Kostenträgern noch am ehesten gegeben. Jene Stellen des Fertigungsbereichs aber, die nur mittelbar an der Produktion mitwirken, Fertigungshilfsstellen

---

223) Ein Beispiel hierfür ist die Behandlung der Kosten der Forschungs-, Entwicklungs- und Konstruktionsstellen, die häufig ganz oder zum Teil direkt auf die Kostenträger verrechnet werden. Dann sind diese Stellen Hauptkostenstellen.

wie z.B. die Arbeitsvorbereitung, werden erst auf die von ihnen betreuten Kostenstellen umgelegt; man bezeichnet sie deshalb als **Fertigungshilfsstellen**. Bei den ebenfalls als Hauptkostenstellen abgerechneten Material- und Vertriebsstellen ist die Kostenverursachung schon schlechter und bei den Verwaltungsstellen fast gar nicht mehr feststellbar.

Verrechnungssatz iBL/Kalkulationssatz

Aus der Unterscheidung in Haupt- und Hilfskostenstellen folgt, dass die Hilfskostenstellen mit Verrechnungssätzen für innerbetriebliche Leistungen und die Hauptkostenstellen mit Kalkulationssätzen für die Absatzleistungen des Betriebes abrechnen.

Die **Grenze zwischen Hilfs- und Hauptkostenstellen ist allerdings fließend**, wie einige Beispiele zeigen:

Bei innerbetrieblichen Reparaturaufträgen kann eine Hauptkostenstelle der Fertigung zu einer Hilfskostenstelle werden. Umgekehrt ist der Hilfsbetrieb Schlosserei dann Hauptkostenstelle, wenn er Zubehörteile erstellt. Die LKW-Stelle z.B. wird zur Hauptkostenstelle, wenn in beschäftigungsschwachen Zeiten externe Transportaufträge übernommen werden. Auch Einkaufsabteilungen werden teilweise als Hilfskostenstellen tätig, wenn sie sich mit der Beschaffung von Betriebsmitteln beschäftigen.

Terminologie

Die **Terminologie** im Hinblick auf die Unterscheidung in Haupt- und Hilfskostenstellen ist sehr unterschiedlich. Hauptkostenstellen bezeichnet man häufig als **Endkostenstellen** und (seltener) als **primäre Kostenstellen**. Hilfskostenstellen werden analog **Vorkostenstellen** oder **sekundäre Kostenstellen** genannt.[224)] Außerdem spricht man bei den Hilfskostenstellen noch von **allgemeinen Kostenstellen** oder **Nebenkostenstellen**, wobei darauf abgestellt wird, ob die Leistungen dieser Stellen für den gesamten Betrieb erbracht werden, also an alle anderen Stellen abgegeben werden (z.B. Stromstelle), oder ob die Leistungen nur für bestimmte Hauptkostenstellen erbracht werden, z.B. Arbeitsvorbereitung. Im Folgenden wird die letztere (undeutliche) Untergliederung nicht mehr verwandt; die Einteilung in

---

224) Hierbei besteht nicht zwingend eine begriffliche Identität zwischen (den produktionstechnisch untergliederten) Haupt- (Hilfs-) und (den abrechnungstechnisch gegliederten) End- bzw. Vorkostenstellen. Vgl. SCHWEITZER/KÜPPER (2002), Abb. 2-15, S. 130.

Haupt- und Hilfskostenstellen reicht völlig aus, da man bei der Umlage der Hilfskostenstellen ohnehin im Einzelfall überprüfen muss, an welche anderen Stellen die innerbetrieblichen Leistungen abgegeben werden.

3.2.3 Betriebsabrechnungsbogen (BAB)

3.2.3.1 Aufgaben des BAB und seine Stellung innerhalb der Kostenrechnung

Abrechnungstechnik

Die Aufgaben der Kostenstellenrechnung sind bereits bekannt (vgl. S. 9 und S. 104 f.); sie können abrechnungstechnisch auf dem Wege der **kontengemäßen** Verbuchung oder in **statistisch-tabellarischer** Form (BAB) erfüllt werden.[225)]

Der **BAB** ist eine Tabelle, in der zeilenweise die Kostenarten und spaltenweise die Kostenstellen aufgeführt sind. Seine **Aufgaben** – oben als „Arbeitsanweisung“ für die Durchführung der Kostenstellenrechnung bezeichnet – sind:

1. Verteilung der primären Gemeinkosten auf die Kostenstellen nach dem Verursachungsprinzip,
2. Durchführung der innerbetrieblichen Leistungsverrechnung,
3. Bildung von Kalkulationssätzen,
4. Kontrolle der Kosten bzw. ihre Vorbereitung.

Verrechnung von Gemeinkosten

Im BAB werden grundsätzlich **nur Gemeinkosten** verrechnet, denn die Einzelkosten lassen sich per definitionem verursachungsgemäß den Kostenträgern zurechnen und werden abrechnungstechnisch um den BAB herumgeführt (vgl. bereits Abb. 13 auf S. 54). Wenn man dennoch in einen BAB gelegentlich die Einzelkosten oder Teile davon aufnimmt (vgl. Abb. 24 auf S. 119), dann geschieht dies nur deshalb, weil die Einzelkosten zur Ermittlung bestimmter Kalkulationssätze als

---

225) Die kontenmäßige Kostenstellenrechnung, die lange Zeit hinter die tabellarische Abrechnung mit Hilfe des BAB zurückgetreten war, hat mit zunehmender EDV-Abrechnung wieder an Bedeutung gewonnen. Allerdings besteht hier kein echter Gegensatz mehr zwischen beiden Formen, da man sich bei EDV-Abrechnung auch den BAB (als Tabelle) ausdrucken lassen kann.

Bezugsbasis benötigt werden und man damit bequem auf sie zurückgreifen kann.

Die einzelnen **Arbeitsschritte** (Aufgaben) **des BAB** lassen sich wie folgt skizzieren:[226)]

Übernahme primärer Gemeinkosten

Zunächst werden die primären[227)] Gemeinkosten aus der Kostenartenrechnung (Klasse 4 des GKR) in die linke Spalte des BAB übernommen und von dort auf die einzelnen Hilfs- und Hauptkostenstellen verteilt, die diese Gemeinkosten verursacht haben. Nach dieser Verteilung kennt man die Summe der primären Gemeinkosten für jede Kostenstelle, auch für die Hilfskostenstellen.[228)]

innerbetriebliche Leistungsverrechnung

Da die Hilfskostenstellen – gemäß obiger Definition – ihre Kosten nicht auf die Kostenträger, sondern auf andere Kostenstellen abrechnen, hat als nächstes die innerbetriebliche Leistungsverrechnung (ibL) zu erfolgen, d.h. die Umlage der Kosten der Hilfskostenstellen auf jene Kostenstellen, die die entsprechenden Leistungen empfangen haben. Die ibL wird so lange durchgeführt, bis alle Kosten der Hilfskostenstellen auf die Hauptkostenstellen verteilt sind. Nach Ablauf dieser Verteilung kennt man **für jede Hauptkostenstelle** die Summe der sekundären Gemeinkosten und – da die primären bereits bekannt sind – auch **die Summe der gesamten Gemeinkosten**.[229)] Man führt an dieser Stelle gewöhnlich eine Rechenkontrolle durch: Die Summe der gesamten Gemeinkosten aller Hauptkostenstellen muss gleich sein der Summe aller primären Gemeinkosten, die zu Beginn der Rechnung aus der Klasse 4 übernommen wurden, denn bei allen Rechenoperationen im BAB wurden weder Kosten weggenommen noch hinzugefügt, sondern stets nur umverteilt.

Kalkulationssatz

Die **Hauptkostenstellen rechnen** nun – gemäß obiger Definition – ihre Gemeinkosten **auf die Kostenträger ab**. Diese Verrechnung der Gemeinkosten auf die Kostenträger ist bereits ein Teil der Kalkulation und kann nur durchgeführt werden, wenn **Kalkulationssätze** zur Ver-

226) Vgl. hierzu auch die Abb. 23 auf der Folgeseite.

227) Sekundäre Gemeinkosten sind an dieser Stelle des Abrechnungsgangs noch nicht entstanden, S. 59.

228) Vgl. Zeile 11 im BAB der Abb. 24 auf S. 119.

229) Vgl. Zeilen 11 und 15 im BAB der Abb. 24 auf S. 119.

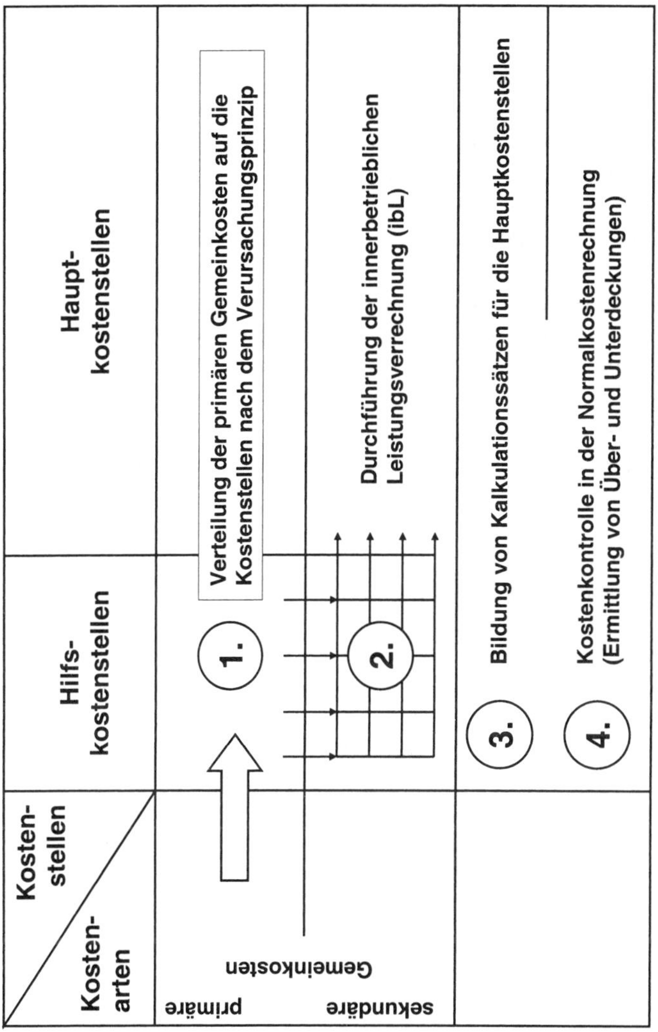

Abb. 23: Formaler Aufbau eines BAB

fügung stehen. Man ermittelt sie im BAB „unter dem Strich".[230] Die Kalkulationssätze sind also unentbehrlich für die Stückkostenermittlung nach den verschiedenen Verfahren der Zuschlagskalkulation. Diese Verfahren werden jedoch aus didaktischen Gründen erst später dargestellt. Der neugierige Leser sei deshalb hier zunächst verwiesen auf S. 137-142, wo er Einzelheiten über die Bildung von Kalkulationssätzen erfährt, und dann auf S. 157-166, wo diese Kalkulationssätze im Rahmen des Zuschlagskalkulationsverfahrens weiterverwendet werden, und schließlich auf S. 248 zur Aufgabe 3.3/8 als Fortsetzung des o.g. BAB.

Kostenkontrolle im BAB

Im Folgenden wird die **Kontrolle der Kosten im BAB** skizziert:

Die Kontrolle von Kosten setzt voraus, dass Maßgrößen festgelegt werden, mit denen die ermittelten effektiven Kosten (Istkosten) verglichen werden. Eine solche Maßgröße kann z.B. der Durchschnitt der Istkosten vergangener Perioden (Normalkosten) sein. Es kann sich bei dieser Maßgröße aber auch um eine aufgrund technischer Berechnungen, Verbrauchsstudien oder Schätzungen geplante Größe, um sogenannte Plankosten handeln.[231] Die Differenz zwischen ermittelten Istkosten und Normalkosten bezeichnet man als Kostenüber- und -unterdeckungen; sie dienen als Anhaltspunkte für die Beurteilung der Wirtschaftlichkeit in den einzelnen Kostenstellen.

Beispiel

Als Beispiel sei die Materialstelle (Materiallager) des BAB von S. 119 herausgegriffen: Die Ist-Gemeinkosten der Materialstelle belaufen sich laut Zeile 15 auf insgesamt 1.640; die Zusammensetzung dieses Betrages ist aus dem BAB ersichtlich. Im vorliegenden Fall wurde angenommen, dass sich die Materialgemeinkosten in einem bestimmten proportionalen Verhältnis zu den Kosten des Einzelmaterials entwickeln, das in der Materialstelle eingelagert und ausgegeben wird. Im Durchschnitt der vergangenen 12 Monate betrug laut Zeile 18 dieses Verhältnis zwischen Materialgemein- und Einzelmaterialkosten 5,1 %. Dieser Normalzuschlagssatz (normalisierter Kalkulationssatz) besagt also, dass in der Vergangenheit durchschnittlich Ma-

[230] Vgl. Zeilen 15, 16 und 17 im BAB in Abb. 24 auf S. 119.

[231] Verwendet ein Kostenrechnungssystem Istkosten, spricht man von einem Istkostenrechnungssystem, bei Normalkosten von einer Normalkosten-, und bei Plankosten von einer Plankostenrechnung. Siehe hierzu ausführlich in Kap. 4, S. 171-178.

Kostenstellen / Kostenarten	Summe	Kraft-zen trale	Gebäude-verwalt.	Mate-rial-stelle	Fertigungsstellen I	II	III	Meister-büro	Ver-walt.	Ver-trieb
1. Einzellöhne	11.250				4.250	1.200	5.800			
2. Einzelmaterial	31.000									
3. Hilfslöhne	6.200	100	300	300	1.700	1.100	1.700	40	150	810
4. Überstd.-Zuschläge	500	10	-	60	250	-	90	-	-	90
5. Gehälter	3.300	200	200	400	-	-	-	350	1.250	900
6. Sozialkosten	4.100	120	180	250	800	620	1.140	160	300	530
7. Reparaturen	1.100	-	310	80	120	40	230	-	60	260
8. Betriebsstoffe	600	260	40	20	50	80	60	-	30	60
9. Kalk. Abschreibungen	4.200	140	550	80	800	1.300	800	10	120	400
10. Kalk. Zinsen	900	30	140	20	150	280	150	2	40	88
11 Summe Gemeinkosten	20.900	860	1.720	1.210	3.870	3.420	4.170	562	1.950	3.138
12. Umlage Kraftzentr.			120	80	150	220	200	-	-	90
13. Umlage Gebäudeverw.				350	520	180	130	20	230	410
14. Umlage Meisterbüro					146	145	291			
15. Summe Gemeinkosten	20.900	-	-	1.640	4.686	3.965	4.791	-	2.180	3.638
16. Zuschlagsbasis				31.000	4.250	1.200	5.800		57.332	
17. Ist-Zuschlag (%)				5,29 %	110%	330%	82,6%		10,14 %	
18. Normal-Zuschlag (%)				5,10 %	120%	339%	84,2%		9,22 %	
19. Verrechn. Gemeinkosten				1.581	5.100	4.068	4.884		5.286	
20. Über- oder Unterdeckung (absolut)				- 59	+ 414	+ 103	+ 93		- 532	
21. Über-/Unterd. in % von 19.				-3,73 %	+8,12%	+2,53%	+1,90%		- 10,06 %	

- Die Einzelkosten sind in diesen BAB aufgenommen worden (vgl. Zeilen 1 und 2), damit man sie als Zuschlagsbasis für die Ermittlung von Kalkulationssätzen direkt zur Verfügung hat. Vgl. nochmals S. 115 f. und später S. 137-142. Die Zuschlagsbasen sind (vgl. Zeile 16): Einzelmaterial für die Materialstelle; Einzellöhne für die Fertigungsstellen; Herstellkosten für die Verwaltungs- und Vertriebsstelle (gemeinsam).
- Die Verteilung der Gemeinkosten (20.900,-) kann hier nicht nachvollzogen werden, da die Verteilungsgrundlagen (-schlüssel) nicht angegeben sind; vgl. später S. 121-123 und die Übungsaufgabe 3.2/14 auf S. 236/237.
- Bei den Zeilen 18 bis 21 handelt es sich um die Kostenkontrolle im Rahmen einer Normalkostenrechnung; vgl. hierzu noch S. 118/120.

Abb. 24: Zahlenbeispiel für einen BAB

terialgemeinkosten in Höhe von 5,1 % der Einzelmaterialkosten angefallen sind.

Im vorliegenden Abrechnungsmonat hätten also bei Einzelmaterialkosten in Höhe von € 31.000 Materialgemeinkosten in Höhe von € 31.000 x 0,051 = € 1.581 anfallen dürfen. Diese € 1.581 „verrechnet" man in der Normalkostenrechnung (über den Normal-Kalkulationssatz von 5,1 %) auf die Kostenträger. Tatsächlich sind aber nicht € 1.581, sondern € 1.640 an Materialgemeinkosten in dieser Abrechnungsperiode angefallen. Die „verrechneten Materialgemeinkosten" führen also zu einer Unterdeckung der tatsächlich entstandenen Kosten in Höhe von € 59 bzw. 3,73 % der verrechneten Kosten.

Mit dieser Skizze der Arbeitsschritte des BAB ist auch seine Stellung innerhalb der Kostenrechnung deutlich geworden: Er übernimmt von den gesamten Kostenarten der Klasse 4 die Gemeinkosten, verteilt und umverteilt sie auf die verschiedenen Orte der Kostenentstehung und liefert als Ergebnis die Kalkulationssätze, d.h. letzten Endes die nach Kostenträgern gegliederten Gemeinkosten. Vgl. nochmals die Abb. 13, S. 54.

BAB-Buchung

Abrechnungstechnisch gesehen steht der BAB als ausgegliederte Zwischenrechnung zwischen den Konten der Klassen 4 und 5 des GKR. Die beiden wesentlichen Buchungen lauten

per BAB an Klasse 4

für die Übernahme der primären Gemeinkosten aus der Kostenartenrechnung und

per Klasse 5 an BAB

für die Weiterverrechnung der „umgeformten" Gemeinkosten in die (Kostenstellen- und) Kostenträgerrechnung.

In den folgenden Kapiteln werden die Verteilung der primären Gemeinkosten, die innerbetriebliche Leistungsverrechnung und die Ermittlung der Kalkulationssätze im BAB noch ausführlicher dargestellt.

3.2.3.2 Verteilung der primären Gemeinkosten im BAB

Die primären Gemeinkosten sollen **nach dem Verursachungsprinzip** auf die Kostenstellen **verteilt** werden. Es sei daran erinnert, dass es sich hierbei nicht um die direkte Verursachungsbeziehung zwischen Kostenarten und Kostenträgern (= Verursachungsprinzip i.e.S.) handelt, sondern um die indirekte zwischen Kostenarten und Kostenstellen (= Verursachungsprinzip i.w.S.). Man versucht zwar in der Kostenrechnung stets, so viele Kosten wie möglich verursachungsgemäß den Kostenträgern zuzurechnen, wenn dies aber – wie bei den Gemeinkosten – nicht direkt möglich ist, dann wählt man den **(Um-)Weg über** eine verursachungsgemäße Verteilung auf die **Kostenstellen**, weil man hofft, die Kosten von dort durch Auswahl geeigneter Bezugsgrößen (Schlüsselgrößen, Kostenschlüssel, Maßgrößen der Kostenverursachung) am genauesten auf die Kostenträger zu verrechnen.

Verursachung i.e.S. und i.w.S.

Die **Verteilung der primären Gemeinkosten** auf die Kostenstellen erfolgt nun *auf zwei Arten*:

- Bei der **direkten Verteilung** lässt sich aufgrund der Kontierung (Kostenstellen-Nr.!) auf den Kostenartenbelegen genau ersehen, welche Stelle die Kosten verursacht hat. Man spricht in diesem Fall von **Kostenstelleneinzelkosten**.[232)] Beispiele sind Fremdreparaturen oder Fertigungshilfslöhne.

direkte Verteilung der Gemeinkosten

- Bei der **indirekten Verteilung** lässt sich aus den Kostenartenbelegen nicht ohne weiteres ersehen, welche Kostenstelle in welcher Höhe die Kosten verursacht hat. Man muss eine Verteilung mit Hilfe von Umlageschlüsseln vornehmen und spricht dann auch von **Kostenstellengemeinkosten**. Beispiele sind Mieten oder freiwillige Sozialkosten.

indirekte Verteilung der Gemeinkosten

Die allgemeinen Gesichtspunkte, die bei der Auswahl verursachungsgerechter Umlageschlüssel zu beachten sind, können in Anlehnung an WÖHE[233)] wie folgt umschrieben werden:

---

232) Vgl. aber hierzu die Anmerkung auf S. 57.

233) Vgl. WÖHE/DÖRING (2002), S. 1274.

verursachungsgerechter Umlageschlüssel

Die **Genauigkeit der Kostenrechnung** hängt wesentlich davon ab, dass es gelingt, bei indirekter Kostenverrechnung die richtigen Kostenschlüssel als Maßeinheiten der Kosten zu finden. 'Richtig' heißt, dass ein Kostenschlüssel eine Verteilung nach dem Prinzip der Kostenverursachung (i.w.S.) ermöglicht. Das setzt voraus, dass die Schlüssel möglichst allen Faktoren proportional sind, die die Kostenrechnung beeinflussen, mit anderen Worten, die Veränderungen der Schlüsselgrößen (Bezugsgrößen) müssen den Veränderungen der zu verteilenden Kosten proportional sein. Ebenso wie bei der direkten Messung, z.B. der Messung des Stromverbrauchs einer Maschine mittels eines Stromzählers, unterstellt wird, dass die von dem Zähler angegebenen Zahlenwerte dem Stromverbrauch proportional sind, so muss auch bei der indirekten Kostenmessung mit Hilfe von Schlüsseln eine **Proportionalität zwischen Schlüsselgrößen und Kostenverbrauch** angenommen werden. Durch die direkte Messung der Schlüsselgrößen erfolgt dann eine indirekte Messung der Kosten.

Bezugsgrößen und iBL

Da in der Kostenrechnung das Problem der Kostenschlüssel (= Bezugsgrößen = Maßgrößen der Kostenverursachung) nicht nur bei der Verteilung der primären Gemeinkosten auf die Kostenstellen auftaucht, sondern auch bei der innerbetrieblichen Leistungsverrechnung sowie der Ermittlung von Kalkulationssätzen, werden im Folgenden einige Beispiele für Bezugsgrößen (Kostenschlüssel) angegeben:[234)]

Wertschlüssel

Wertschlüssel können u.a. sein: Kostengrößen, wie z.B. Löhne, Gehälter, Einzelmaterialkosten, Herstell- oder Selbstkosten; Bestandswerte, wie z.B. der Wert des Umlaufvermögens, der (verschiedenen) Vorräte, der Anlagen usw.; Umsatzziffern oder Erfolgswerte.

Mengenschlüssel

Mengenschlüssel können u.a. sein: Fertigungs-, Rüst- oder Maschinenstunden; Anzahl von Arbeitsverrichtungen; verbrauchte, transportierte, produzierte oder abgesetzte Mengen nach Zahl, Gewicht, Fläche oder Rauminhalt; Schichtzahlen oder Kalenderzeiten.

Sowohl die Wert- als auch die Mengenschlüssel sind im Einzelfall noch durch qualitative Faktoren (Eigenschaften von Produktionsfaktoren oder Produkten) zu ergänzen, z.B. brüchiges Material; qualifizier-

[234)] Vgl. schon den Katalog bei SEISCHAB (1944), S. 65.

te Arbeitskräfte; giftige, zerbrechliche oder explosive Güter; beheizte Räume etc.

Wertschlüssel führen zu **prozentualen** Zuschlags- (Umlage-, Kalkulations-) Sätzen; **Mengenschlüssel** führen zu Zuschlagssätzen pro **Bezugsgrößeneinheit** (Schlüsseleinheit).

Beispiele

Die Abb. 25 gibt einige Beispiele für direkte bzw. indirekte Verteilungsgrundlagen einzelner primärer und auch schon sekundärer Kostenarten:

Kostenart	Verteilungsmethode	Verteilungsgrundlage
Zusatzlöhne	direkt	Zusatzlohnscheine
Hilfslöhne	direkt	Stempelkarten
Gehälter	direkt	Gehaltslisten
Freiwillige Sozialkosten	indirekt	Bruttolöhne und -gehälter
Betriebsstoffkosten	direkt	Entnahmescheine
Büromaterialkosten	direkt	Entnahmescheine
Fremdreparaturkosten	direkt	Rechnungen
Mieten	indirekt	m^2
Portokosten	direkt	Postausgangsbuch
Eigenreparaturen	indirekt	Reparaturstunden
Innerbetriebl. Transportk.	indirekt	Tonnenkilometer
Arbeitsvorbereitung	indirekt	Fertigungslöhne
Kalk. Abschreibungen	direkt	Werte laut Anlagekonten
Kalk. Zinsen	direkt	Werte laut Anlagekonten
Lichtstrom	indirekt	Zahl der Lichtquellen
Kraftstrom	direkt	kWh laut Zähler der empfangenden Kostenstelle

Abb. 25: Verteilungsgrundlagen von Kosten

3.2.3.3 Innerbetriebliche Leistungsverrechnung

3.2.3.3.1 Problem der innerbetrieblichen Leistungsverrechnung

innerbetrieblicher Leistungsaustausch

Die innerbetriebliche Leistungsverrechnung (ibL)[235] ist notwendig, weil in aller Regel der Betrieb **neben** seiner **marktorientierten Leistungserstellung** (Markt- oder Absatzleistungen, Außenaufträge) **auch Leistungen** erstellt, **die er selbst wieder verbraucht**. Diese Leistungen werden innerbetriebliche Leistungen (Eigenleistungen, Innenaufträge) genannt.[236] Beispiele sind vor allem die Leistungen des Allgemeinen Bereichs,[237] wie z.B. die Erzeugung von Strom, Dampf oder Gas, eigene Transportleistungen, eigene Reparaturleistungen, selbsterstellte Modelle, Werkzeuge, Anlagen, Gebäude etc. Es kann aber auch durchaus der Fall eintreten, dass diese Leistungen von Hauptkostenstellen erbracht werden (= Gemeinkostenaufträge); dies wird z.B. bei selbsterstellten Maschinen in Maschinenbaubetrieben wohl die Regel sein.

aktivierbare Leistungen

Soweit die **innerbetrieblichen Leistungen aktivierbar**, d.h. mehrjährig nutzbar sind (wie Gebäude, Anlagen, Werkzeuge), ergeben sich keine besonderen Probleme, denn diese Eigenleistungen werden wie Außenaufträge als Kostenträger kalkuliert, dann mit den bilanziellen Herstellungskosten zur Abgrenzung der kostenrechnerischen Herstell- von den bilanziellen Herstellungskosten in die Anlagenkartei und Bilanz übernommen und in den Jahren ihrer Nutzung wie fremdbezogene Produktionsfaktoren über die Abschreibungen und Zinsen als Kosten in die Kosten der damit erstellten Leistungen eingerechnet.

direkt verbrauchte Leistungen

Wenn die **innerbetrieblichen Leistungen nicht aktivierbar** sind, also in der Periode ihrer Erstellung auch verbraucht werden (wie selbsterstellter Strom oder sekundäre Sozialleistungen),[238] dann

---

235) KLOOCK/SIEBEN/SCHILDBACH (1999, S. 116) bezeichnen die ibL auch als „Sekundärkostenrechnung", da hier durch die Umverteilung primärer sekundäre Kosten entstehen.

236) Vgl. auch Abb. 31, S. 144.

237) Vgl. Abb. 22, S. 111/112.

238) Oft wird erst hier im Gegensatz zu den aktivierbaren Leistungen von innerbetrieblichen Leistungen i.e.S. gesprochen.

muss eine sofortige Verrechnung zwischen den leistenden und empfangenden Kostenstellen im Rahmen der ibL stattfinden.

Kostenverteilung nach Inanspruchnahme

Es geht also in der ibL darum, die Kosten der Hilfskostenstellen entsprechend ihrer Inanspruchnahme durch andere Hilfs- und Hauptkostenstellen auf diese zu verteilen. Mit anderen Worten muss jede Kostenstelle mit den Kosten für die Leistungen belastet werden, die sie von anderen Kostenstellen empfängt. Die Ermittlung dieser sekundären Gemeinkosten ist zur Realisierung aller drei Aufgaben der Kostenrechnung unerlässlich, denn ohne die Durchführung der ibL

- sind die maßgebenden relevanten Kosten in vielen Fällen nicht feststellbar,[239)]
- ist keine aussagefähige Kostenkontrolle möglich,
- ist keine genaue Kalkulation möglich.

Leistungsaustausch der Hilfskostenstellen

Das Problem der ibL liegt nun darin, dass die **Hilfskostenstellen** in der Regel **untereinander Leistungen austauschen**. So braucht z.B. die Reparaturwerkstatt Strom und umgekehrt die Stromstelle Reparaturen. Eine Hilfskostenstelle kann also ihre Leistungen nicht kalkulieren und abrechnungsgemäß verteilen, bevor sie weiß, mit welchem sekundären Gemeinkostenbetrag sie von den anderen Hilfskostenstellen belastet wird, deren Leistungen sie selbst in Anspruch nimmt. Umgekehrt können aber diese anderen Hilfskostenstellen ihre Leistungen erst abrechnen, wenn sie die sekundären Gemeinkosten kennen, die ihnen von anderen Hilfskostenstellen belastet werden. Der Kreis schließt sich hier.

Interdependenzproblem

Die **Interdependenz des innerbetrieblichen Leistungsaustausches** ist somit das Problem der ibL; sie erfordert vom theoretischen Standpunkt eine simultane, alle Hilfskostenstellen gleichzeitig abrechnende Lösung. Welche Verfahren noch in der Praxis angewandt werden, soll im folgenden Kapitel dargestellt werden.

239) Da viele innerbetriebliche Leistungen auch von außen bezogen werden können, gestattet erst die ibL eine sinnvolle Entscheidungsgrundlage zwischen Fremdbezug und Eigenerstellung; vgl. S. 4.

3.2.3.3.2 Verfahren der innerbetrieblichen Leistungsverrechnung

Man unterscheidet im Hinblick auf die Art der Berücksichtigung des wechselseitigen Leistungsaustausches zwischen den Hilfskostenstellen im wesentlichen folgende **drei Verfahren** der ibL:[240)]

1. Gleichungsverfahren,
2. Stufenleiterverfahren,
3. Anbauverfahren.

Gleichungsverfahren

ad 1. Das **Gleichungsverfahren** (auch Simultanverfahren oder mathematisches Verfahren genannt) ist die exakte Lösungsmethode und ermittelt die Verrechnungssätze für die innerbetrieblichen Leistungen mit Hilfe eines Systems linearer Gleichungen, dessen Variablen die gesuchten Verrechnungssätze sind und dessen Gleichungsanzahl mit der Anzahl der Hilfskostenstellen übereinstimmt. Dieses Verfahren wird zunächst anhand eines einfachen Zahlenbeispiels erläutert und dann in allgemeiner Form dargestellt.

Beispiel

Beispiel 1:

In der Hilfskostenstelle 1 (Stromstelle) werden in der Abrechnungsperiode insgesamt 50.000 kWh erzeugt; dafür sind € 2.500 an primären Gemeinkosten angefallen.

In der Hilfskostenstelle 2 (Reparaturstelle) werden in der Abrechnungsperiode insgesamt 2.000 Reparaturstunden geleistet; dafür sind € 20.000 an primären Gemeinkosten angefallen.

Die Stromstelle liefert 5.000 kWh an die Reparaturstelle und verbraucht 100 Reparaturstunden; die Reparaturstelle ist also 100 Stunden für die Stromstelle beschäftigt und verbraucht 5.000 kWh.

Alle anderen kWh und Reparaturstunden werden an Hauptkostenstellen abgegeben. Für diese Abgaben sind die (innerbetrieblichen Verrechnungs-) Preise q_1 und q_2 zu suchen.

---

240) Vgl. zur Darstellung der Verfahren der ibL z.B. auch KILGER (1987), S. 179-188; S. 224-237.

Die Rechnung wäre sehr einfach, wenn zwischen Strom- und Reparaturstelle kein gegenseitiger Leistungsaustausch bestehen würde, wenn also beide Stellen nur für Hauptkostenstellen liefern würden. Die kWh kostete dann € 0,05 und die Reparaturstunde € 10.[241)]

Im vorliegenden Fall werden aber beide Sätze anders sein, da bei der Stromstelle neben den primären Gemeinkosten noch die (noch unbekannten) sekundären Reparaturkosten berücksichtigt werden müssen und bei der Reparaturstelle die (noch unbekannten) sekundären Stromkosten.

exakte Kostenüberwälzung

Das Gleichungsverfahren geht vom **Prinzip der exakten Kostenüberwälzung** aus, d.h. die Summe der primären und sekundären Kosten (Gesamtkosten) einer Hilfskostenstelle muss genau gleich sein den zu Verrechnungspreisen bewerteten insgesamt abgegebenen Leistungen der Hilfskostenstelle. Für das Beispiel erhält man zwei Kostenüberwälzungsgleichungen:

(1) Stromstelle : $2.500 + 100\, q_2 = 50.000\, q_1$

(2) Reparaturstelle : $20.000 + 5.000\, q_1 = 2.000\, q_2$

Die Lösung[242)] dieses Systems von zwei Gleichungen mit zwei Unbekannten lautet:

Stromverrechnungspreise $q_1 \approx 0{,}07$ €/kWh

Reparaturverrechnungspreis $q_2 \approx 10{,}18$ €/Std.

Während der Unterschied zwischen dem Reparaturverrechnungspreis von € 10,18 und dem allein aufgrund der primären Kosten (eingangs) ermittelten Stundenpreis von € 10 relativ gering ist, ist die Abweichung beim Strompreis mit ca. 40 % schon erheblich. Der Grund hierfür liegt darin, dass im Gegensatz zur Reparaturstelle die sekundären Gemeinkosten in der Stromstelle einen ver-

241) € 2.500 dividiert durch 50.000 kWh = € 0,05 pro kWh; € 20.000 dividiert durch 2.000 Reparaturstunden = € 10 pro Reparaturstunde.

242) Beide Ergebnisse sind gerundete Werte.

hältnismäßig hohen Anteil an den gesamten Gemeinkosten haben, nämlich € 1.018 von insgesamt € 3.518.

Gleichungsverfahren allgemein

Unter Verwendung der folgenden Symbole soll nun das **Gleichungsverfahren in allgemeiner Form** formuliert werden:

m = Anzahl der Hilfskostenstellen

j = Index der Hilfskostenstellen ($j = 1, 2, ..., m$)

K_{Pj} = Summe der primären Gemeinkosten der Hilfskostenstelle j

x_j = Gesamterzeugungsmenge innerbetrieblicher Leistungseinheiten in der Hilfskostenstelle j

x_{ij} = Anzahl der von der Hilfskostenstelle i an die Hilfskostenstelle j abgegebenen innerbetrieblichen Leistungseinheiten

K_j = Gesamte Gemeinkosten (primär und sekundär) der Hilfskostenstelle j (unbekannt!)

q_j = Innerbetrieblicher Verrechnungssatz der Hilfskostenstelle j (unbekannt!)

Die **Kostenüberwälzungsbedingung** (-Gleichung) für die Hilfskostenstelle j lautet nun:

(29) $$K_j = x_j \cdot q_j = K_{Pj} + x_{1j} \cdot q_1 + x_{2j} \cdot q_2 + ...x_{mj} \cdot q_m$$

sekundäre Kosten

primäre Kosten

gesamte Kosten

Da diese Gleichung für jede Hilfskostenstelle aufzustellen ist, ergibt sich ein lösbares System aus m Gleichungen mit m Unbekannten (Verrechnungssätzen):

(30) $$x_j \cdot q_j = K_{Pj} + \sum_{i=1}^{m} x_{ij} \cdot q_i \qquad (j = 1, 2, ..., m)$$

Bei den Leistungsmengen x_{ij} mit $i = j$ handelt es sich um den Eigenverbrauch der Kostenstelle j, d.h. jene Mengen, die die Stelle an sich selbst liefert. Die Stromstelle verbraucht z.B. selbst Strom und auch in der Reparaturwerkstatt muss gelegentlich für eigene Zwecke repariert werden. In der obigen Gleichung (30), die auch als Matrix aufgestellt werden kann, werden einzelne Glieder Null, wenn zwischen einzelnen Kostenstellen kein Leistungsaustausch in einer oder beiden Richtungen besteht.

Die Leistungsströme zwischen den Hilfs- und Hauptkostenstellen werden bei Anwendung des **Gleichungsverfahrens** wie folgt berücksichtigt:

an Haupt-KoSt	⇐	HiKoSt j-1
		⇑ ⇓
an Haupt-KoSt	⇐	HiKoSt j

Beurteilung des Gleichungsverfahrens: Fazit

- Das Gleichungsverfahren liefert als Simultanverfahren die exakten Verrechnungssätze.

- Als Kostenüberwälzungsverfahren ist das Gleichungsverfahren ungeeignet, wenn es nicht auf die exakte monatliche Verteilung der Istkosten, sondern vielmehr darauf ankommt, dass die empfangenden Stellen nur mit den Kosten belastet werden, für die sie verantwortlich sind. Beim Gleichungsverfahren werden hingegen Unwirtschaftlichkeiten und Beschäftigungsschwankungen auf Kostenstellen übertragen, die dafür nicht verantwortlich sind.

  Man verwendet deshalb in der monatlichen Abrechnung **Festpreise** (Normal- oder Planverrechnungssätze) zur Bewertung der Istverbrauchsmengen an innerbetrieblichen Leistungen. So ist auch in den Hilfskostenstellen eine Kostenkontrolle möglich.

  Für die Ermittlung der Festpreise, die normalerweise jährlich erfolgt, ist jedoch das Gleichungsverfahren gut geeignet.

Kritik

Gegen das Gleichungsverfahren wird eingewandt, es sei für die monatliche Istkostenrechnung **rechnerisch zu langwierig** und verzögere die Aufstellung des BAB. Dieser Einwand ist – unabhängig von der unten (S. 175) angeführten Kritik gegen das Istkostenrechnungssystem – in einer Zeit der EDV-Abrechnungen **nicht mehr stichhaltig**. Geeignete Programme zur Lösung von linearen Gleichungssystemen stehen heute überall zur Verfügung; im Folgenden ist ein Beispiel für die Ermittlung innerbetrieblicher Verrechnungssätze mit Hilfe des Programms Microsoft Excel 5.0 angeführt.

Beispiel

Das **Beispiel 2**, auf das später noch zurückgegriffen wird, lautet in Kurzform:[243)]

Nr. der Kostenstelle	Kostenstelle	primäre Gemeinkosten	Gesamtleistung
1	Grundstücke und Gebäude	1.000,--	500 qm
2	Dampferzeugung	500,--	200 t
3	Reparaturwerkstatt	800,--	100 Std.

Gegenseitiger Leistungsaustausch:

1	verbraucht	50 t	und	5 Std.
2	verbraucht	5 Std.	und	20 qm
3	verbraucht	100 t	und	40 qm

Der Eigenverbrauch ist in allen Stellen Null.

Abb. 26: Beispiel zur iBL

Restriktionen

Die sich aus diesen Vorgaben ergebenden **Restriktionen** lauten:

$$500\ q_1 = 1.000 + 50\ q_2 + 5\ q_3 \quad \Leftrightarrow \quad q_1 = 2 + 0{,}1\ q_2 + 0{,}01\ q_3$$

$$200\ q_2. = 500 + 20\ q_1 + 5\ q_3 \quad \Leftrightarrow \quad q_2 = 2{,}5 + 0{,}1\ q_1 + 0{,}025\ q_3$$

$$100\ q_3 = 800 + 100\ q_2 + 40\ q_1 \quad \Leftrightarrow \quad q_3 = 8 + q_2 + 0{,}4\ q_1$$

Zielfunktion

Die **Zielfunktion** kann hier frei gewählt werden, da das formulierte Problem nur eine einzige Lösung kennt, und somit – genau genommen – noch kein Optimierungsproblem vorliegt.

243) Die Zahlen sind willkürlich gewählt.

Wir haben als Zielfunktion $q_1 + q_2 + q_3 \Rightarrow$ Max! verwendet.[244)] Die folgende Übersicht gibt die EDV-Lösung wieder.[245)]

			Grund-stücke	Dampfer-zeugnis	Reparatur-werkstatt
			q_1 = €/qm	q_2 = €/t	q_3 = €/Std.
innerbetriebliche			2,424405	3,0427529	12,0125215
Verrrechnungssätze		≈	2,42	3,04	12,01

ad 2. Das **Stufenleiterverfahren** (auch Treppenverfahren oder stepladdersystem genannt) ist eine Näherungsmethode zur schrittweisen Berechnung der innerbetrieblichen Verrechnungssätze. Sein Charakteristikum ist, dass bei jeder abzurechnenden Hilfskostenstelle die empfangenen Leistungen der Hilfskostenstellen, die noch nicht abgerechnet sind, vernachlässigt werden. Stufenleiterverfahren

Man geht so vor, dass zunächst eine Hilfskostenstelle herausgegriffen wird, die möglichst wenig Leistungen von anderen Stellen empfängt.[246)] Die (primären) Kosten dieser Stelle werden dann entsprechend der Leistungsabgabe auf die anderen Kostenstellen umgelegt. Danach können in der gleichen Weise die Kosten der zweiten Kostenstelle, in denen jetzt auch schon sekundäre Anteile enthalten sind, auf die restlichen Stellen verteilt werden, usw. Leistungsrichtung

Graphisch erhält man dabei jenes Bild, das einen Ausschnitt aus dem BAB darstellt und dem Verfahren seinen Namen verschafft hat:

244) Eine Zielfunktion $q_1 + q_2 + q_3 \Rightarrow$ Min! kommt zum selben Ergebnis!

245) Eine nahezu unbegrenzte Lösungskapazität hinsichtlich Variablen und Restriktionen bietet das für die PC-Anwendung erhältliche Programm GAMS 2.25.

246) Empfangen alle Hilfskostenstellen Leistungen von anderen Hilfskostenstellen (wie in unserem obigen Beispiel 2), so ist aus der Verrechnungstechnik heraus die Hilfskostenstelle zuerst abzurechnen, die im Verhältnis zu der Gesamtleistung einer Hilfskostenstelle die geringsten (und damit die wenigsten vernachlässigten) Leistungen empfängt.

	Hilfskostenstellen					Hauptkostenstellen	
	1	2	3	4	5	6	....
primäre Gemeink. →	x	x	x	x	x	x	....
	↳	x	→x	→x	→x	→x→	....
innerbetriebliche Leistungsverrechnung →		↳	x	→x	→x	→x→	....
			↳	x	→x	→x→	....
				↳	x	→x→	....
					↳	x→	....

Abb. 27: Graphische Darstellung des Stufenleiterverfahrens

Unter Verwendung der bisherigen Symbole sowie mit

x_{ji} = Anzahl der von der Hilfskostenstelle j an die Hilfskostenstelle i unentgeltlich abgegebenen innerbetrieblichen Leistungseinheiten

Stufenleiterverfahren allgemein

lautet das Stufenleiterverfahren in **allgemeiner Form**:

$$(31) \qquad q_j = \frac{K_{Pj} + \sum_{i=1}^{j-1} x_{ij} \cdot q_i}{x_j - \sum_{i=1}^{j-1} x_{ji}} \qquad (j = 1, 2, ..., m)$$

oder **speziell** für die Hilfskostenstelle 1:

$$(32) \qquad q_1 = \frac{K_{P1}}{x_1 - x_{11}}.$$

(32) ist der exakte Ausdruck für q_1, nämlich die gesamten (primären und sekundären) Gemeinkosten der Hilfskostenstelle 1 dividiert durch die gesamte Leistungsabgabe (Gesamterzeugung ./. Eigenverbrauch).

Analog erhält man die Verrechnungssätze für die zweite, dritte Hilfskostenstelle, usw.

$$(33) \qquad q_2 = \frac{K_{P2} + x_{12} \cdot q_1}{x_2 - x_{21} - x_{22}}.$$

(34) $$q_m = \frac{K_{Pm} + x_{1m} \cdot q_1 + x_{2m} \cdot q_2 + \ldots + x_{m-1,m} \cdot q_{m-1}}{x_m - x_{m1} - x_{m2} - \ldots\ldots\ldots - x_{mm}}$$

Man erkennt, dass mit fortschreitender Rechnung immer mehr sekundäre Gemeinkosten berücksichtigt werden, denn der Zähler enthält immer mehr Glieder.

Die Leistungsströme zwischen den Hilfs- und Hauptkostenstellen werden bei Anwendung des **Stufenleiterverfahrens** wie folgt berücksichtigt:

an Haupt-KoSt	⇐	HiKoSt j-1
		⇓
an Haupt-KoSt	⇐	HiKoSt j

Für das obige **Beispiel 2** erhält man nach *dem* Stufenleiter-Verfahren folgende Lösungen:[247)] Beispiel

$$q_2 = \frac{500}{200} \qquad = 2{,}50 \text{ €/t}$$

$$q_1 = \frac{1.000 + 125}{500 - 20} \qquad = 2{,}34 \text{ €/qm}$$

$$q_3 = \frac{800 + 250 + 94}{100 - 5 - 5} \qquad = 12{,}71 \text{ €/Std.}$$

247) Die Lösungen nach dem Stufenleiterverfahren sind immer abhängig von der Reihenfolge der abgerechneten Hilfskostenstellen. Somit gibt es nicht **das,** sondern nur **ein** Stufenleiterverfahren je Abrechnungsreihenfolge. Hier wird unter Beachtung der Fußnote 249 die Abrechnungsreihenfolge 2-1-3 gewählt, da die Hilfskostenstelle 2 lediglich 4 (5) % der Gesamtleistung der Hilfskostenstelle 1 (3) verbraucht. Für die Hilfskostenstelle 1 betragen die empfangenden Leistungen 25 (5) % der Hilfskostenstelle 2 (3). Bei der bis zur Vorauflage gewählten Abrechnungsreihenfolge 1-2-3 erhielt man Verrechnungssätze von 2 €/qm; 3,60 €/t und 13,78 €/Std, die alle eine größere Ungenauigkeit zur richtigen Simultanlösung aufweisen.

Beurteilung des Stufenleiterverfahrens:

Fazit

- Das Stufenleiterverfahren ist eine **Näherungsmethode** und liefert deshalb grundsätzlich nicht die theoretisch richtigen Verrechnungssätze. Es kommt für die Qualität der Verrechnungspreise entscheidend darauf an, die Hilfskostenstellen so anzuordnen,[248)] dass die vorgelagerten Stellen möglichst wenig Leistungen von nachgelagerten Stellen empfangen (vgl. nochmals Fußnote 296). Wenn diese Anordnung – aufgrund der tatsächlichen Leistungsrelationen – so gelingt, dass *keine* **Hilfskostenstelle Leistungen von nachfolgenden Kostenstellen empfängt**, dann entspricht das Stufenleiter-Verfahren **im Ergebnis** genau dem **Gleichungsverfahren.** Das Stufenleiterverfahren liefert somit nur exakte Verrechnungspreise für die Hilfskostenstelle j, wenn $x_{ij} = 0$ für alle $i \geq j$!

- Das Stufenleiterverfahren erfordert bei manueller Berechnung weitaus weniger Arbeitsaufwand und wird deshalb in der Praxis wohl noch häufig verwandt; vgl. auch die ibL im BAB der Abb. 24. Mit der Verbreiterung von Tabellenkalkulationsprogrammen tritt dieses Argument aber deutlich in den Hintergrund.

Anbauverfahren

ad 3. Das **Anbauverfahren** vernachlässigt den innerbetrieblichen Leistungsaustausch zwischen den Hilfskostenstellen völlig. Die Hilfskostenstellen werden nur über die Hauptkostenstellen abgerechnet; es entstehen somit keine sekundären Gemeinkosten auf den Hilfskostenstellen.

Unter Beibehaltung der bisherigen Symbole ist das Anbauverfahren in allgemeiner Form wie folgt darstellbar:

$$\text{Innerbetriebl. Verr.satz} = \frac{\text{primäre Kosten}}{\text{Gesamtleistung ./. Abgabe an Hilfskostenstellen}}$$

[248)] Hierbei ist allerdings zu beachten, dass die Anordnung der Hilfskostenstellen in der Praxis nicht von Monat zu Monat entsprechend den wechselnden Relationen des gegenseitigen Leistungsaustausches verändert wird, weil die Abrechnung innerhalb des BAB eine gewisse formale Kontinuität wahren soll. Man wird also auf die typischen Leistungsrichtungen und -inanspruchnahmen abstellen.

(35) $$q_j = \frac{K_{Pj}}{x_j - \sum_{i=1}^{m} x_{ji}}$$

Die Leistungsströme zwischen den Hilfs- und Hauptkostenstellen werden bei Anwendung des **Anbauverfahrens** wie folgt berücksichtigt:

an Haupt-KoSt	⇐	HiKoSt j-1
an Haupt-KoSt	⇐	HiKoSt j

Für das Zahlen**beispiel 2** lautet die Lösung nach dem Anbauverfahren: Beispiel

$$q_1 = \frac{1.000}{500 - 60} = 2{,}27 \text{ €/qm}$$

$$q_2 = \frac{500}{200 - 150} = 10{,}\text{-- €/t}$$

$$q_3 = \frac{800}{100 - 10} = 8{,}89 \text{ €/Std.}$$

Beurteilung des Anbauverfahrens: Fazit

- Das Anbauverfahren ist ein **sehr grobes Näherungsverfahren**, da der innerbetriebliche Leistungsverkehr unberücksichtigt bleibt. Zwar werden auch bei diesem „Umlageverfahren" die gesamten primären Kosten der Hilfskostenstellen auf die Hauptkostenstellen überwälzt, doch treten dabei i.d.R. Kostenverzerrungen in einem Maße auf, die das Anbauverfahren **praktisch unbrauchbar** werden lassen.[249] Nach KILGER entspricht dieses Verfahren „nicht den Grundsätzen einer ordentlichen Kos-

---

[249] Es sei denn, die Verhältnisse sind so, dass tatsächlich unter den Hilfskostenstellen überhaupt keine Leistungen ausgetauscht werden.

tenrechnung".[250] Eine Identität der Ergebnisse des Anbauverfahrens zum Stufenleiter- und damit auch zugleich zum Gleichungsverfahren ist nur gegeben, wenn kein Leistungsaustausch zwischen den Hilfskostenstellen stattfindet. Damit wäre allerdings das Problem der ibL (vgl. oben S. 124) wegdefiniert.

- Das Anbauverfahren führt dazu, dass die Hilfskostenstellen, die viele innerbetriebliche Leistungen von anderen Hilfskostenstellen empfangen und/oder wenig an andere **Hilfskostenstellen** abgeben, jetzt **„billiger" werden**, weil ihre Verrechnungssätze zu niedrig sind. Dieser Fehler wirkt sich über die Kalkulationssätze der Hauptkostenstellen bis in die Selbstkosten der betrieblichen Produkte aus, denn wer viele Leistungen von den „billigen" Hilfskostenstellen erhält, wird zu gering belastet.

Ergebniszusammenfassung

Die unterschiedlichen **Ergebnisse der drei Verfahren** der ibL werden anhand der Lösungswerte des **Beispiels 2** noch einmal gegenübergestellt:

		Gleichungsverfahren	Stufenleiterverfahren	Anbauverfahren
Grundstücke und Gebäude	€/qm	2,42	2,34	2,27
Dampferzeugung	€/t	3,04	2,50	10,00
Reparaturwerkstatt	€/Std.	12,01	12,71	8,89

Abb. 28: Zusammenfassung der Ergebnisse

Sprung-/Hauptkostenstellenverfahren

Neben diesen Verfahren der ibL werden in der Literatur[251] noch das **Sprungverfahren** (als eine Synthese von Stufenleiter- und Anbauverfahren) sowie das **Hauptkostenstellenverfahren** (als ein Verbund von Hilfs- und Hauptkostenstellen) als eigenständige Methoden zur Berücksichtigung des interdependenten Leistungsaustausches zwischen den Hilfskostenstellen dargestellt.

Die vielen anderen Verfahren der ibL sind keine anderen Methoden zur Berücksichtigung des gegenseitigen Leistungsaustausch, son-

250) KILGER (1969), S. 872.

251) Vgl. insbesondere MÜNSTERMANN (1969), S. 61-154, oder MICHEL/TORSPECKEN (1989), S. 119-130.

dern unterscheiden sich in der Art der Verrechnungstechnik (z.B. Ausgleichsverfahren), in der Höhe der verrechneten Kosten, d.h. im Ausmaß der Überwälzung (z.B. Kostenartenverfahren), oder in dem ökonomischen Charakter der verrechneten Kosten (z.B. Festpreisverfahren auf Plankostenbasis).

Interdepenzerfassung

Die **Interdependenz des Leistungsaustausches** zwischen den Hilfskostenstellen muss bei allen diesen Verfahren in der einen oder anderen der oben beschriebenen Weisen erfasst werden, nämlich **entweder gar nicht oder nur teilweise oder vollkommen**.

Das gilt auch für die Abrechnung der sogenannten Gemeinkostenaufträge, bei denen Hauptkostenstellen nicht aktivierbare Leistungen für andere Kostenstellen erbringen, also wie Hilfskostenstellen arbeiten.[252)]

3.2.3.4 Bildung von Kalkulationssätzen

Nach der Durchführung der ibL sind alle entstandenen Gemeinkosten auf die Hauptkostenstellen umgelegt. Als nächster Arbeitsschritt im BAB folgt die Bildung der Kalkulationssätze, die einen **mehrfachen Zweck** (vgl. die Aufgaben der Kostenrechnung) verfolgt:

Kalkulationssatz = relevante Kosten

- Kalkulationssätze sind entweder schon selbst **relevante Kosten**[253)] oder dienen ihrer Errechnung.

Kalkulationssatz als Bindeglied

- Kalkulationssätze stellen das Bindeglied zwischen Kostenstellenrechnung und **Kostenträgerrechnung** dar, denn mit ihrer Hilfe erfolgt die Verrechnung der Gemeinkosten auf die Kostenträger nach dem Verursachungsprinzip.

Kalkulationssatz zur Kostenkontrolle

- Kalkulationssätze stellen die Grundlage der **Kostenkontrolle** dar. Multipliziert man den Plankalkulationssatz mit der Istbezugsgröße,

---

252) Man spricht hier von dem Kostenstellenausgleich, der ebenfalls im BAB vorgenommen wird.

253) Vgl. die Fragestellung 'Eigenproduktion oder Fremdbezug' bei den innerbetrieblichen Leistungen.

so erhält man die **Sollkosten**; diese bilden die Soll-Größe für den Soll-Ist-Vergleich.[254)]

Kalkulationssatz allgemein

Allgemein erhält man einen Kalkulationssatz der Kostenstelle $_j$ aus folgender Grundbeziehung:[255)]

$$\text{Kalkulationssatz der Kostenstelle}_j = \frac{\text{(Gemein–)Kosten der Stelle}_j}{\text{Bezugsgröße der Stelle}_j}$$

(36) $k_j = \frac{K_j}{B_j}$ [256)]

- Sind die Kosten und Bezugsgrößen Ist-, Normal- oder Planwerte, erhält man **Ist-, Normal- oder Plankalkulationssätze.**

- Sind die Kosten Voll- oder Grenzkosten, erhält man **Voll- oder Grenzkalkulationssätze**.[257)]

- Sind die Bezugsgrößen Wert- oder Mengengrößen, erhält man Kalkulationssätze **mit der Dimension €/€ (= %) oder €/Mengeneinheit**.

Bezugsgröße je Kostenstelle

Das Hauptproblem bei der Bildung von Kalkulationssätzen ist das Herausfinden der richtigen Bezugsgröße pro Kostenstelle, d.h. des genauen Maßstabs der Kostenverursachung. Dieses Problem musste schon bei der Einteilung des Betriebs in Kostenstellen (vgl. S. 105/106) gelöst werden; es tauchte wieder auf bei der verursachungsgemäßen Verteilung der primären Gemeinkosten auf die Kostenstellen und bei der Durchführung der innerbetrieblichen Leistungsverrechnung. Die dort (vgl. S. 121-123) ausführlich angestellten Überlegun-

254) Kalkulationssätze können auch der Ermittlung der Normalkosten zur Feststellung von Kostenüber- oder -unterdeckungen dienen, vgl. dazu noch einmal oben unter 3.2.3.1.

255) Vgl. hierzu auch schon S. 107.

256) Ein häufiger „Anfänger-Fehler“ ist das Vertauschen von Zähler und Nenner in diesem Quotienten. Man braucht sich jedoch nur zu verdeutlichen, dass ein Kalkulationssatz einen Kostenbetrag pro Bezugsgrößeneinheit wiedergibt.

257) Zur Definition der Grenzkosten siehe bereits oben S. 35. Zur Bedeutung von Vollkosten oder Grenzkosten in Kostenrechnungssystemen siehe unter 4.

gen zu den Maßgrößen der Kostenverursachung gelten auch hier und brauchen deshalb nicht wiederholt zu werden.

Es sei noch darauf hingewiesen, dass häufig nicht nur eine, sondern **mehrere Bezugsgrößen pro Kostenstelle** ausgewählt werden. Dies wird immer dann erforderlich, wenn sich nicht alle Kosten proportional zu einer Bezugsgröße verhalten. Beispiele sind Fertigungsstellen mit Serienproduktion, denn hier steht ein Teil der Kosten in Abhängigkeit von den Maschinenstunden (Ausführungsstunden) und ein anderer Teil in Abhängigkeit von den Rüststunden. Ein anderes Beispiel sind Materialläger, deren Kosten zum Teil vom Gewicht, vom Volumen oder vom Wert der lagernden Werkstoffe abhängen können.

typische Bezugsgrößen

Da auf diese Fragen noch im folgenden Kapitel eingegangen wird, werden an dieser Stelle abschließend die „typischen" Bezugsgrößen und damit auch Kalkulationssätze der einzelnen Gruppen von Kostenstellen kurz erörtert. Die Reihenfolge richtet sich nach dem Kostenstellenplan in Abb. 22 (S. 111/112):

Allgemeiner Bereich

- Die „Kalkulationssätze" der Stellen des **Allgemeinen Bereichs** sind bereits ausführlich behandelt; es sind die innerbetrieblichen Verrechnungssätze.[258)]

Materialbereich

- Im **Materialbereich** wird eine Abhängigkeit der Materialgemeinkosten vom Einzelmaterial unterstellt. Diese Relation – die natürlich dem Verursachungsprinzip nur unvollkommen gerecht werden kann – wird meistens differenziert in einen mengenabhängigen Teil (z.B. für die Arbeiten im Lager) und einen wertabhängigen Teil (z.B. für Zinsen und Versicherungen), wobei außerdem noch nach Werkstoffarten unterschieden wird.

Im BAB der Abb. 24, S. 119, hat man die Materialgemeinkosten – € 1.640 – als einheitlichen Zuschlag auf das Fertigungsmaterial (Einzelmaterialkosten) – € 31.000 – bezogen. Der Zuschlagssatz beträgt 5,29 %[259)] und besagt, dass in der Ist-Kalkulation für jedes

---

[258)] Der Quotient aus Kosten und Bezugsgrößen – Gleichung (36) – wird gewöhnlich bei *Hauptkostenstellen* „Kalkulationssatz" genannt und bei *Hilfskostenstellen* „Innerbetrieblicher Verrechnungssatz", obwohl grundsätzlich keine Unterschiede zwischen beiden Sätzen besteht.

[259)] Er ist höher als der Normalsatz (Durchschnittssatz) mit 5,10 %; vgl. hierzu nochmals S. 118/120.

erstellte Produkt 5,29 % Materialgemeinkosten dieses Produktes zugeschlagen werden.

Fertigungs-bereich

- Im **Fertigungsbereich** sind kausale Beziehungen zwischen Gemeinkosten und Bezugsgrößen relativ gut herstellbar; dies spiegelt sich in der Vielzahl der im Fertigungsbereich verwandten verschiedenartigen Kalkulationssätze wider. Als typische Beispiele seien die Fertigungslöhne genannt, die man in lohnintensiven (handarbeitsintensiven) Stellen als Bezugsbasis wählt (vgl. Abb. 23, S. 119); in mechanisierten und automatisierten Abteilungen mit verhältnismäßig kleinem Lohnkostenanteil an den Gesamtkosten verwendet man (als Mengenschlüssel) die Maschinenstunden (oder Stückzahlen oder Gewichte, etc.).

Platzkosten-rechnung

Besonders differenziert geht man in der **Platzkostenrechnung** vor. Ein Beispiel für die Zerlegung einer Kostenstelle in mehrere Kostenplätze gibt die Abb. 29**,** die man als (vereinfachten) Ausschnitt aus einem BAB auffassen kann.[260)]

Vertriebsbereich

- Im **Vertriebsbereich** ist das Verursachungsprinzip wieder schlechter einzuhalten als im Fertigungsbereich. Als Bezugsgröße werden gewöhnlich die Herstellkosten der umgesetzten Produkte gewählt. In genauen Kostenrechnungen wird sehr weitgehend nach Verkaufsbereichen und vor allem Produktgruppen differenziert. So verursachen die einzelnen Produkte, die in unterschiedlichen Abteilungen verkaufsmäßig betreut werden, z.B. unterschiedliche Werbekosten, Lagerkosten, Verpackungs- und Versandkosten, etc.

Verwaltungs-bereich

- Im **Verwaltungsbereich** kann man nur noch in ganz geringem Maße eine kausale Beziehung zwischen den Verwaltungskosten und betrieblichen Produkten finden. Als – auf dem **Durchschnittsprinzip** basierenden (vgl. S. 51) – „Hilfs-"Bezugsgröße wählt man die gesamten Herstellkosten (oder seltener die Fertigungskosten) oder aus Vereinfachungsgründen oft die Herstellkosten des Umsatzes, um die Verwaltungsgemeinkosten zusammen mit den Vertriebsgemeinkosten mit Hilfe eines einheitlichen „Vertriebs- und Verwal-

---

260) Bei der sog. Maschinenstundensatzrechnung fasst man alle maschinenabhängigen Kosten in einem maschinenspezifischen Kalkulationssatz zusammen. Vgl. z.B. WOLFSTETTER (1984), S. 67 ff.

Kosten-arten	Ver-teilung	Schweißerei Kostenplätze I Auto-mat 1	II Auto-mat 2	III Handarbeits-platz 1	IV Handarbeits-platz 2
Fertigungslöhne	dir.	1.200,--	1.400,--	2.600,--	3.600,--
Hilfslöhne[1)]	indir.	180,--	210,--	390,--	540,--
Abschreibung	dir.	2.000,--	3.050,--	200,--	400,--
Kraftstrom	dir.	600,--	800,--	100,--	100,--
Lichtstrom	indir.	50,--	50,--	50,--	50,--
Betriebsstoffe	dir.	800,--	400,--	300,--	200,--
Gehälter[1)]	indir.	60,--	70,--	130,--	180,--
Miete	indir.	400,--	400,--	400,--	400,--
Zinsen	dir.	500,--	620,--	30,--	30,--
Kostensumme		5.790,--	7.000,--	4.200,--	5.500,--
Bezugsgröße		150 (Masch.std.)	120 (Masch.std.)	300 (Fert.std.)	20.000 (Stck.)
Kalkulationssatz		38,60 (€/Std.)	58,33 (€/Std.)	14,-- (€/Std.)	0,275 (€/Stck.)

1) Hilfslöhne und Gehälter wurden auf S. 123 direkt auf die Kostenstelle verteilt; auf die einzelnen Kostenplätze innerhalb der Kostenstelle können diese Kosten jedoch i.d.R. nur noch indirekt (z.B. aufgrund von Schätzungen) verteilt werden.

Abb. 29: Platzkostenrechnung

tungsgemeinkostenzuschlagssatzes“ auf die betrieblichen Produkte zu verrechnen.

Kausalitätsprinzip

Abschließend kann festgehalten werden, dass sich die unterschiedliche Verwirklichung des obersten Grundsatzes der Kostenrechnung, des Verursachungsprinzips in Form des Kausalitätsprinzips, in der Bildung von mehr oder weniger differenzierten Kalkulationssätzen für die einzelnen betrieblichen Teilbereiche niederschlägt:

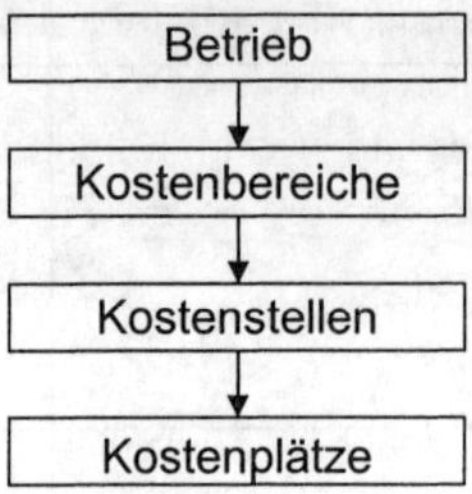

Abb. 30: Unterschiedlicher Feinheitsgrad der Kostenrechnung

Im Fertigungsbereich geht man teilweise bis auf die Kostenplätze zurück; im Allgemeinen Bereich, Material- und Vertriebsbereich bis auf die Kostenstellen – bei Differenzierung nach Material- und Produktarten etwas weiter – und im Verwaltungsbereich endet die Bildung von Kalkulationssätzen in der Regel schon beim Kostenbereich.

3.3 Kostenträgerrechnung

Kalkulationssatz

Die Kostenträgerrechnung ist die letzte Stufe der Kostenrechnung. Nachdem die Kosten nach Faktorarten erfasst und dann – in jedem Fall die Gemeinkosten – auf die Kostenstellen verteilt wurden, gilt es jetzt, auf die Kostenträger die durch sie verursachten Kosten zu verteilen. Die Fragestellung der Kostenträgerrechnung (vgl. auch S. 9/10) lautet also: Wofür sind die Kosten angefallen? Die **zentrale Größe der Kostenträgerrechnung,** der **Kalkulationssatz**, ist mit der damit verbundenen Problematik der Kostenkausalität und Bezugsgrößenwahl bereits ausführlich erörtert worden;[261)] auf eine wiederholende Behandlung dieser Fragen wird im Folgenden verzichtet.

3.3.1 Aufgaben der Kostenträgerrechnung

Kostenträger sind die betrieblichen Leistungen, die den Güter- und Leistungsverzehr ausgelöst haben. Ihnen werden die Kosten zugerechnet. Kostenträger können **Absatzleistungen** und **innerbetriebliche Leistungen** sein.[262)]

Differenzierung Absatzleistungen

Die **Absatzleistungen** lassen sich wiederum unterteilen in

- auftragsbestimmte und
- lagerbestimmte

Leistungen, je nachdem, ob aufgrund eines Kundenauftrages (z.B. in Werften, Maschinen- und Tiefbauunternehmen) oder aufgrund eines Lagerauftrages (zur Auffüllung des Lagers bei Produktion für den anonymen Markt, z.B. bei Markenartikeln) gefertigt wird.

Differenzierung innerbetriebliche Leistungen

Die **innerbetrieblichen Leistungen** werden in

- aktivierbare und
- nicht aktivierbare

261) Vgl. hierzu S. 47-52, S. 106-109 und S. 137-142 (Kap. 3.2.3.4).

262) Gelegentlich spricht man von diesen beiden Gruppen als Hauptkostenträgern bzw. Hilfskostenträgern – eine Terminologie, die sehr plausibel ist, sich aber leider nicht durchgesetzt hat.

Leistungen unterteilt; man spricht auch von **Anlagen- bzw. Gemeinkostenaufträgen**.

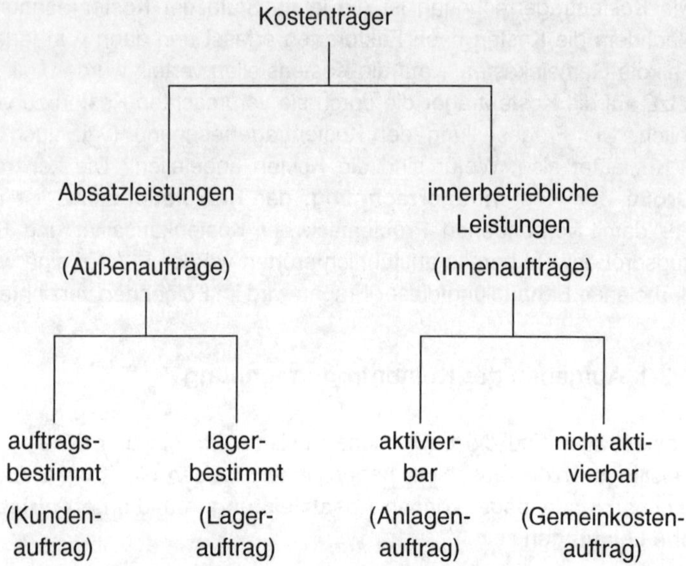

Abb. 31: Kostenträger

Aufgaben der Kostenträgerrechnung

Die **Aufgaben der Kostenträgerrechnung**[263)] bestehen nun darin, die Herstell-[264)] und Selbstkosten[265)] der Kostenträger zu ermitteln, um

Herstellkosten

- die **Bewertung der Bestände** an Halb- und Fertigfabrikaten sowie selbsterstellten Anlagen in der Handels- und Steuerbilanz zu ermöglichen (Herstellkosten),

Herstell-/Selbstkosten

- die Durchführung der **kurzfristigen Erfolgsrechnung** nach dem Gesamt- oder Umsatzkostenverfahren zu gewährleisten (Herstell- oder Selbstkosten),

---

263) Vgl. insbes. KILGER (1969), S. 882-884, und WÖHE/DÖRING (2002), S. 1115 f.

264) Vgl. nochmals zur begrifflichen Differenzierung in (kostenrechnerische) Herstell- und (bilanzielle) Herstellungskosten oben S. 5.

265) Im selbstdefinierten oder z.B. durch LSP vorgegebenen Sinne.

- Unterlagen für **preispolitische Entscheidungen** zu erhalten; so z.B. für die Ermittlung der Preisuntergrenzen,[266] die Ermittlung der gewinnmaximalen Preisstellung bei Marktaufträgen aufgrund der vermuteten betriebsindividuellen Nachfragekurve (konjekturalen Preis-Absatz-Funktion) oder die Ermittlung sog. „Selbstkostenpreise" aufgrund vertraglicher Vereinbarungen, insbesondere mit öffentlichen Auftraggebern (Selbstkosten), Selbstkosten
- Ausgangsdaten für (nicht marktpreisbezogene) Problemstellungen innerhalb der **Planungsaufgaben** zu gewinnen, z.B. für Entscheidungsmodelle des Operations Research (Herstell- und/oder Selbstkosten), Herstell-/ Selbstkosten
- **Verrechnungspreise** für Leistungsbeziehungen zu nahestehenden Personen zu erhalten (Selbstkosten). Selbstkosten

Die Kostenträgerrechnung erfüllt diese Aufgaben als **Kostenträgerzeitrechnung** bzw. als **Kostenträgerstückrechnung** (vgl. oben die Abb. 2 mit den Erläuterungen auf S. 10).

Die Kostenträgerzeitrechnung ist eine Periodenrechnung und ermittelt die – nach Leistungsarten gegliederten – in der Abrechnungsperiode insgesamt angefallenen Kosten. Sie kann wie die Kostenstellenrechnung (vgl. S. 115) entweder in kontengemäßer oder in statistisch-tabellarischer Form[267] durchgeführt werden. Sie wird vielfach mit der kurzfristigen Erfolgsrechnung (Betriebsergebnisrechnung) identifiziert[268] und hier nicht weiter behandelt.[269] Kostenträgerzeitrechnung

Die Kostenträgerstückrechnung ist eine einzelleistungsbezogene Rechnung und ermittelt die Selbst- bzw. Herstellkosten der betrieblichen Leistungseinheiten (deshalb wird sie auch – exakter – Kostenträgerstückrechnung

[266] Vgl. hierzu S. 42.

[267] In Analogie zum BAB auch Kostenträgerbogen genannt.

[268] Diese Gleichsetzung ist allerdings schon deshalb unzutreffend, da die Kostenträgerzeitrechnung nur eine (notwendige) Komponente der Erfolgsrechnung darstellt; es fehlt die Erlösträgerzeitrechnung als (hinreichende) Komponente.

[269] Hier soll nicht der falsche Eindruck vermittelt werden, als würde die Stückrechnung nach der Zeitrechnung durchgeführt; man benötigt aber Stückkosten für die Ergebnisrechnung sowohl nach dem Umsatz- als auch dem Gesamtkostenverfahren.

Kostenträgereinheitsrechnung genannt); sie ist die Kalkulation (Selbstkostenrechnung, Stückkostenrechnung).

Kalkulationszeitpunkt

Nach dem Zeitpunkt der Durchführung der **Kalkulation** unterscheidet man die

- Vorkalkulation,
- Zwischenkalkulation,
- Nachkalkulation.

Vorkalkulation

Vorkalkulationen werden vor der Leistungserstellung durchgeführt und dienen zur Beurteilung von Neuproduktionen, Zusatzaufträgen, Erweiterungsinvestitionen etc. Von Plankalkulationen unterscheiden sie sich dadurch, dass sie auf Basis **überschlägig geschätzter Kosten** jeweils für spezielle Zwecke durchgeführt werden, während Plankalkulationen auf Basis exakt geplanter Kosten systematischer Bestandteil einer Plankostenrechnung[270)] sind.

Zwischenkalkulation

Eine **Zwischenkalkulation** kann bei Kostenträgern mit langer Produktionsdauer (z.B. Schwermaschinenbau, Luftfahrtindustrie, Großbauten, etc.) für bilanzielle[271)] oder Planungszwecke erforderlich werden. Man kann sie interpretieren als eine Nachkalkulation für Halbfabrikate.

Nachkalkulation

Nachkalkulationen werden nach der Leistungserstellung durchgeführt; sie basieren auf **Istkosten** und dienen insbesondere zur Erfolgskontrolle einzelner Aufträge bzw. zur Überprüfung der Plankalkulationen.

---

270) Zur Plankostenrechnung siehe ausführlich Kap. 4.

271) Dies können Zwecke der bilanziellen Bestandsbewertung, aber auch Fragen der Passivierung von Rückstellungen für drohende Verluste aus schwebenden Geschäften sein.

3.3.2 Kalkulationsverfahren

3.3.2.1 Überblick und Systematik

Man unterscheidet (vgl. S. 148) als Hauptgruppen von Kalkulationsverfahren einmal die **Divisionskalkulation** (einschließlich der Unterform der **Äquivalenzziffernkalkulation**) und zum anderen die **Zuschlagskalkulation** jeweils in verschiedenen Varianten.

- **Divisionskalkulationen** sind dadurch gekennzeichnet, dass man stets die Gesamtkosten des Betriebes oder einzelner Betriebsbereiche ohne Differenzierung in Einzel- und Gemeinkosten durch die hergestellten oder abgesetzten Stückzahlen dividiert. Die Durchführung einer Kostenstellenrechnung (BAB) ist hierbei aus Kalkulationsgründen gewöhnlich nicht erforderlich; man wird allerdings aus Kostenkontrollgründen nicht darauf verzichten. Divisionskalkulation

- **Zuschlagskalkulationen** sind dadurch gekennzeichnet, dass stets eine Trennung von Einzel- und Gemeinkosten vorgenommen wird. Während man die Einzelkosten den Leistungen direkt zurechnet, werden die Gemeinkosten mit Hilfe von Kalkulationssätzen „zugeschlagen". Hierfür ist also die Kostenstellenrechnung (BAB) unerlässliche Voraussetzung,[272)] denn sie liefert erst die Kalkulationssätze (vgl. unbedingt S. 116/118). Zuschlagskalkulation

- **Kuppelkalkulationen** gehören systematisch zur Gruppe der *Divisionskalkulationen*. Sie werden jedoch hier (wie meistens in der kostenrechnerischen Literatur) als gesonderte Gruppe behandelt, weil sich ihr spezieller Anwendungsbereich, die Kuppelproduktionsprozesse, von dem der anderen Verfahren unterscheidet. Kuppelkalkulation

Die in der Abb. 32 systematisierten Kalkulationsverfahren werden in den folgenden Kapiteln im Einzelnen beschrieben.

---

272) Wenn man von ganz einfachen Zuschlagsverfahren absieht.

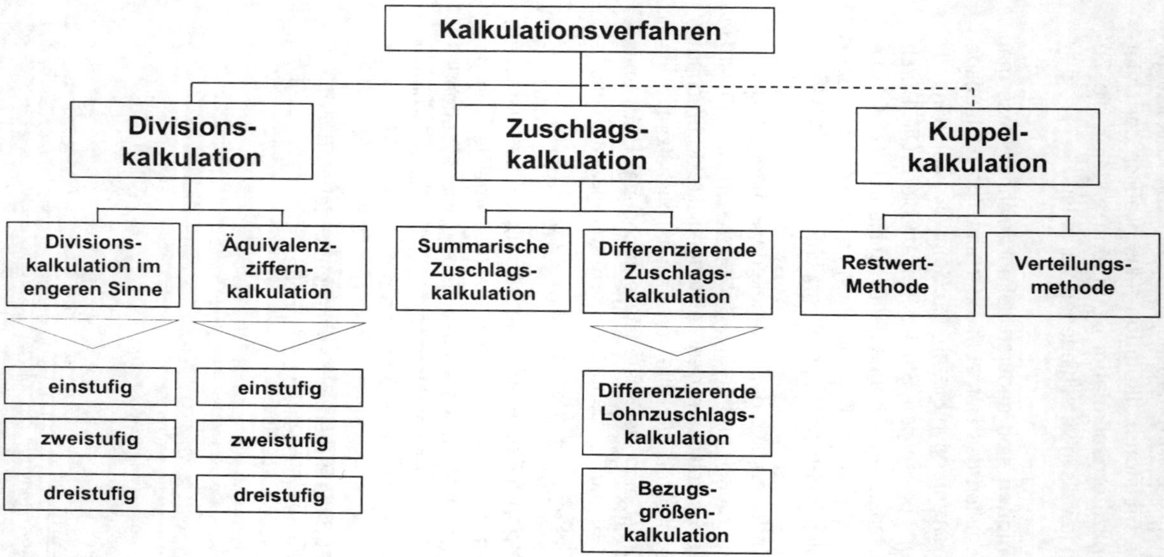

Abb. 32: Kalkulationsverfahren

3.3.2.2 Divisionskalkulationen

3.3.2.2.1 Ein- und mehrstufige Divisionskalkulationen

Bei der **einstufigen Divisionskalkulation** werden die Gesamtkosten der Abrechnungsperiode durch die in dieser Periode produzierte Leistungsmenge dividiert und man erhält die **Selbstkosten** pro Stück:[273)]

einstufige Divisionskalkualtion

$$(37) \qquad k = \frac{K}{x}$$

Um mit diesem Kalkulationsverfahren, für das sich ein Zahlenbeispiel erübrigt, aussagefähige Ergebnisse zu erhalten, muss eine Reihe von **Voraussetzungen** erfüllt sein:

Brauchbarkeit der einstufigen Divisionskalkulation

(1) Es muss sich um einen Einprodukt-Betrieb (bzw. -Betriebsbereich) handeln.

(2) Es dürfen keine Lagerbestandsveränderungen an Halbfabrikaten entstehen.

(3) Es dürfen keine Lagerbestandsveränderungen an Fertigfabrikaten entstehen.

Um das Verursachungsprinzip i.e.S. einhalten zu können, müsste die Kostenkausalität also völlig homogen sein, d.h. alle Kosten der Unternehmung hätten sich proportional zur produzierten Stückzahl zu verhalten. Da alle drei Voraussetzungen dabei gleichzeitig erfüllt sein müssten, ist die **einstufige Divisionskalkulation** in der Praxis **kaum relevant**.

kaum Relevanz

In der Literatur bietet man gewöhnlich das – lagerlose – Elektrizitätswerk (oder bestimmte Grundstoffindustrien) als Beispiel an.[274)] Eine

---

273) Unter dem bisher schon verwandten – aber noch nicht definierten – Begriff „Selbstkosten" versteht man die *gesamten Kosten* (einer Periode oder) eines Stücks. Herstellkosten sind kleiner als die Selbstkosten, denn sie enthalten nicht die Vertriebs- und Verwaltungskosten.

274) Als weiteres Anwendungsgebiet der einstufigen Divisionskalkulation werden nicht nur Einproduktunternehmungen, sondern einzelne Betriebsbereiche genannt, die eine einheitliche Leistung erbringen. Es darf aber nicht verkannt werden, dass bei Betrachtung genügend kleiner Bereiche, in denen

Kostenstellenrechnung ist hier aus kalkulatorischen Gründen nicht erforderlich; aus Kostenkontrollgründen wird man aber trotzdem nicht darauf verzichten.

zweistufige Divisionskalkulation

Hebt man die obige dritte Voraussetzung auf, lässt man also Unterschiede zwischen Produktions- und Absatzmengen zu, ist die **zweistufige Divisionskalkulation** anzuwenden. Es werden die Herstellkosten und die Verwaltungs- und Vertriebskosten getrennt ermittelt; ihre Addition ergibt die Selbstkosten.

Bezeichnet man mit

x_p	die Produktionsmenge der Periode
x_A	die Absatzmenge der Periode
K_H	die gesamten Herstellkosten der Periode
K_{VV}	die gesamten Verwaltungs- und Vertriebskosten der Periode
k_H	die Herstellkosten pro Stück
k_{VV}	die Verwaltungs- und Vertriebskosten pro Stück,

so lautet die Formel für die Selbstkosten nach der zweistufigen Divisionskalkulation

(38) $$k = \frac{K_H}{x_p} + \frac{K_{VV}}{x_A} = k_H + k_{VV}$$

Beispiel

Beispiel 1:

Ein Betrieb produziert in der Periode 2.000 Stück und setzt 1.000 Stück auf dem Absatzmarkt ab. Die Gesamtkosten der Periode betragen € 100.000, davon sind 20 % Verwaltungs- und Vertriebskosten.

mehr als ein Stück erzeugt wird, jede Kalkulation (als Stückkostenberechnung) zur Division von „Gesamtkosten" durch Mengen führt. Insofern bestehen zwischen Divisions- und Zuschlagskalkulationen nur graduelle Unterschiede.

$$k = \frac{80.000}{2.000} + \frac{20.000}{1.000} = 40 + 20 = 60$$ [275)]

Bei dieser Form der Divisionskalkulation ist somit schon eine (einfache) Kostenstellenrechnung erforderlich. Die auf Lager gegangenen 1.000 Stück sind in der Bilanz zu den Herstellkosten von € 40 zu aktivieren. Eine Bewertung zu € 60 würde durch die Aktivierung von Verwaltungs-[276)] und Vertriebskosten zum Ausweis unrealisierter Gewinne führen und damit gegen das Realisationsprinzip verstoßen. Die wertmäßige Lagerbestandsveränderung beträgt also + € 40.000.

mehrstufige Divisionskalkulation

Hebt man (zusätzlich zur dritten) die obige zweite Voraussetzung auf, lässt man also Läger (genauer: Lagerbestandsveränderungen) zwischen den einzelnen Produktionsstufen (Zwischenläger) zu,[277)] dann ist die **mehrstufige Divisionskalkulation** anzuwenden. Mit Hilfe einer auch im Fertigungsbereich differenzierenden Kostenstellenrechnung werden die Kosten jeder Stufe (jedes Bereichs) durch die bearbeiteten Mengen dividiert.[278)] Jede Produktionsstufe gibt dann ihre Leistungen zu den bis dahin angefallenen Stückkosten entweder an die nachfolgende Stufe oder an das Zwischenlager ab. Die mehrstufige Divisionskalkulation (Stufenkalkulation) wird dann **Veredelungsrechnung** genannt, wenn man die Einzelmaterialkosten aus der Kostenstellenrechnung (aus den Kosten der verschiedenen Stufen) ausgliedert und dem Kostenträger direkt zurechnet. Die Division bezieht sich dann nur noch auf die Fertigungs-, Verwaltungs- und Vertriebskosten.[279)]

---

275) Bei der einstufigen Divisionskalkulation hätte man für das Beispiel Selbstkosten von € 50 erhalten.

276) Bei den Verwaltungskosten lässt sich nicht genau bestimmen, in welchem Maße sie durch die Produktion und/oder den Absatz verursacht worden sind (vgl. S. 140/142); man behilft sich in Formel (38) wie folgt: Die „technischen" Verwaltungskosten werden zu den Herstellkosten gerechnet und die „kaufmännischen" (allgemeinen) Verwaltungskosten aus Vereinfachungsgründen wie die Vertriebskosten verrechnet. Handelsrechtlich besteht für die Einbeziehung der kaufmännischen Verwaltungskosten allerdings ein Wahlrecht.

277) Man spricht dann von mehrstufiger, nicht-synchroner Produktion.

278) Die Kostenstellen müssen nicht mit den Stufen übereinstimmen; sie können mehrere Stufen umfassen oder selbst nur Teil einer Stufe sein.

279) Sie kann in dieser Form unter bestimmten Voraussetzungen auch für verschiedene (artgleiche) Produkte verwandt werden, wenn sich bei gleichen

Bezeichnet man unter Beibehaltung obiger Symbole mit

e_M die Materialkosten pro Stück (hier inkl. Materialgemeinkosten; später ohne!)

x_{pj} die in der Kostenstelle j bearbeitete Menge

K_{Fj} die Fertigungskosten der Kostenstelle j,

dann lauten die Selbstkosten nach der mehrstufigen Divisionskalkulation in der Variante der Veredelungsrechnung:

$$(39) \qquad k = e_M + \frac{K_{F1}}{x_{P1}} + \frac{K_{F2}}{x_{P2}} + \ldots\ldots\ldots + \frac{K_{Fm}}{x_{Pm}} + \frac{K_{VV}}{x_A}$$

oder

$$(40) \qquad k = e_M + \sum_{j=1}^{m} \frac{K_{Fj}}{x_{Pj}} + \frac{K_{VV}}{x_A}$$

Beispiel

Beispiel 2:

Die Materialkosten eines Produktes betragen € 12 pro Stück. Die Produktion vollzieht sich in zwei Stufen: In der ersten Stufe werden 500 Stück Halbfabrikate bei Fertigungskosten von € 6.000 hergestellt, und in der zweiten werden 600 Stück Halbfabrikate bei Fertigungskosten von € 1.200 zu Endprodukten verarbeitet. Die Absatzmenge beträgt 150 Stück. An Verwaltungs- und Vertriebskosten entstehen € 4.800.

$$k = 12 + \frac{6.000}{500} + \frac{1.200}{600} + \frac{4.800}{150} = 12 + 12 + 2 + 32 = 58$$

- Selbstkosten:	€	58
- Herstellkosten des Fertigfabrikats:	€	26
- Herstellkosten des Halbfabrikats:	€	24
- Lagerveränderung an Halbfabrikaten:	€ ./.	2.400
- Lagerveränderung an Fertigprodukten:	€ +	11.700

Fertigungskosten nur die Materialkosten der einzelnen Produktarten unterscheiden. Z.B. beim Zuschneiden von Stoffen verschiedener Qualität in der Textilindustrie.

Eine **Verfeinerung** der mehrstufigen Divisionskalkulation wird in Betrieben vorgenommen, die mit Mengenverlusten bzw. Mengengewinnen zwischen Einsatz- und Ausbringungsmengen der einzelnen Stufen konfrontiert sind. Man kalkuliert dann unter Berücksichtigung von sogenannten **Einsatzfaktoren**, die das Mengengefälle zwischen den Stufen zum Ausdruck bringen.[280)] Beispiele hierfür sind die Zementherstellung (von der Förderung und Aufbereitung des Rohmaterials über das Brennen der Klinker und Mahlen des Zements bis zum Packen und Verladen) oder die Herstellung von Haferflocken oder die Gewichtszunahme bei der Garnbefeuchtung in der Textilindustrie oder bestimmte Oxydationsprozesse oder generell Abfall und Ausschuss.

Kalkulation mit Einsatzfaktoren

Für alle Formen der Divisionskalkulation ist die Massenproduktion das typische Fertigungsverfahren.

3.3.2.2.2 Ein- und mehrstufige Äquivalenzziffernkalkulationen

Die bisher beschriebenen Kalkulationsverfahren setzen für ihre Anwendung die Einprodukt-Unternehmung bzw. einen Einprodukt-Teilbereich voraus (Ausnahme: S. 151, Fußnote 280).

Hebt man nun diese (obige erste) Voraussetzung von S. 149 auf, dann kann die **Äquivalenzziffernkalkulation** verwendet werden, wenn es sich um artverwandte Produkte handelt. Man spricht hier von **Sorten**.

Kalkulation für „Sorten“

Die Äquivalenzziffernkalkulation nutzt die Tatsache aus, dass bei Sortenfertigung die Kosten der verschiedenen Produktarten aufgrund der fertigungstechnischen Ähnlichkeiten in einem bestimmten Verhältnis zueinander stehen.

konstante Kostenrelationen

Die Äquivalenzziffer eines Produktes (Gewichtungsziffer, Wertigkeitsziffer, Umrechnungsfaktor, Verhältniszahl der Kostenbelastung) gibt an, in welchem Verhältnis die Kosten dieses Produktes zu den Kosten eines Einheitsproduktes (Einheitssorte, Bezugssorte, Richtsorte) mit der Äquivalenzziffer 1 stehen. Äquivalenzziffern werden einmalig

280) Vgl. hierzu vor allem KILGER (1969), S. 890 f.; weiter KOSIOL (1964), S. 205-209, der die Einsatzfaktoren *Ergiebigkeitsfaktoren* nennt.

ermittelt (z.B. durch empirische Untersuchungen) und dann in den folgenden Perioden wieder verwandt.

Beispiel

Verursacht beispielsweise in einem Blechwalzwerk die Sorte A 20 % mehr Kosten als die Sorte B und die Sorte C 10 % weniger Kosten als die Sorte B, so lässt sich das Verhältnis der Kostenverursachung der drei Blechsorten in folgender Äquivalenzziffernreihe wiedergeben:

Sorte	Äquivalenzziffer
A	1,2
B	1,0
C	0,9

Bei der Kalkulation geht man so vor, dass die produzierten Mengen der einzelnen Sorten mit Hilfe der Äquivalenzziffern mengenmäßig auf die Einheitssorte umgerechnet werden. Das Ergebnis ist die den ursprünglichen Produktionsmengen äquivalente Produktionsmenge der Einheitssorte („Rechnerische Ausbringungsmenge", „Gesamtrechnungsmenge", „Summe der Rechnungseinheiten", „Einheitsmenge"). Mit dieser Gesamtrechnungsmenge wird jetzt wie bei der Divisionskalkulation weitergerechnet, d.h. man ermittelt die **Kosten pro Einheit der Gesamtrechnungsmenge**. Die Einheitskosten werden benötigt, um danach wiederum mit Hilfe der Äquivalenzziffern die Stückkosten der ursprünglichen Sorten zu errechnen. Nur bei der Einheitssorte stimmen die Einheitskosten mit den tatsächlichen Stückkosten überein.

Beispiel

Beispiel 3:

Im o.g. Blechwalzwerk werden von der Sorte A 1.000 t, von der Sorte B 500 t und von Sorte C 800 t produziert. Die Gesamtkosten betragen € 121.000.

Die Umrechnung der tatsächlichen Produktionsmengen auf die Einheitssorte ergibt:

$$1.000 \text{ t} \times 1,2 + 500 \text{ t} \times 1 + 800 \text{ t} \times 0,9 = 2.420 \text{ t}$$

Jede Tonne der Einheitssorte kostet also

€ 121.000 : 2.420 t = € 50 pro Tonne.

Die Rückrechnung auf die einzelnen Sorten führt zu den Selbstkosten:

Sorte A : 1,2 x € 50 = € 60 pro Tonne

Sorte B : 1,0 x € 50 = € 50 pro Tonne

Sorte C : 0,9 x € 50 = € 45 pro Tonne.

Multipliziert man die tatsächlichen Produktionsmengen – als Probe – mit den errechneten Selbstkosten, so erhält man wieder die Gesamtkosten:

Sorte A :	1.000 t x € 60/t =	€ 60.000
Sorte B :	500 t x € 50/t =	€ 25.000
Sorte C :	800 t x € 45/t =	€ 36.000
		€ 121.000
		========

Bezeichnet man mit

i	den Index der Produktarten
n	die Anzahl der Produkte
a_i	die Äquivalenzziffer des Produktes i
k_i	die Selbstkosten einer Einheit des Produktes i
x_i	die Gesamtmenge des Produktes i

dann geht die Formel (37) der einstufigen Divisionskalkulation über in den allgemeinen Ausdruck für die Selbstkosten nach der **einstufigen Äquivalenzziffernkalkulation**:

einstufige Äquivalenzziffernkalkulation

(41) $$k_i = \frac{K}{a_1 \cdot x_1 + a_2 \cdot x_2 + \ldots\ldots + a_n \cdot x_n} \cdot a_i$$

oder

(42) $$k_i = \frac{K}{\sum_{i=1}^{n} a_i \cdot x_i} \cdot a_i$$

Vergleicht man (41) mit (37), so stellt man fest, dass von den drei Voraussetzungen der einstufigen Divisionskalkulation lediglich die erste nicht mehr erfüllt sein muss, während die Voraussetzungen, dass keine Halb- und Fertiglagerbestandsveränderungen eintreten dürfen, nach wie vor Bestand haben müssen.

mehrstufige Äquivalenzziffernkalkulation

Diesen Mangel beseitigt man mit Hilfe der **mehrstufigen Äquivalenzziffernkalkulationen**:

Soll die unterschiedliche Kostenverursachung aufgrund von Abweichungen zwischen Produktions- und Absatzmengen sowie aufgrund nicht-synchroner Produktion erfasst werden, müssen mehrere Äquivalenzziffernreihen für die verschiedenen Bereiche (Kostenstellen) gebildet werden. Diese Äquivalenzziffernreihen brauchen nicht unterschiedlich zu sein:

- Wird z.B. zur Ermittlung der Herstellkosten die gleiche Ziffernreihe verwandt wie zur Ermittlung der Verwaltungs- und Vertriebskosten, so impliziert dies, dass die Relationen der Kostenkausalität zwischen den einzelnen Sorten bei den Herstellkosten die gleichen sind wie bei den Verwaltungs- und Vertriebskosten. Deshalb wird aber die mehrstufige Kalkulation nicht überflüssig, da die Unterschiede zwischen Produktions- und Absatzmengen von Sorte zu Sorte schwanken können.

- Verwendet man dagegen für die Fertigungsstufe 1 eine andere Ziffernreihe als beispielsweise für die Fertigungsstufe 2, so impliziert dies entsprechend, dass die Relationen der Kostenkausalität zwischen den einzelnen Sorten von Fertigungsstufe zu Fertigungsstufe schwanken.

Gemeinsamkeiten der Kalkulationsverfahren

Als Ergebnis lässt sich festhalten, dass alle bisherigen Formeln der Divisionskalkulation, nämlich (37), (38) und (39) ganz analog auf die Äquivalenzziffernkalkulation abgewandelt werden können, indem man jeweils den Nenner der Quotienten durch die mit Hilfe der Äquivalenzziffernreihe ermittelte „Summe der Rechnungseinheiten" (Einheitsmenge) ersetzt.[281)]

---

281) Es kann auch erforderlich werden, für eine Produktionsstufe nicht eine, sondern mehrere Ziffernreihen zu verwenden, wenn bestimmte Teile der Kosten unterschiedlich durch die einzelnen Sorten verursacht werden. Man spricht

Für die verschiedenen Formen der Äquivalenzziffernkalkulation ist die **Sortenproduktion** das typische Fertigungsverfahren. Beispiele sind Brauereien, Ziegeleien, Webereien, Blech- und Drahtwalzwerke, Zigaretten- oder Zementfabriken. Sortenproduktion

Entscheidend für die Qualität der Kalkulationsergebnisse ist die Qualität der ermittelten Äquivalenzziffern. KILGER bemerkt hierzu, „daß sich praktisch nur mit großen Schwierigkeiten numerische Werte finden lassen, die wirklich der Kostenverursachung entsprechen. Ersetzt man aber die Äquivalenzziffern durch Bezugsgrößen der Kostenverursachung, z.B. durch die Fertigungszeit, so ist der Übergang zur sogenannten Zuschlags- oder Bezugsgrößenkalkulation vollzogen."[282)]

3.3.2.3 Zuschlagskalkulationen

Zuschlagskalkulationen kommen zur Anwendung, wenn die Voraussetzungen der Divisionsverfahren nicht gegeben sind, wenn – positiv ausgedrückt – Betriebe mit **Serien- oder Einzelfertigung** vorliegen, die in *mehrstufigen Produktionsabläufen* bei *heterogener Kostenkausalität* und bei *laufender Veränderung der Halb- und Fertigfabrikateläger* ihre Leistungen erstellen. Zuschlagskalkulation bei Serien-/Einzelfertigung

Während man bei den Divisionskalkulationen grundsätzlich von den Gesamtkosten des Betriebes bzw. der Betriebsbereiche ausgeht und diese per Division verteilt, ist bei den Zuschlagskalkulationen die **Serie**, der **Auftrag** oder das einzelne **Stück** der Ausgangspunkt.

Die Zuschlagskalkulationen gehen von der Trennung der Kosten in Einzel- und Gemeinkosten aus. Die Einzelkosten werden den Leistungen verursachungsgemäß direkt zugerechnet; die Gemeinkosten werden mit Hilfe von Kalkulationssätzen „zugeschlagen".[283)] Trennung in Einzel- und Gemeinkosten

Formen

---

dann im Unterschied zur mehrstufigen Äquivalenzziffernkalkulation von einer mehrfachen Äquivalenzziffernkalkulation.

282) KILGER (1969), S. 892.

283) Die BUNDESVERBAND DER DEUTSCHEN INDUSTRIE (o.J., Teil II (GRK), Abschnitt A 325) spricht von Verrechnungssatz-Verfahren.

Nach Art und Feinheit der Gemeinkostenzuschläge unterscheidet man die verschiedensten Formen der Zuschlagskalkulationen. Im Folgenden werden jene Hauptgruppen behandelt, die man üblicherweise auch

- summarische und
- differenzierende

Zuschlagskalkulation(en) nennt.

3.3.2.3.1 Summarische Zuschlagskalkulationen

kumulative Zuschlagskalkulation

Die Verfahren der summarischen Zuschlagskalkulation sind dadurch charakterisiert, dass sie die gesamten Gemeinkosten des Betriebes als einen (summarischen) Zuschlag verrechnen. Wegen der „angehäuften" Gemeinkosten werden sie auch **kumulative Zuschlagskalkulationen** genannt.

Als Zuschlagsgrundlage (Bezugsgröße) verwendet man entweder die Einzelmaterialkosten oder die Einzellohnkosten (Fertigungseinzelkosten) oder die gesamten Einzelkosten. Eine Kostenstellenrechnung ist zur Anwendung nicht unbedingt erforderlich.

Lohnzuschlagskalkulation

Eine Variante dieser Kalkulationsform ist die sog. kumulative (oder summarische) **Lohnzuschlagskalkulation** (oder Betriebszuschlagskalkulation). Hier werden die Materialgemeinkosten als gesonderter Zuschlag auf das Einzelmaterial verrechnet und die Vertriebs- und Verwaltungsgemeinkosten auf die Herstellkosten. Die wichtige Gruppe der Fertigungsgemeinkosten jedoch verrechnet man ohne Kostenstellenunterteilung als einen Gesamtzuschlag auf die Fertigungseinzellöhne (vgl. Abb. 33 auf der nächsten Seite).

fehlende Bedeutung

Gegen alle summarischen Verfahren lässt sich kritisch einwenden, dass man eine derart weitgehende kausale Beziehung zwischen einer Bezugsgröße und allen oder großen Teilen der Gemeinkosten in der Realität kaum antreffen wird. Von einfach strukturierten Kleinbetrieben abgesehen, die diese Verfahren (zum Teil aus Gründen der einfachen Abrechnung) noch verwenden, ist der Weg zur differenzierenden Zuschlagskalkulation nicht zu umgehen.

Materialeinzelkosten	
+ Materialgemeinkosten	= MATERIALKOSTEN
+ gesamte Lohneinzelkosten	
+ gesamte Fertigungsgemeink.[284)]	
+ Sondereinzelk. der Fertigung	+ FERTIGUNGSKOSTEN
	= HERSTELLKOSTEN
+ Verwaltungsgemeinkosten	
+ Vertriebsgemeinkosten	
+ Sondereinzelk. des Vertriebs	+ VERW.-UND VERTR.KOSTEN
	= SELBSTKOSTEN
	==============

Abb. 33: Summarische Zuschlagskalkulation

3.3.2.3.2 Differenzierende Zuschlagskalkulationen

elektive Zuschlags-kalkulation

Bei den Verfahren der differenzierenden Zuschlagskalkulation verrechnet man die **Gemeinkosten** nicht mehr summarisch, sondern **nach Betriebsbereichen** (Kostenstellen bzw. Kostenplätzen) differenziert als Zuschlag auf unterschiedliche Bezugsgrößen. Der synonyme Ausdruck „elektive Zuschlagskalkulation" soll ebenfalls andeuten, dass man versucht, jene Bezugsgrößen „auszuwählen", die in einer möglichst verursachungsgerechten Beziehung zu den Gemeinkosten stehen.

Die Überlegungen zur Auswahl solcher Bezugsgrößen und zur Bildung entsprechender Kalkulationssätze sind bereits ausführlich erörtert worden;[285] ihr Ergebnis ist hier das allgemeine Schema der differenzierenden Zuschlagskalkulation in Abb. 34.[286)]

284) Für den Betrieb, der im BAB der Abb. 23 (S. 119) abgebildet ist, ergäben sich bei der summarischen Lohnzuschlagskalkulation 119 % als (Ist-) Gesamtzuschlag der Fertigungsgemeinkosten auf die Lohneinzelkosten, nämlich 13.442 (= 4.686 + 3.965 + 4.791): 11.250 = 1,19. Vgl. auch (36) auf S. 138.

285) Vgl. den Verweis in Fußnote 264 auf S. 143.

286) Vgl. auch WÖHE/DÖRING (2002), S. 1121 f..

Abb. 34: Schema zur differenzierenden Zuschlagskalkulation

<table>
<tr><td>Material-
einzel
kosten</td><td>Material-
gemein-
kosten</td><td>Lohn-
einzel-
kosten</td><td>Fertigungs-
gemein-
kosten</td><td>Sonder-
einzelk.
d. Fert.</td><td></td><td></td><td></td></tr>
<tr><td colspan="2">Materialkosten</td><td colspan="3">Fertigungskosten</td><td></td><td></td><td></td></tr>
<tr><td colspan="5">Herstellkosten</td><td>Verwalt.-
gemein-
kosten</td><td>Vertriebs-
gemein-
kosten</td><td>Sonder-
einzelk.
d. Vertr.</td></tr>
<tr><td colspan="8">Selbstkosten</td></tr>
</table>

In diesem Schema sind grundsätzlich alle Einzelkosten und vor allem alle Gemeinkosten nach Kostenstellen bzw. -plätzen differenziert. Für die Kalkulation der Gemeinkosten verwendet man grundsätzlich die unterschiedlichsten Bezugsgrößen.

Werden nun (entsprechend dem Kalkulationsschema) die Fertigungsgemeinkosten nach Kostenstellen differenziert als Zuschlagssatz auf die dazugehörigen Fertigungseinzellöhne verrechnet, so erhält man eine Kalkulationsform, die als elektive (oder differenzierende) Lohnzuschlagskalkulation (oder Betriebszuschlagskalkulation) bezeichnet wird. Sie stellt eine Verfeinerung der obigen kumulativen Lohnzuschlagskalkulation dar und hat in der kostenrechnerischen Praxis weite Verbreitung gefunden.

Betriebszuschlagskalkulation

Bezeichnet man mit

e_{Lij}	die Fertigungseinzellöhne der Kostenstelle j pro Einheit des Produkts i
e_{SFi}	die Sondereinzelkosten der Fertigung pro Stück i
e_{SVi}	die Sondereinzelkosten des Vertriebs pro Stück i
z_M	den Materialgemeinkostenzuschlag (in % des Einzelmaterials[287)])
z_{Fj}	den Fertigungsgemeinkostenzuschlag der Kostenstelle j (in % der Fertigungseinzellöhne der Stelle j[288)])
z_{VV}	den Verwaltungs- und Vertriebsgemeinkostenzuschlag (in % der Herstellkosten, meistens ohne eSF[289)])

dann ergibt sich für die elektive Lohnzuschlagskalkulation unter Beibehaltung der schon bisher verwandten Symbole folgende allgemeine Formel:[290)]

$$(43) \qquad k_i = \left[e_{Mi}\left(1+\frac{z_M}{100}\right) + \sum_{j=1}^{m} e_{Lij}\left(1+\frac{z_{Fj}}{100}\right) + e_{SFi} \right]\left(1+\frac{z_{VV}}{100}\right) + e_{SVi}$$

287) Vgl. nochmals S. 139 und Zeile 17 auf S. 119.

288) Im BAB von S. 119 (Zeile 17) betragen diese Zuschlagsätze 110 %, 330 % und 82,6 % für die Fertigungsstellen I, II und III.

289) Vgl. nochmals S. 140 und Zeile 17 auf S. 119.

290) Vgl. hierzu und zur folgenden Formel (44) für die Bezugsgrößenkalkulation KILGER (1969), S. 894-896.

Beispiel

Beispiel 4:

Die Herstell- und Selbstkosten eines Produktes sollen für folgende Daten nach der elektiven Lohnzuschlagskalkulation ermittelt werden: Einzelmaterialkosten € 5; Fertigungseinzellöhne in Fertigungsstelle I € 2 und in Fertigungsstelle II € 3; Sondereinzelkosten der Fertigung (Lizenzgebühren) € 0,50; Sondereinzelkosten des Vertriebs (Verpackungsmaterial) € 1,10; Materialgemeinkostenzuschlag 10 % auf die Einzelmaterialkosten; Fertigungsgemeinkostenzuschläge in Stelle I 40 % und in Stelle II 60 % auf die Fertigungseinzellöhne; Vertriebs- und Verwaltungsgemeinkostenzuschlag 10 % auf die Herstellkosten.

Parallel zu Abb. 33 und 34 erhält man folgende Ergebnisse:

Materialeinzelkosten	5,00		
+ Materialgemeinkosten	0,50	= MATERIALKOSTEN	5,50
+ Lohneinzelkosten I	2,00		
+ Fertigungsgemeinkosten I	0,80		
+ Lohneinzelkosten II	3,00		
+ Fertigungsgemeinkosten II	1,80		
+ Sondereinzelk. d. Fertig.	0,50	+ FERTIGUNGSKOSTEN	8,10
		= HERSTELLKOSTEN	13,60
+ Verw.u.Vertr.gemeinkosten	1,36		
+ Sondereinzelk.d. Vertriebs	1,10	+ V.u.V.-KOSTEN.	2,46
		= SELBSTKOSTEN	16,06
		=================	====

Abb. 35: Differenzierende Zuschlagskalkulation

Beurteilung

Die **elektive Lohnzuschlagskalkulation**, die den Vorteil der abrechnungstechnischen Einfachheit aufweist, ist einer Reihe von **Einwänden** ausgesetzt:[291)]

- Die kausale Erfassung der Fertigungsgemeinkosten erscheint besser möglich, wenn man die Fertigungszeiten anstelle der Fertigungseinzellöhne als Bezugsgröße wählt, denn durch die Lohnsät-

291) Vgl. KILGER (1969), S. 895.

ze wirken sich unnötigerweise betriebsexterne Daten auf die Ergebnisse der Kalkulation aus.[292)]

- Jede Lohnerhöhung erfordert eine – oft langwierige – Umrechnung der Zuschlagssätze und Veränderung der Kalkulationen.

- Mechanisierung und Automatisierung des Fertigungsbereichs verschieben das Kostenverhältnis zugunsten der Fertigungsgemeinkosten; damit werden die Lohnzuschlagssätze immer höher[293)] und die Fehler bei einer falschen Beurteilung der Kostenverursachung immer größer.

Bezugsgrößenkalkulation

Diesen Einwänden versucht man mit Hilfe der **Bezugsgrößenkalkulation** zu begegnen. Hier werden im Gegensatz zur Lohnzuschlagskalkulation insbesondere die Fertigungsgemeinkosten differenzierter verrechnet. Als Bezugsgrößen verwendet man möglichst Mengengrößen, wie z.B. Akkordzeiten, Maschinenzeiten, Rüstzeiten, Gewichte etc.[294)] Die Fertigungseinzellöhne werden vielfach über die Vorgabezeiten in das Bezugsgrößensystem einbezogen.

Bezugsgrößendifferenzierung bis zur Platzkostenrechnung

Bei der Bezugsgrößenkalkulation wird normalerweise pro Kostenstelle nicht nur ein Zuschlagssatz für alle Gemeinkosten der Stelle verwandt, sondern es werden die Zuschläge innerhalb der Stellen weiter differenziert; man verwendet mehrere **Bezugsgrößen** für die Gemeinkosten einer Kostenstelle. Beispiele hierfür sind oben genannt worden,[295)] etwa die Unterscheidung der Kalkulationssätze im Materialbereich nach Wert und Menge des Materials oder im Vertriebsbereich nach Produktgruppen und Verkaufsbereichen und insbesondere im Fertigungsbereich **nach Kostenplätzen** (Platzkostenrechnung).[296)]

---

292) „Der Drehbank beispielsweise ist es völlig gleichgültig, was der Mann, der an ihr arbeitet, verdient.“ PLAUT/MÜLLER/MEDICKE (1971), S. 26.

293) In der Praxis sind 1000 % und mehr keineswegs selten.

294) Vgl. hierzu den ausführlichen Katalog auf S. 122/123.

295) Vgl. insbesondere S. 138-142.

296) Die Bezeichnung „Bezugsgrößenkalkulation“ soll den Unterschied zu den Verfahren der Zuschlagskalkulation anzeigen, die die Gemeinkosten als Zuschläge auf die Einzelkosten(arten), insbesondere die Lohnkosten, verrechnen. Im genauen Sinne des Wortes sind natürlich alle Zuschlagskalkulationen auch Bezugsgrößenkalkulationen. Sie unterscheiden sich nur in Art und

Bezeichnet man mit den Symbolen

b_{ij} die Bezugsgrößeneinheit (-inanspruchnahme) für eine Einheit der Produktart i in der Kostenstelle j

z_j den Kalkulationssatz pro Bezugsgrößeneinheit in der Kostenstelle j (€/€ oder €/Mengeneinheit),[297)]

dann geht (43) über in die allgemeine Formel der Bezugsgrößenkalkulation:

$$k_i = \left[e_{Mi}\left(1+\frac{z_M}{100}\right) + \sum_{j=1}^{m} b_{ij} \cdot z_j + e_{SFi} \right]\left(1+\frac{z_{VV}}{100}\right) + e_{SVi} \tag{44}$$

Beispiel

Das Beispiel 5 (Abb. 36) setzt das obige Beispiel 4 als Bezugsgrößenkalkulation[298)] fort. Die Daten für die Fertigungskosten I und II werden hier neu hinzugefügt. Sie können – da frei gewählt – aus den bisherigen Ausführungen nicht nachvollzogen werden; das gilt sowohl für die Mengengrößen (z.B. 5 kg Gewicht pro hier kalkulierter Einheit) als auch für die Kalkulationssätze (z.B. € 0,20/kg Gewicht).

Feinheit der Bezugsgrößen. Das gilt letzten Endes auch für alle Divisionskalkulationen: Bezugsgrößen sind hier die Stückzahlen!

297) Vgl. S. 138.

298) Eine Reihe von Musterformularen für die verschiedenen Kalkulationsformen ist enthalten in: BUNDESVERBAND DER DEUTSCHEN INDUSTRIE (o.J.), Teil II (GRK), Abschnitt K 432.

Materialeinzelkosten		5,00		
+ Materialgemeinkosten		0,50	= MATERIALKOSTEN	5,5
+ Fertigungskosten I[299]				
5 kg Durchsatzgewicht	à 0,20	1,00		
4 Maschinenminuten	à 0,70	2,80		
+ Fertigungskosten II[300]				
12 Akkordminuten	à 0,25	3,00		
1 Stück	à 1,20	1,20		
+ Sondereinzelk.d.Fert.		0,50	+ FERTIGUNGSKOSTEN	8,5
			= HERSTELLKOSTEN	14,0
+ Verw.u.Vertr.gemeink.		1,40		
+ Sondereinzelk.d.Vertr.		1,10	+ V.u.V.-KOSTEN	2,5
			= SELBSTKOSTEN	16,5
			==================	===

Abb. 36: Bezugsgrößenkalkulation

Die unterschiedlichen Herstell- und deshalb auch Selbstkosten gegenüber dem Beispiel 4 von S. 162 resultieren aus der Tatsache, dass dort die Kostenkausalität der Fertigungsgemeinkosten mit Hilfe der elektiven Lohnzuschlagskalkulation erfasst worden ist. Andere Produktarten müssen – da die Summe der zu verteilenden Kosten gleich bleibt – nach der Bezugsgrößenkalkulation entsprechend niedrigere Herstell- und Selbstkosten aufweisen.

Formel (44) und das Beispiel 5 (Abb. 36) stellen eine noch relativ einfache Form der **Bezugsgrößenkalkulation** dar; weitere **Verfeinerungen**[301] werden in praxi z.B. vorgenommen durch Berücksichtigung

Verfeinerungen

299) Wichtig: Die Lohneinzelkosten der Abb. 35 sind hier in den Fertigungskosten I und II enthalten!

300) Siehe Fußnote 302.

301) Vgl. KILGER (1969), S. 898 ff.

- von mehreren Bezugsgrößen für die Material- und Vertriebsgemeinkosten,
- von vorgeschalteten Mischungskalkulationen,
- von Einzelmaterialabfällen,
- von Einsatzfaktoren,
- von Kostenplätzen,
- von Rüststunden etc.

Als Ergebnis lässt sich festhalten, dass die Bezugsgrößenkalkulation das allgemeinste Kalkulationsverfahren darstellt. Alle anderen Verfahren sind hier als Spezialfall enthalten.

3.3.2.4 Kuppelkalkulationen

Die bisherigen Kalkulationsverfahren gelten für Produktionsprozesse, in denen die verschiedenen Produkte – sofern es überhaupt mehrere sind – unabhängig voneinander hergestellt werden (unverbundene Produktion).

verbundene Produktion

Daneben gibt es Produktionsprozesse, bei denen aus natürlichen oder technischen Gründen **zwangsläufig verschiedene Produkte** hergestellt werden (anfallen). Man spricht dann von Kuppelproduktionen (verbundene Produktionen). Beispiele für Kuppelprodukte findet man in der Kokerei (Koks, Gas, Teer, Benzol etc.), in der chemischen Industrie (sowohl bei synthetischen als auch analytischen Prozessen), beim Hochofenprozess (Roheisen, Gichtgas, Schlacke), in Raffinerien (Benzine, Öle, Gase), in der Porzellanindustrie, in Zuckerfabriken oder in Sägewerken.[302)]

Der Kuppelproduktionsprozess kann in **starren Mengenrelationen** der Kuppelprodukte ablaufen oder in gewissen Grenzen **variiert** werden. Nach ihrer Entstehung durchlaufen die verschiedenen Produkte grundsätzlich verschiedene Weiterverarbeitungsstufen und werden dort auch entsprechend kalkuliert.

---

302) *Vgl. hierzu und zum gesamten Kapitel vor allem RIEBEL (1963).*

Ziel der Kuppelkalkulation ist es, die Gesamtkosten des Prozesses auf die einzelnen Kuppelprodukte zu verteilen. Eine **verursachungsgerechte Kalkulation** ist hierbei **nicht möglich**, denn es lässt sich in keinem Fall sagen, welche Produkte welchen Anteil an den Gesamtkosten des Kuppelprozesses verursacht haben. Wenn also das Verursachungsprinzip versagt, dann muss man mit Hilfe des Tragfähigkeits- oder Durchschnittsprinzips[303)] eine Näherungslösung anstreben.

keine verursachungsgerechte Kalkulation

In Theorie und Praxis sind zwei Kuppelkalkulationsmethoden entwickelt worden, die beide auf dem Grundgedanken der Divisionskalkulation aufbauen und beide mehr oder minder willkürliche Kalkulationsergebnisse liefern:

- Restwert- oder Subtraktionsmethode,
- Verteilungsmethode.

Die **Restwertmethode**[304)] wird angewandt, wenn man die verschiedenen Kuppelprodukte in ein Hauptprodukt sowie ein oder mehrere Nebenprodukte unterscheiden kann. Das Verfahren besteht darin, die Erlöse der Nebenprodukte (abzüglich noch anfallender Weiterverarbeitungskosten) von den Gesamtkosten des Kuppelprozesses zu subtrahieren und die sich so ergebenden Restkosten durch die Menge des Hauptproduktes zu dividieren.

Restwertmethode

Bezeichnet man mit

K_K	die Gesamtkosten des Kuppelprozesses
k_H	die Herstellkosten pro Einheit des Hauptproduktes
x_H	die Menge des Hauptproduktes
x_{Ni}	die Menge der Nebenproduktart i
P_{Ni}	den Stückpreis der Nebenproduktart i
k_{Ni}	die Weiterverarbeitungskosten pro Einheit der Nebenproduktart i

303) Vgl. zum Kostentragfähigkeits- und Durchschnittsprinzip oben S. 51/52.

304) Vgl. hierzu und auch zur Verteilungsmethode KILGER (1987), S. 356-361.

i den Index der Nebenprodukte (i = 1, 2, ..., n),

dann erhält man für die Restwertmethode folgende allgemeine Kalkulationsformel:

$$k_H = \frac{K_K - \sum_{i=1}^{n} (P_{Ni} - k_{Ni}) \cdot x_{Ni}}{x_H} \qquad (50)$$

Beispiel

Beispiel 6:

Die Gesamtkosten eines Kuppelproduktionsprozesses betragen € 84.000. Es werden 1.000 kg vom Hauptprodukt, 200 kg vom Nebenprodukt 1 und 200 kg vom Nebenprodukt 2 erzeugt. Nebenprodukt 1 wird für € 20/kg auf dem Markt abgesetzt; die vorher noch anfallenden Aufbereitungskosten belaufen sich auf € 6/kg. Das Nebenprodukt 2 muss vernichtet werden; die Vernichtungs- und Transportkosten betragen € 10/kg:

K_K	=	84.000,00 €
$x_{N1} (P_{N1} - k_{N1})$	./.	2.800,00 €
$x_{N2} \cdot k_{N2}$	+	2.000,00 €
Restkosten	=	83.200,00 €
k_H	=	83,20 €

Die Selbstkosten des Hauptproduktes errechnet man auf dem normalen Weg der weiteren Zuschlagskalkulation: Es kommen noch die anteiligen Verwaltungs- und Vertriebskosten hinzu sowie eventuelle weitere Fertigungskosten bei Weiterverarbeitung. Die Herstellkosten der Nebenprodukte entsprechen ihren Marktpreisen abzüglich eventuell noch anfallender Weiterverarbeitungs- und Vertriebskosten sowie eines durchschnittlichen Gewinnanteils.

Verteilungsmethode

Die **Verteilungsmethode** wird angewandt, wenn man nicht eindeutig in Haupt- und Nebenprodukte unterscheiden kann. Man ermittelt dann eine Reihe von Äquivalenzziffern, die das Verhältnis der Kostenverteilung auf die Kuppelprodukte wiedergibt. Das rechnerische Verfahren ist formell das gleiche wie bei der Äquivalenzziffernkalkulation; es sind die Formeln (41) und (42) zu verwenden.

Materiell besteht jedoch ein wesentlicher Unterschied: Bei der Sortenkalkulation sind die Äquivalenzziffern Maßstäbe der Kostenverursachung der einzelnen Sorten; bei der Kuppelkalkulation dagegen sind die Äquivalenzziffern Maßstäbe der Kostentragfähigkeit.

Kostentragfähigkeit

In erster Linie verwendet man die Marktpreise als Äquivalenzziffern, daneben aber auch Heizwerte (cal/kg) oder andere technische Größen, die aber in irgendeiner Form die marktmäßige Verwertbarkeit der Kuppelprodukte widerspiegeln.

Marktpreis als Äquivalenzziffer

Im Ergebnis bleibt festzuhalten, dass die Kuppelkalkulation mit verursachungsgerechter Kalkulation nichts mehr gemeinsam hat. Hier zeigen sich besonders deutlich die Grenzen der Kostenrechnung. Während die Restwertmethode primär vom Durchschnittsprinzip ausgeht,[305] orientiert sich die Verteilungsmethode ausschließlich am Tragfähigkeitsprinzip.[306]

Betrachtet man die Aufgaben der Kostenrechnung, so zeigt sich, dass die **Kuppelkalkulation** überflüssig wäre, benötigte man nicht die **Herstellkosten der Kuppelprodukte für die bilanzielle Bestandsbewertung**. Für dispositive (insbesondere preis- und absatzpolitische) Zwecke sind die Ergebnisse der Kuppelkalkulation nicht geeignet. Man wird hier den gesamten Kuppelproduktionsprozess so steuern, dass die Summe der Deckungsbeiträge aller Kuppelprodukte (des sogenannten Kuppelpakets) ihr Maximum erreicht.[307]

Kuppelkalkulation zur Herstellungskostenermittlung

Die Bedeutung des „richtigen" Kalkulationsverfahrens für die Qualität unternehmenspolitischer Entscheidungen ist – hoffentlich – deutlich geworden. Die Entscheidung für eines der Kalkulationsverfahren

Beziehungen Fertigungs- und Kalkulationsverfahren

---

305) In der Subtraktion der Nebenprodukterlöse lässt sich das Tragfähigkeits-(Deckungs-) Prinzip erkennen.

306) Liegt ein Kuppelproduktionsprozess vor, aus dem mehrere Hauptprodukte und gleichzeitig mehrere Nebenprodukte hervorgehen, dann kann man die Restwert- mit der Verteilungsmethode kombinieren: Die Restwertmethode dient zur Ermittlung der „Restkosten" der Hauptprodukte; die Verteilungsmethode verteilt diese Restkosten auf die Hauptprodukte.

307) Vgl. hierzu insbes. KRUSCHWITZ (1973b), der u.a. auch eine Lösung mit Hilfe der Linearen Programmierung vorschlägt. Gewisse weitere Anhaltspunkte für dispositive Zwecke stehen mit den Schattenpreisen (Dualvariablen) der Linearen Programmierung zur Verfügung, die im Prinzip der SCHMALENBACHschen Betriebswerttheorie entsprechen.

hängt (auch) vom Fertigungsverfahren ab. In der folgenden Abb. 37 sind abschließend in vereinfachter Form die typischen Beziehungen zwischen Fertigungsverfahren und Kalkulationsverfahren dargestellt:

Fertigungsverfahren	**Kalkulationsverfahren**
Massenfertigung (einheitliches Produkt)	ein- und mehrstufige Divisionskalkulationen
Sortenfertigung (mehrere artähnl. Produkte)	ein- und mehrstufige Äquivalenzziffernkalk.
Einzel- und Serienfertigung (mehrere verschiedenartige Produkte)	Zuschlagskalkulationen
Kuppelfertigung (mehrere gleichzeitig und zwangsläufig anfallende Produkte)	Kuppelkalkulationen

Abb. 37: Beziehung von Fertigungs- und Kalkulationsverfahren

4 Kostenrechnungssysteme

Aufgabenorientierung der Kostenrechnungssysteme

Kostenrechnungssysteme sind Systeme, die die Kosten nach vorgegebenen, an den Aufgaben der Kostenrechnung ausgerichteten Regeln erfassen, speichern und auswerten. Die Vielschichtigkeit der Planungs-, Kontroll- und Dokumentationsaufgaben der Kostenrechnung hat damit zwangsläufig zur Folge, dass mit *einem* Kostenrechnungssystem nicht alle Aufgaben gleichzeitig erfüllt werden können.[308)] Deshalb forderte bereits SCHMALENBACH, „die Kostenrechnung des Betriebes in zwei für sich bestehende Stücke [zu] teilen, einen stetigen Teil – die [zweckneutrale] Grundrechnung – und einen beweglichen Teil – die [aufgabenorientierten] zusätzlichen Sonderrechnungen."[309)] Die **Grundrechnung** hat dabei die Aufgabe, die Kosten und Leistungen so detailliert zu erfassen, dass sie den **Sonderrechnungen** „ein gutes und zuverlässiges Gestell zur Anbringung ihrer [aufgabenorientierten] Korrekturen bietet."[310)]

Die **Schwerpunkte innerhalb der Aufgaben** der Kostenrechnung haben sich mit ihrer historischen Entwicklung verschoben.[311)] Zunächst stand (neben der Abbildung und Dokumentation) die Kontrolle der Wirtschaftlichkeit im Vordergrund der Kostenrechnung. Diese setzt die Festlegung von Maßgrößen (Sollkosten) voraus, so dass sie erst mit der Entwicklung betriebswirtschaftlicher Planungsmethoden und dem gleichzeitigen Vordringen arbeitswissenschaftlicher Methoden möglich wurde.

relevante Kosten

Die Ermittlung von Vorgabe- oder Richtgrößen ist ebenfalls eine unerlässliche Bedingung für die Weiterentwicklung der Planungsmethoden mit Hilfe mathematischer Entscheidungsmodelle. Diese sind

---

308) Deshalb ist nach PFAFF (1995), S. 442, in Anlehnung an CLARK (1923) der Relativitätsgrundsatz der Kostenrechnung „different costs for different purposes" zu beachten. Es wurde oben bereits mehrfach (vgl. z.B. oben S. 26) ausgeführt, dass auch SCHMALENBACH diese zweckorientierte Kostenrechnung forderte, siehe dazu z.B. SCHMALENBACH (1963), S. 300 f.

309) SCHMALENBACH (1963), S. 269.

310) SCHMALENBACH (1963), S. 269.

311) Vgl. hierzu auch BALLWIESER (1991), S. 101-109, der einen kurzen Abriss über neuere Fragestellungen – hervorgerufen durch Veränderungen der Sichtweise der Unternehmung in der Betriebswirtschaftslehre – in der Kosten- und Erlösrechnung gibt.

notwendig für die Ermittlung der **relevanten Kosten**, die die Geschäftsleitung zur Erfüllung ihrer **dispositiven Aufgaben** benötigt. Aufgabenschwerpunkt der Kostenrechnung (und Erlösrechnung) wird damit die Herleitung von Kosten- und Erlösinformationen, welche die Zielwirkungen von Entscheidungsvariablen auf das anstehende Entscheidungsproblem wiedergeben.[312)]

4.1 Systematisierung der Kostenrechnungssysteme

Zeitbezug

Man unterscheidet Kostenrechnungssysteme in zweifacher Hinsicht. Einmal nach dem **Zeitbezug der verrechneten Kosten** (vergangenheits- oder zukunftsbezogene Kosten) in:

- Istkostenrechnungssysteme,
- Normalkostenrechnungssysteme,
- Plankostenrechnungssysteme,

Sachumfang

zum anderen nach dem **Sachumfang der auf die Kostenträger verrechneten Kosten** (alle oder nur Teile der Kosten) in:

- Vollkostenrechnungssysteme,
- Teilkostenrechnungssysteme.

Kombination von Zeitbezug und Sachumfang

Zur Charakterisierung eines Kostenrechnungssystems ist eine Kombination dieser beiden Kriterien erforderlich, wobei sich (theoretisch) sechs Möglichkeiten ergeben. Eine Normalkostenrechnung kann – ebenso wie eine Ist- oder Plankostenrechnung – als Voll- oder als Teilkostenrechnung aufgebaut sein. Dies ergibt sich auch aus Abb. 38 auf der folgenden Seite.

4.1.1 Istkostenrechnung

In einer Istkostenrechnung werden von der Kostenarten- über die Kostenstellen- bis zur Kostenträgerrechnung die tatsächlich angefallenen Kosten der Periode verrechnet.

---

312) Dabei wurde bereits darauf hingewiesen, dass die entscheidungsrelevanten Informationen nicht unbedingt dem wertmäßigen Kostenbegriff entsprechen; vgl. oben S. 75.

Sachumfang und Art der Verrechnung \ Zeitbezug	Vergangenheit		Zukunft
	Istkosten	**Normalkosten**	**Plankosten**
Vollkostenrechnung	Istkostenrechnung auf Vollkostenbasis	Normalkostenrechnung auf Vollkostenbasis	Plankostenrechnung auf Vollkostenbasis (starr und flexibel)
Teilkostenrechnung	Istkostenrechnung auf Teilkostenbasis	Normalkostenrechnung auf Teilkostenbasis	Plankostenrechnung auf Teilkostenbasis (⇒ Grenzplankostenrechnung ⇒ Relative Einzelkosten- und Deckungsbeitragsrechnung)

Abb. 38: Kostenrechnungssysteme

Istkosten[313)] sind effektive Kosten, d.h. mit Ist-Preisen (Anschaffungspreisen) bewertete Ist-Verbrauchsmengen.

Istkosten = effektive Kosten

Zufällige Schwankungen der Preise und Mengen wirken sich in vollem Umfang auf die Ergebnisse der Rechnungen aus. Solche Zufallsschwankungen können z.B. auftreten bei Rohstoffpreisen aufgrund veränderter Börsenlage, beim Energieverbrauch aufgrund defekter Anlagen oder bei den Reisekosten aufgrund besonderer Verkaufsaktivitäten.

zeitliche Kostenabgrenzung

Eine **reine Istkostenrechnung gibt es jedoch nicht**, da stets bestimmte Kostenarten mit Durchschnitts- oder Plancharakter verrechnet werden. Beispiele hierfür sind die *zeitlich* abgegrenzten Kostenarten, wie z.B. jährlich im voraus gezahlte Versicherungsprämien oder die *kalkulatorisch* abgegrenzten Kostenarten, wie z.B. die kalkulatorischen Zinsen. Es handelt sich stets um Fälle, in denen Auszahlungen, Ausgaben, Aufwand und/oder Kosten nicht übereinstimmen.

Die **Vor- und Nachteile** der Istkostenrechnung lassen sich wie folgt skizzieren:

Nachkalkulation = Vorteil

- Kalkulationsergebnisse, die anzeigen, wieviel die erstellten Leistungen tatsächlich gekostet haben, sind nur mit einem solchen (ermittlungsorientierten) Kostenrechnungssystem zu erzielen. Man

313) Diese Definition gilt (nur) für die Istkosten in der Istkostenrechnung.

betrachtet deshalb die Möglichkeit der Nachkalkulation als *Vorteil* der Istkostenrechnung.

Dem stehen schwerwiegendere Mängel gegenüber.

fehlende Kostenkontrolle = Nachteil

- Der entscheidende *Nachteil* ist die fehlende Möglichkeit einer Kostenkontrolle, da keine Sollgrößen[314)] als Richt- (Vergleichs-, Maß-) Werte zur Verfügung stehen. Zwar können mit Hilfe der Istkosten innerbetriebliche Zeitvergleiche oder zwischenbetriebliche Vergleiche vorgenommen werden, doch ist eine wirksame Kontrolle der Wirtschaftlichkeit hiermit kaum möglich.[315)]

Schwerfälligkeit = Nachteil

- Ein weiterer *Nachteil* dürfte trotz der häufig erwähnten Einfachheit des Abrechnungssystems die rechnerische Schwerfälligkeit der Istkostenrechnung sein, da in jeder Periode die Kalkulationssätze für alle Leistungen – auch die innerbetrieblichen – neu gebildet werden müssen.

4.1.2 Normalkostenrechnung

durchschnittliche Kosten

Als Normalkosten bezeichnet man Kosten, die sich als Durchschnitt der Istkosten vergangener Perioden ergeben.

Verschiedene Varianten der Normalkostenrechnung resultieren daraus, dass man die **Durchschnittsbildung** (Normalisierung der Kosten) für die Preise und/oder Mengen durchführt und einzelne Kostenarten wiederum verschieden behandelt.[316)] Zum Teil werden auch schon veränderte gegenwärtige oder zukünftige Kostenbestimmungsfaktoren bei der Durchschnittsbildung berücksichtigt. Als Beispiel können erkennbare Lohnerhöhungen oder Verfahrenswechsel genannt werden. Man spricht in diesen Fällen von einer Normalkosten-

---

314) Zur Erinnerung: Wirtschaftlichkeit ist der Quotient aus Istkosten durch Sollkosten (wobei mit Sollkosten die geringst möglichen Kosten für eine bestimmte Leistung gemeint sind), siehe bereits oben Fußnote 18, S. 4, und im Lösungsteil die Seiten 276 ff.

315) Man zitiert an dieser Stelle gern das (inzwischen schon geflügelte) Wort SCHMALENBACHs, wonach „Schlendrian mit Schlendrian" verglichen wird.

316) Auf die schon bei der Normalkostenrechnung vorzunehmende Unterscheidung in eine starre bzw. flexible Rechnung soll erst bei der Plankostenrechnung eingegangen werden.

rechnung mit aktualisierten Mittelwerten im Gegensatz zu statischen Mittelwerten.[317)]

Die Normalkostenrechnung verringert sowohl die **Vor-** als auch die **Nachteile** der Istkostenrechnung:

- Aufgrund normalisierter Kalkulationssätze ist eine exakte Nachkalkulation nicht mehr möglich.

keine exakte Nachkalkulation = Nachteil

- Dafür werden aber Zufallsschwankungen der Kosten geglättet und die Abrechnungsarbeit verringert.

Kostenglättung = Vorteil

- Schließlich gestattet die Normalkostenrechnung im Gegensatz zur Istkostenrechnung bescheidene Anfänge einer wirksamen Kostenkontrolle. Man analysiert die Über- und Unterdeckungen, die sich als Differenz zwischen Normal- und Istkosten ergeben.[318)]

Anfänge einer Kostenkontrolle = Vorteil

4.1.3 Plankostenrechnung

Die Entwicklung zur Plankostenrechnung ist dadurch gekennzeichnet, dass man sich bemühte, „**Kostenvorgaben** mithilfe von technischen Berechnungen, Verbrauchsstudien und Schätzungen festzulegen. Zugleich wurden die festen Verrechnungspreise für von außen bezogene Produktionsfaktoren zu Planpreisen weiterentwickelt. Auf diese Weise entstand eine neue Kategorie von Kosten, bei der sowohl das Mengen- oder Zeitgerüst als auch die Wertansätze geplante Größen sind. Derartige Kosten bezeichnet man in der deutschsprachigen Literatur überwiegend als Plankosten."[319)]

---

317) Vgl. KILGER (1993), S. 24.

318) Vgl. auch das Zahlenbeispiel in dem BAB in Abb. 23, S. 119.

319) KILGER/PAMPEL/VIKAS (2002), S. 43 (Hervorhebung durch d. Verf.). KILGER weist auch darauf hin, dass der Begriff „Plankosten" erstmals von LEHMANN (1925, S. 86 ff.) geprägt wurde und dass die Begriffe „Standardkosten, Sollkosten, Budgetkosten" häufig synonym mit Plankosten verwandt werden, obwohl keine völlige sachliche Übereinstimmung besteht.

Plankosten = geplante Größen

> Unter Plankosten versteht man die Kosten, „bei denen die Mengen und Preise der für eine geplante Ausbringung (Beschäftigung) benötigten Produktionsfaktoren ... geplante Größen sind."[320)]

starre Rechnung ohne Berücksichtigung der Istbeschäftigung

Bei der **starren** Plankostenrechnung werden die erwarteten (optimalen) Kosten, nämlich die Plankosten, für die Planausbringung (-beschäftigung) festgelegt und – obwohl für Zwecke der Kostenkontrolle und Kalkulation eigentlich erforderlich – nicht auf die jeweilige Istbeschäftigung umgerechnet. Diese **starre** Durchrechnung der Kostenwerte trotz Beschäftigungsschwankungen gestattet zwar eine schnelle und einfache Abrechnung, beeinträchtigt aber ganz erheblich die Aussagefähigkeit der Ergebnisse, insbesondere die Möglichkeiten der Wirtschaftlichkeitskontrolle. Starre Plankostenrechnungen sind deshalb in der Praxis kaum noch zu finden.

flexible Rechnung mit Istbeschäftigung = Sollkosten

In der **flexiblen** Plankostenrechnung (zu Vollkosten) werden die Plankosten nicht mehr starr gehalten, sondern (flexibel) an auftretende Beschäftigungsänderungen angepasst. Dieses System erfordert im Gegensatz zur starren Plankostenrechnung bereits in der Kostenplanung eine Trennung der Kosten in fixe und variable Bestandteile (Kostenaufspaltung), denn anders ist keine sinnvolle Umrechnung der Plankosten von der Plan- auf die Istbeschäftigung möglich. Man bezeichnet diese auf die Istbeschäftigung umgerechneten Plankosten als Sollkosten. Durch Vergleich der Istkosten mit den Sollkosten, die Vorgabecharakter haben, führt man eine leistungsfähige Kostenkontrolle, den Soll-Ist-Vergleich, durch.[321)]

Über das Verhältnis zwischen Ist- und Plankostenrechnung wird PLAUT (in Anlehnung an seinen akademischen Lehrer HENNIG) zitiert, der als Unternehmensberater Pionierarbeit bei der Einführung von flexiblen Plankostenrechnungen in Deutschland geleistet hat:

Verhältnis Ist- zu Plankosten

„Leider ist in der Vergangenheit oft gerade in der Praxis der Eindruck entstanden, als bestünde zwischen Istkostenrechnung und Plankostenrechnung ein Gegensatz, als bedeute der Übergang von der Istkostenrechnung zur Plankostenrechnung eine Revolutionierung des innerbetrieblichen Rechnungswesens. Das ist nun keineswegs so. Es besteht überhaupt kein Gegensatz zwischen Istkostenrechnung und

320) HABERSTOCK (2004), S. 9.

321) Vgl. hierzu die Übungsaufgaben 4.1/4 und 4.1/5 auf S. 257/258!

Plankostenrechnung, sondern die bewegliche Plankostenrechnung ist nichts anderes als eine folgerichtige Weiterentwicklung der Istkostenrechnung. Gibt es doch weder eine traditionelle Istkostenrechnung, in der nicht schon immer geplante Werte enthalten wären, und kann doch andererseits auch keine Plankostenrechnung auf die Istkosten verzichten. Eine Plankostenrechnung ist nichts anderes als eine Istkostenrechnung, die durch nachträglich eingeführte Plankosten die angefallenen Istkosten in Plankosten und Abweichungen aufspaltet. Diese Aufspaltung der Istkosten in Plankosten und Abweichungen bringt nun zusätzliche Erkenntniswerte. So ist also die Plankostenrechnung in diesem Sinne ebenfalls als eine Istkostenrechnung anzusprechen. Noch heute findet man in der Praxis leider vielfach die Meinung, als würde man bei einer Plankostenrechnung auf die Istkosten verzichten, als rechnete man sozusagen nur mit Plankosten – eine völlig abwegige Meinung.“[322)]

Noch deutlicher wird dieser Zusammenhang von SWOBODA skizziert:

„Da .... neben den Plankosten auch die Istkosten aufgezeichnet werden, um durch die Analyse der Abweichungen Daten für den Entscheidungsprozess zu gewinnen, besteht keine Alternative zwischen Plan- und Istkostenrechnung. Es besteht nur die Wahl zwischen Istkostenrechnung einerseits und Ist- und Plankostenrechnung andererseits.[323)]

4.1.4 Voll- bzw. Teilkostenrechnung

Wir haben bereits oben (S. 172) festgestellt, dass ein Kostenrechnungssystem, das ***alle*** *angefallenen* ***Kosten*** *auf die Kostenträger* verrechnet, **Vollkostenrechnung** genannt wird. Von einer **Teilkostenrechnung** spricht man, wenn nur **bestimmte** Teile der angefallenen **Kosten** auf die Kostenträger verrechnet und die übrigen Teile auf anderem Wege in das Betriebsergebnis übernommen werden.

322) PLAUT (1961), S. 461. Vgl. auch PLAUT (1987), S. 358.

323) SWOBODA (1978), S. 68. Diese Aussage gilt natürlich auch für das Verhältnis zwischen Ist- und *Normal*kostenrechnung.

Verteilung aller Kosten auf Kostenträger = Vollkostenrechnung

Die Vollkostenrechnung als historisch (viel) ältere Form ist dem berechtigten Einwand ausgesetzt, sie entspräche nicht dem Verursachungsprinzip, weil sie auch die Fixkosten auf die Leistungen verteile.[324] Dieser Verstoß gegen das Verursachungsprinzip (bzw. seine weite Auslegung) bei den Fixkosten kann zu unternehmerischen Fehlentscheidungen führen, denn die entscheidungsrelevanten Kosten[325] stimmen nur in seltenen Fällen mit den Vollkosten überein. Bei den **kurzfristigen Dispositionen** sind gewöhnlich nur die **variablen Kosten** relevant, während die Beurteilung und Beeinflussung der fixen Kosten eine längerfristige Betrachtung erfordert.[326]

Verteilung variabler Kosten auf Kostenträger = Grenzkostenrechnung

Diese Überlegungen sind Basis der Grenzkostenrechnung,[327] die als Teilkostenrechnung nur die variablen Kostenteile auf die Leistungen verrechnet (Teilkostenrechnung auf der Basis variabler Kosten). Genau betrachtet müsste dieses Kostenrechnungssystem nicht Grenzkostenrechnung, sondern Variable-Kostenrechnung heißen. Sieht man jedoch einen **linearen Gesamtkostenverlauf** als repräsentativ[328] für die industrielle Produktion an, dann wird deutlich, dass unter dieser Voraussetzung variable Stückkosten und Grenzkosten übereinstimmen und somit die Bezeichnung „**Grenzkostenrechnung**" berechtigt ist.[329]

---

324) MÄNNEL (1994), S. 271, spricht von einer abrechnungstechnischen Umwandlung von Kapazitätskosten in Leistungskosten. Allerdings gewinnt die Vollkostenrechnung vor dem Hintergrund steigender Fixkostenanteile (vgl. hierzu BACKHAUS/FUNKE [1996]), wieder an Bedeutung; siehe dazu FUNKE (1994) und unten S. 181.

325) Zur Definition entscheidungsrelevanter Kosten siehe noch einmal oben S. 53.

326) Vgl. statt vieler PLAUT (1992), S. 203. Allerdings ist diese Auffassung nicht unumstritten; die Diskussion um die Entscheidungsrelevanz fixer Kosten bei Unsicherheit wurde ausgelöst durch Dieter SCHNEIDER (1984). Eine Gegenposition vertritt SIEGEL (1985) und (1992); siehe auch SCHEFFEN (1993). Zur Entscheidungsrelevanz von Kosten im Zusammenhang mit Steuern siehe oben S. 74-76.

327) Siehe bereits oben S. 49.

328) Rein intensitätsmäßige Anpassungsprozesse, die zu nichtlinearen Kostenverläufen führen, sind nur für relativ wenige Produktionsvorgänge, insbesondere in der Eisen- und Stahl- sowie der chemischen Industrie, typisch.

329) Im angloamerikanischen Sprachbereich verwendet man als synonyme Begriffe zur Grenzkostenrechnung die Bezeichnungen „direct costing", „marginal costing" und (seltener) „variable costing". Im deutschen Sprachraum gele-

Grenzplankostenrechnung

Aufgrund der „verursachungsgerechten" Behandlung der Fixkosten wird die Grenzkostenrechnung (in Verbindung mit der Plankostenrechnung[330)]) als ein wertvolles Instrument der Unternehmungsleitung angesehen, da sie eine wirksame Kostenkontrolle und Erfolgsanalyse gestattet. Allerdings berücksichtigt auch die Grenzplankostenrechnung fixe Kosten und lässt diese keineswegs „unter den Tisch fallen".[331)]

Deckungsbeitragsrechnung

Die Grenzkostenrechnung kann als „reine Kostenrechnung" oder als Erfolgsrechnung (neben Teilkosten werden auch Teilerlöse zugerechnet) ausgestaltet sein.[332)] In einer solchen – häufig als (einfache) Deckungsbeitragsrechnung bezeichneten[333)] – Erfolgsrechnung werden den Erlösen der verkauften Erzeugnisse die variablen Selbstkosten gegenübergestellt, d.h. es wird der Deckungsbeitrag[334)] berechnet. Darüber hinaus werden in diese Erfolgsrechnung die Fixkosten en bloc separat übernommen.

Stufenweise Fixkostendeckungsrechnung

Die **Grenzkostenrechnung** bzw. Grenz- und Deckungsbeitragsrechnung ist nur ***eine Form*** **der Teilkostenrechnung**. Sie wurde zum einen um die differenzierende Aufspaltung der Fixkosten in der Deckungsbeitragsrechnung für bestimmte dispositive Zwecke ergänzt

---

gentlich auch „Proportionalkostenrechnung" und häufig „Deckungsbeitragsrechnung".

330) Man spricht dann von einer Grenzplankostenrechnung.

331) Auch hier sei PLAUT (1961), S. 467 f., zitiert: „Bei der Grenzkostenrechnung werden die Vollkosten in Grenzkosten und fixe Kosten aufgeteilt, wodurch ebenfalls neue Erkenntnisse und – wie wir behaupten – für die Beurteilung der Rentabilität der verschiedenen Erzeugnisse bei gegebener Kapazität allein richtige Erkenntnisse gewonnen werden können. ... Auch die Grenzkostenrechnung kann nicht auf die Vollkosten verzichten und spaltet diese nur in Grenzkosten und fixe Kosten auf. Auch die Grenzplankostenrechnung ist also nichts weiter als eine logische, vernünftige Weiterentwicklung einer flexiblen Plankostenrechnung." Vgl. auch PLAUT (1992), S. 214.

332) Vgl. SCHWEITZER (1992), S. 189. Damit ist natürlich die Grenze von der Kostenrechnung zur Erfolgsrechnung überschritten. Auch wenn wir uns in diesem Buch grundsätzlich auf die Kostenrechnung konzentrieren (vgl. S. 9), ist eine Darstellung der Kostenrechnungssysteme ohne Berücksichtigung der Erlösrechnungssysteme nicht möglich.

333) Diese Nomenklatur ist allerdings nicht einheitlich. Siehe bereits Fußnote 332, S. 179.

334) Siehe zum Deckungsbeitrag bereits oben S. 52, Fußnote 129.

(„Stufenweise Fixkostendeckungsrechnung“ nach AGTHE und MELLEROWICZ).[335)]

Relative Einzelkosten- und Deckungsbeitragsrechnung

Zum anderen gibt es auch völlig **andere Ansätze von Teilkostenrechnungen**, so z.B. die „Relative Einzelkosten- und Deckungsbeitragsrechnung“ nach RIEBEL.[336)] Grundlage dieses Kostenrechnungssystems ist das Identitätsprinzip[337)], das dazu führt, dass nur echte Einzelkosten und -erlöse Bezugsobjekten zugerechnet werden dürfen (Einzelkostenprinzip)[338)] und nur die Differenz dieser beiden Größen als Deckungsbeitrag des Bezugsobjektes definiert wird (Deckungsprinzip).

Grundrechnung

Nicht nur Kostenträgern, sondern auch anderen Bezugsobjekten (z.B. Aufträgen, Auftragsarten, Kundengruppen) werden Kosten zugerechnet. „Es läßt sich auf diese Weise eine *Hierarchie von Bezugsgrößen* aufbauen, bei der jede Kostenart eines Unternehmens an irgendeiner Stelle als Einzelkosten erfaßt werden kann.“[339)] Die für die Erstellung von Deckungsbeitragsrechnungen benötigten Periodenkosten ergeben sich – in Anlehnung an SCHMALENBACH – aus einer **Grundrechnung**. Dabei handelt es sich „um eine universell auswertbare Zusammenstellung relativer Einzelkosten .., deren „Bausteine“ in mannigfaltiger Weise kombiniert werden können und einen schnellen Aufbau von Sonderrechnungen für die verschiedensten Fragestellungen erlauben.[340)]

---

335) Vgl. hierzu ausführlicher AGHTE (1959), HABERSTOCK (1982), S. 160-169, sowie HABERSTOCK (1993b), S. 697-698.

336) Siehe RIEBEL (1990).

337) Siehe bereits oben S. 50/51.

338) RIEBEL verzichtet somit auf eine Zurechnung von (fixen und variablen) Gemeinkosten.

339) RIEBEL (1990), S. 37.

340) RIEBEL (1990), S. 84. Zu einer Kurzdarstellung der Gesamtkonzeption siehe auch RIEBEL (1994). Einen Überblick über die Entwicklungslinien der Teilkostensysteme gibt VIKAS (1994), der im übrigen zu dem Ergebnis kommt, dass es zu einer verstärkten Integration von Grenzplankosten- und Deckungsbeitragsrechnung einerseits und Einzelkosten- und Deckungsbeitragsrechnung andererseits kommt.

4.2 Neuere Ansätze in der Kostenrechnung

Weiterentwicklung der Kostenrechnung

In der jüngeren Entwicklung der Kosten- und Erlösrechnung sind einige neuere Ansätze entstanden, die nicht unbedingt als eigenständige Kostenrechnungssysteme bezeichnet werden können, sondern vielmehr als Ergänzung oder Erweiterung der bereits bestehenden Systeme zu qualifizieren sind. Im Folgenden sollen einige dieser Ansätze – die **Prozesskostenrechnung,** die **investitionstheoretische Kostenrechnung,** das **Behavioral Accounting,** die **Principal-Agent-Ansätze** und das **Target Costing** – kurz skizziert werden. Es handelt sich dabei um Konzeptionen, die bisher nur einen geringen Bewährungsgrad in der Unternehmungspraxis haben.[341)]

Prozesskostenrechnung

Der **Ansatzpunkt** der **Prozesskostenrechnung** liegt in der Ausweitung der indirekten Leistungsbereiche[342)] (z.B. Fertigungsvorbereitung und -steuerung, Verwaltung, Vertrieb, Qualitätssicherung, Forschung und Entwicklung) und der damit verbundenen Ausweitung der (fixen) Gemeinkosten im Verhältnis zu den Einzelkosten sowie der Inhomogenität der erstellten Leistungen. Diese Entwicklung führt dazu, dass traditionelle Kostenrechnungssysteme an Aussagekraft verlieren.[343)]

Zielsetzung der **Prozesskostenrechnung** „ist eine Methodik, um Gemeinkosten zu planen, zu steuern, verursachungsgerechter in die Kalkulation zu übernehmen und strategische Impulse zu geben."[344)] Dabei geht die Prozesskostenrechnung im Prinzip zweistufig vor: Sie erfasst zunächst die Kosten der Produktionsfaktoren und verrechnet

341) Vgl. SCHWEITZER (1992), S. 194.

342) Vgl. HORVÁTH/KIENINGER/MAYER/SCHIMANEK (1993), die auf S. 609 ausführen, dass der Gemeinkostenanteil an den Produktionskosten in den sechziger Jahren noch ca. 30% betrug und sich heute vielfach verdoppelt hat. Vgl. auch SCHNEEWEIß/STEINBACH (1996), S. 459.

343) Dies gilt nach SCHNEEWEIß/STEINBACH (1996), S. 459 f., sowohl für Teil- als auch für Vollkostenrechnungssysteme mit ihren traditionellen, meist volumenabhängigen Schlüsselungen.

344) HORVÁTH/KIENINGER/MAYER/SCHIMANEK (1993), S. 617; siehe auch SCHWEITZER (1992), S. 195. Damit steht die Prozesskostenrechnung natürlich wie jedes Vollkostenrechnungssystem in der Kritik, sich über das Verursachungsprinzip hinwegzusetzen. Siehe zu dieser Kritik statt vieler SEICHT (1994), S. 35, und zur Auseinandersetzung mit einem solchen Vorwurf HORVÁTH/KIENINGER/MAYER/SCHIMANEK (1993), S. 618 ff.

diese auf Tätigkeiten, die die Produktionsfaktoren verbrauchen. In einem zweiten Schritt verrechnet sie die Kosten der Tätigkeiten auf die Kostenträger.[345)]

investitionstheoretische Kostenrechnung

Die **investitionstheoretische Kostenrechnung** versucht, die kurzfristig (operativ) orientierten Systeme der (Plan-) Kosten- und (Plan-) Erlösrechnung mit der langfristig (strategisch) orientierten Investitionsrechnung zu verbinden und diese als einheitliche Planung zu verstehen.[346)] Alle Teilplanungen sind auf dasselbe langfristige Erfolgsziel auszurichten; einheitliche Rechnungsgrößen sind – entgegen unserer definitorischen Abgrenzung in den Abb. 5 und 6 – Ein- und Auszahlungen.[347)] Die Aufgabe der Kosten- und Erlösrechnung liegt in der Bereitstellung relevanter Informationen für kurzfristige Entscheidungen, so dass die taktisch geplanten Ressourcen operativ optimal eingesetzt werden.[348)] Dabei wird unterstellt, dass ein längerfristiger Plan, d.h. die entsprechenden Ein- und Auszahlungen und der sich daraus ergebende Kapitalwert, bereits festgelegt ist. Die durch den Einsatz der Ressourcen bewirkten Änderungen des Kapitalwertes sind die entscheidungsrelevanten Kosten.[349)]

Verhaltenssteuerung durch Kostenrechnung

Ausgehend von der Überlegung, dass die Bestimmung optimaler Handlungsalternativen nicht ausreicht, sondern die erarbeiteten Pläne auch umgesetzt, die betroffenen Mitarbeiter also beeinflusst wer-

345) Dabei wird das Aktivitätsniveau der Kostenträger durch sogenannte Kostentreiber gemessen. Tätigkeiten, die in engem Produktionszusammenhang stehen und deren Niveau durch denselben Kostentreiber bewertet werden kann, werden als *Prozess* zusammengefasst; vgl. SCHNEEWEIß/STEINBACH (1996), S. 460 f. Zu einer kritischen Auseinandersetzung mit den Thesen der Prozesskostenrechnung siehe statt vieler FRÖHLING (1992). Vgl. auch SCHILDBACH (1993).

346) Diese Verknüpfung ergibt sich nach KÜPPER (1990), S. 255, aus der einheitlichen Ausrichtung auf finanzwirtschaftliche Ziele und der begrenzten Separierbarkeit nach Planungsfristen. Die „Neuartigkeit" dieses Ansatzes wird besonders deutlich, wenn man sich noch einmal die Abgrenzung von Investitionsrechnung und Kosten- und Erlösrechnung nach „traditionellem" Verständnis (siehe oben S. 8-11) ansieht.

347) Die investitionstheoretische Kostenrechnung lässt sich somit weder als Voll- oder Teilkostenrechnungssystem bezeichnen.

348) Vgl. SCHWEITZER (1992), S. 198.

349) Vgl. auch SCHILDBACH (1993), S. 346.

den müssen,[350)] messen die folgenden Ansätze dem Aspekt der **Verhaltenssteuerung** („Motivationsfunktion")[351)] besondere Bedeutung bei.[352)]

Behavioral Accounting

Im Zentrum der Betrachtung des **Behavioral Accounting** stehen die Wirkungen von Informationen auf das Verhalten von Menschen. Grundlage für die Erkenntnisgewinnung bilden verhaltenswissenschaftliche Theorien. Die allgemeine Zwecksetzung besteht darin, „empirisch prüfbare und nach Möglichkeit bestätigte Erkenntnisse über die Beziehungen zwischen Unternehmensrechnung und menschlichem Verhalten zu gewinnen."[353)] Die Ansätze des *Behavioral Accounting* liefern wichtige Grundlagen für die Kosten- und Erlösrechnung, wie z.B. Verhaltenswirkungen von Kosten- und Erlösvorgaben oder von Kontrollinformationen.[354)]

Principal-Agent-Ansätze

Principal-Agent-Ansätze erfassen Beziehungen zwischen einem oder mehreren Auftraggebern (Principals) und einem oder mehreren Beauftragten (Agents). Sie fragen danach, wie das Verhalten des bzw. der Beauftragten durch die vertraglichen Regelungen zwischen Principal und Agent gestaltet wird bzw. werden kann.[355)] Eine Frage der Kosten- und Erlösrechnung, auf die die Modelle der Agency-Theorie angewandt werden, besteht darin, ob und wie sich das Verhalten von Bereichsleitern über die Zurechnung von Gemeinkosten steuern lässt.[356)]

---

350) Vgl. SCHWEITZER/KÜPPER (2003), S. 549. Nach PFAFF (1996), S. 151 f. erhalten diese (Verhaltens-)Steuerungsaspekte dann Relevanz, wenn in einer Unternehmung Interessensdivergenzen und Informationsasymmetrien simultan auftreten.

351) BALLWIESER (1991), S. 102.

352) Der Gedanke der Verhaltenssteuerung durch die Kostenrechnung ist allerdings nicht neu. Er findet sich unserer Ansicht nach bereits bei SCHMALENBACH, der als eine Aufgabe der Kostenrechnung die pretiale Betriebslenkung bezeichnet; vgl. SCHMALENBACH (1963), S. 22 f.

353) SCHWEITZER/KÜPPER (2003), S. 551.

354) Siehe ausführlich SCHWEITZER/KÜPPER (2003), S. 560 ff.

355) Vgl. grundlegend ELSCHEN (1991).

356) Siehe dazu ausführlich SCHWEITZER/KÜPPER (1995), S. 587 ff., sowie ELSCHEN (1994). Zu einem Überblick über weitere Einflüsse der Agency-Theorie siehe auch BALLWIESER (1991), S. 105 ff.

Target Costing

Target Costing kann als eine Art „retrograde Gesamterfolgsrechnung für die Entwicklung und Produktion eines neuen Produktes“[357] bezeichnet werden. Ausgangsgröße für die Kostenplanung eines Produktes ist der prognostizierte Absatzpreis. Der Absatzpreis reduziert um den Plangewinn ergibt eine Kostenobergrenze, die nach Abgleich mit den zu erwartenden Kosten zu einer Vorgabe der Produktkosten führt.[358] Beim Target-Costing handelt es sich somit um einen neuen marktorientierten, strategischen Ansatz des Kostenmanagements.[359]

357) SEICHT (1994), S. 46.

358) Vgl. SCHWEITZER (1992), S. 197.

359) Vgl. SEICHT (1994), S. 46.

Fragen, Übungsaufgaben[360)] und eine Fallstudie

Fragen und Übungsaufgaben unterscheiden sich dadurch, dass mit ersteren eine Art Repetitorium des Stoffes beabsichtigt ist – die Antworten können im Text nachgeschlagen werden –, während die Übungsaufgaben bereits eine Anwendung des Stoffes darstellen; ihre Lösungen sind im Lösungsteil zu finden.

Motto:

„Zwei Dinge gehören zur Bildung des Verstandes, ohne welche kein Fortschreiten möglich ist: Ein ernstes Einsammeln von Sach- und Fachkenntnissen und eine stete Übung der Kräfte!“[361)]

360) Die Aufgabennummerierung ist zweigeteilt: Der erste Teil gibt das Kapitel an, dem die Aufgabe inhaltlich zugeordnet werden kann; der zweite Teil enthält die fortlaufende Durchnummerierung.

361) SCHREIER (1925), S. 1.

Fragen und Übungsaufgaben zu notwendigen betriebswirtschaftlichen Grundkenntnissen

Die hier zunächst aufgeführten Fragen und Übungsaufgaben stellen für viele Leser eine Wiederholung bekannter betriebswirtschaftlicher Grundbegriffe und -kenntnisse dar. Diese Grundkenntnisse haben – im Gegensatz zu Altauflagen – keine Aufnahme mehr in den Lehrbuchtext gefunden (und werden deshalb mit Kapitel 0 bezeichnet). Sollten Sie allerdings Probleme mit der Beantwortung oder der Lösung der Fragen/Übungsaufgaben haben, so werden die im Lösungsteil befindlichen ausführlichen Textstellen Ihnen eine wertvolle Hilfe sein.

Fragen zum Kapitel 0

- Welchen Zweck verfolgt man in der Betriebswirtschaftslehre mit den Produktionsfaktor-Systemen?
- Geben Sie einen Überblick über das Faktor-System Erich Gutenbergs und erläutern Sie die einzelnen Produktionsfaktoren!
- Worin besteht der Unterschied zwischen dispositiver und objektbezogener Arbeitsleistung?
- Worin besteht der Unterschied zwischen Roh-, Hilfs- und Betriebsstoffen?
- Definieren Sie „Planung“ und „Organisation“
- Welche verschiedenen Abgrenzungsmöglichkeiten der Begriffe Betrieb und Unternehmung kennen Sie? Ist danach jede Unternehmung ein Betrieb oder ist jeder Betrieb eine Unternehmung?
- Erläutern Sie die systemindifferenten Determinanten des Betriebstyps nach Gutenberg!
- Erläutern Sie die systembezogenen Determinanten des Betriebstyps nach Gutenberg!
- Verdeutlichen Sie die beiden Ausprägungen des Wirtschaftlichkeitsprinzips anhand eines Beispiels!
- Nennen Sie Synonyme für das Wirtschaftlichkeitsprinzip!
- Erläutern Sie die Vor- und Nachteile der verschiedenen Wirtschaftlichkeitsbegriffe einschließlich der Produktivität!
- Erläutern Sie die verschiedenen Rentabilitätsarten!
- Unter welcher Voraussetzung kann die durch das Verhältnis von Ist- zu Sollkosten definierte Wirtschaftlichkeit niemals einen kleineren Wert als 1 annehmen?

- Was will man mit den Begriffen Unternehmer- und Unternehmensrentabilität ausdrücken?
- Geben Sie ein Beispiel für einen Betrieb, der unwirtschaftlich und zugleich unrentabel arbeitet!

Übungsaufgaben zu Kapitel 0

Übungsaufgabe 0/1:

Das **Wirtschaftlichkeitsprinzip** fordert,

a) ☐ dass mit einem gegebenen Kapital der maximale Gewinn erzielt werden soll.

b) ☐ dass mit minimalem Aufwand der maximale Gewinn erzielt werden soll.

c) ☐ dass mit minimalem Aufwand der maximale Gewinn erzielt werden soll.

d) ☐ dass mit vorgegebenem Aufwand der maximale Ertrag erzielt werden soll.

e) ☐ dass mit minimalem Aufwand ein vorgegebener Ertrag erzielt werden soll.

Übungsaufgabe 0/2:

Für ein Einprodukt-Unternehmen gelten folgende Daten:

• Produktions- und Absatzmenge	1.000	Stück
• Absatzpreis	8,00	€/Stück
• Faktoreinsatzmenge A (Ist/Soll)	500/400	kg
• Faktoreinsatzmenge B (Ist/Soll)	100/80	Stück
• Beschaffungspreis A	3,00	€/kg
• Beschaffungspreis B	10,00	€/Stück

a) Ermitteln Sie (1) die Wirtschaftlichkeit (W_1) als Quotient aus Ertrag und Aufwand, (2) die Produktivität (P) als Quotient aus Ausbringungsmenge und Faktoreinsatzmenge, (3) die Wirtschaftlichkeit (W_2) als Quotient aus Istkosten und Sollkosten (Unterschiede zwischen Aufwand und Kosten sollten hier nicht bestehen).

b) Wie verändern sich die Kennziffern, wenn

   1) der Absatzpreis auf 12,00 €/Stück steigt?

   2) der Beschaffungspreis A auf 2,00 €/kg sinkt?

   3) die tatsächliche Einsatzmenge A auf 600 kg steigt?

Übungsaufgabe 0/3:

Eine Unternehmung errechnet im Zeitpunkt I und später im Zeitpunkt II folgende Werte für die gleiche Abteilung:

	I	II
$W_1 = \frac{\text{Ertrag}}{\text{Aufwand}}$	0,8	0,7
$P = \frac{\text{Produktionsmenge}}{\text{Arbeitsstunden}}$	5	5,5
$W_2 = \frac{\text{Istkosten}}{\text{Sollkosten}}$	1,2	1,18

Wie lässt sich die veränderte Situation allgemein beschreiben? Sind Aussagen über die Rentabilität der Abteilungen möglich?

Übungsaufgabe 0/4:

Berechnen Sie die Umsatz-, Eigenkapital- und Gesamtkapitalrentabilität:

Bilanz zum 31.12.

A			P
Anlagevermögen	56.000	Eigenkap.	80.000
Umlaufvermögen	150.000	Schulden	120.000
		Gewinn	6.000
	206.000		206.000

GuV vom 1.1.-31.12.

A			E
verschied. Aufwendungen	382.000	Umsatz	400.000
Zinsaufwand	12.000		
Gewinn	6.000		
	400.000		400.000

Die Bilanzpositionen Eigenkapital und Schulden haben sich seit Jahresanfang nicht verändert; es wird unterstellt, dass der Gewinn nicht kontinuierlich während des Jahres, sondern am Ende des Jahres entstanden ist.

Übungsaufgabe 0/5:

Eine Tochtergesellschaft erbringt **vor** Abzug der Fremdkapitalzinsen einen jährlichen Überschuss (definiert als Gewinn + Zinsen) in Höhe von 50.000.

Wie hoch sind die Gesamtkapital- und Eigenkapital-Rentabilitäten, wenn die Anschaffung der Anteile an der Tochtergesellschaft 625.000 gekostet hat und mit 6 %-igem Fremdkapital in Höhe von

a) 200.000

b) 300.000

c) 400.000 finanziert wurde?

Übungsaufgabe 0/6:

Ein Unternehmen stellt zur Zeit 1.000 Einheiten eines Produktes zu Stückkosten von 6,00 her und erzielt einen Absatzpreis von 7,50 pro Stück. Eine Absatzsteigerung auf 1.500 Stück bei unverändertem Absatzpreis ist möglich; allerdings muss dann aufgrund höherer Lohnkosten für jede zusätzlich hergestellte Einheit mit gestiegenen Stückkosten von 7,00 gerechnet werden.

Wird der Unternehmer die zusätzliche Produktion aufnehmen, wenn seine Zielsetzung

a) in der Maximierung des Gewinns bzw.

b) in der Maximierung der Umsatz-Rentabilität besteht?

Übungsaufgabe 0/7:

Eine Unternehmung erzielt ausschließlich mit Eigenkapital von 200.000 einen Gewinn von 20.000. Durch Aufnahme von Fremdkapital in Höhe von 50.000 kann die Unternehmens-Rentabilität auf 11 % gesteigert werden. Das Fremdkapital kostet 16 %.

Wird der Unternehmer das zusätzliche Fremdkapital aufnehmen, wenn seine Zielsetzung

a) in der Maximierung des Gewinns bzw.

b) in der Maximierung der Gesamtkapital-Rentabilität besteht?

Übungsaufgabe 0/8:

Wie hoch dürfte in der vorangegangenen Aufgabe der Zinssatz für Fremdkapital maximal sein, damit der Unternehmer auch unter der Zielsetzung der Gewinnmaximierung das zusätzliche Fremdkapital aufnimmt?

Übungsaufgabe 0/9:

Ein Unternehmer erzielt mit Eigenkapital von 200.000 eine Eigenkapitalrentabilität von 15 %. Bei Einbringung von weiteren 100.000 Eigenkapital sinkt die EK-Rentabilität auf 12 %.

Wird der Unternehmer das zusätzliche Eigenkapital einbringen, wenn seine Zielsetzung

a) in der Maximierung des Gewinns bzw.

b) in der Maximierung der Eigenkapital-Rentabilität besteht?

Übungsaufgabe 0/10:

Die Zielsetzung der Gewinnmaximierung

a) □ führt stets zu den gleichen Entscheidungen wie die Zielsetzung der Um satz-Rentabilitäts-Maximierung.

b) □ führt stets zu den gleichen Entscheidungen wie die Zielsetzung der Gesamtkapital-Rentabilitäts-Maximierung.

c) □ führt stets zu den gleichen Entscheidungen wie die Zielsetzung der Eigenkapital-Rentabilitäts-Maximierung.

Fragen zu Kapitel 1.1

- Worin besteht die Aufgabe jedes Betriebes?
- Was versteht man unter dem Finanzprozess?
- Was versteht man unter dem „Betriebswirtschaftlichen Rechnungswesen"?
- Welches sind die Erkenntnisobjekte des betriebswirtschaftlichen Rechnungswesens?
- Welches sind die Aufgaben des betriebswirtschaftlichen Rechnungswesens?
- Geben Sie Beispiele für die jeweiligen Aufgaben des betriebswirtschaftlichen Rechnungswesens/der Kosten- und Erlösrechnung!

Aufgaben zu Kapitel 1.1

Übungsaufgabe 1.1/1:

Kreuzen Sie hier (wie auch bei den später folgenden Multiplechoiceaufgaben) alle richtigen Aussagen an!

Die Aufgaben des betriebswirtschaftlichen Rechnungswesens bestehen unter anderem in

a) □ der Kontrolle von Wirtschaftlichkeit und Rentabilität des Betriebes.

b) □ der Festlegung der langfristigen Unternehmensziele.

c) □ dem Vergleich des tatsächlichen Betriebsgeschehens mit dem gewünschten Betriebsgeschehen.

d) □ der Bereitstellung von Unterlagen für die Disposition der Geschäftsleitung.

e) □ der Kontrolle der Liquidität.

f) □ der Entwicklung von Werbestrategien.

g) □ der Durchführung von Maßnahmen zur Verbesserung der Vermögens- und Ertragslage.

h) □ der Entwicklung neuer Produkte.

i) □ der Sicherung des reibungslosen Ablaufs des Betriebsgeschehens.

Übungsaufgabe 1.1/2:

Die Kostenrechnung

a) □ hat u.a. die Aufgabe der Wirtschaftlichkeitskontrolle.

b) □ kalkuliert die betrieblichen Leistungen einmal pro Jahr, meistens zum 31.12. des Jahres.

c) □ wird auch Betriebsabrechnung genannt.

d) □ ist gewöhnlich wie die Finanzbuchhaltung eine Jahresrechnung.

e) □ stellt innerhalb der Kostenartenrechnung fest, wo die Kosten angefallen sind.

Übungsaufgabe 1.1/3:

Von den folgenden Aussagen treffen einige zu, andere nicht. Kennzeichnen Sie die zutreffenden Aussagen durch Abhaken, und korrigieren Sie die unzutreffenden nach folgendem Muster:

Die ~~Kostenrechnung~~ liefert die wichtigsten Daten für die Erstellung der Handelsbilanz.	Finanzbuchhaltung

	Korrekturen
a) Die Finanzbuchhaltung ist vorwiegend als Informationsquelle für die Unternehmungsleitung bestimmt.	
b) Die Kostenrechnung dient der Kontrolle der Wirtschaftlichkeit.	
c) Die Fragestellung der Kostenartenrechnung lautet: Wofür sind welche Kosten in welcher Höhe pro Stück angefallen?	
d) Zur Kontrolle der Rentabilität ist am besten die Finanzbuchhaltung geeignet.	
e) Die kurzfristige Erfolgsrechnung ist aussagefähiger als die GuV der Finanzbuchhaltung, weil sie die Kosten nach Kostenarten und die Betriebserträge nach Kostenträgern differenziert und in der Regel eine Quartalsrechnung ist.	
f) Der ausschüttbare Gewinn wird in der Betriebsbuchhaltung ermittelt.	
g) Die Finanzbuchhaltung hat u.a. die wichtige Aufgabe, den Jahreserfolg durch Gegenüberstellung von Ertrag und Kosten zu ermitteln.	

Fragen zu Kapitel 1.2

- Gliedern Sie das betriebswirtschaftliche Rechnungswesen in Abhängigkeit vom Rechnungsziel!
- Welche Ziele verfolgt die Bilanzrechnung/die Kosten- und Erlösrechnung/die Investitionsrechnung/die Finanzrechnung?
- Wer sind die Adressaten der Bilanzrechnung/der Kosten- und Erlösrechnung/der Investitionsrechnung/der Finanzrechnung?
- Was unterscheidet die Kosten- von der Erlösrechnung?
- In welche Teilbereiche mit welchen Aufgaben gliedert sich die Kostenrechnung?
- Welches sind die Aufgaben der kurzfristigen Erfolgsrechnung?

Aufgaben zu Kapitel 1.2

Übungsaufgabe 1.2/1:

Kreuzen Sie hier (wie auch bei den später folgenden Multiplechoiceaufgaben) alle richtigen Aussagen an!

Die Finanzbuchhaltung

a) ☐ hat u.a. die Aufgabe der Wirtschaftlichkeitskontrolle.

b) ☐ wird auch Geschäftsbuchhaltung genannt.

c) ☐ wird gewöhnlich als Monatsrechnung durchgeführt.

d) ☐ dient u.a. der Aufstellung des Jahresabschlusses.

e) ☐ arbeitet aufgrund gesetzlicher Vorschriften mit Planwerten und ist deshalb ein hervorragendes Kontrollinstrument.

Übungsaufgabe 1.2/2:

Die kurzfristige Erfolgsrechnung

a) ☐ hat u.a. die Aufgabe der Rentabilitätskontrolle.

b) ☐ ist gewöhnlich eine Monatsrechnung.

c) ☐ gestattet Aussagen über die Erfolgsquellen, wenn sie nach dem Gesamtkostenverfahren auf Teilkosten-Basis arbeitet.

d) ☐ ist für jeden Betrieb gesetzlich vorgeschrieben.

Übungsaufgabe 1.2/3:

Skizzieren Sie die wesentlichen Unterschiede zwischen Finanzbuchhaltung und Kostenrechnung!

Übungsaufgabe 1.2/4:

Können Sie sich vorstellen, bei welchen besonderen Anlässen im „Leben" der Unternehmung Sonderbilanzen aufzustellen sind? (Diese Aufgabe ist mit dem Text allein nicht zu lösen; vielmehr sind hierzu gute Buchhaltungs- und Bilanzierungskenntnisse erforderlich!)

Fragen zu Kapitel 1.3

- Definieren Sie die Stromgrößen
  - Einzahlung
  - Betriebsertrag
  - Ausgabe
  - Kosten
  - Ertrag
  - Auszahlung
  - Aufwand.
- Welche Bestandsgrößen gehören zu obigen Stromgrößen? Erläutern Sie diese Bestandsgrößen!
- Welche Synonyme kennen Sie für Ausgabe und Einnahme?
- Was versteht man unter Unkosten?
- Warum ist die Ebene III in Abb. 5 das Feld der Finanzbuchhaltung?
- Welche Voraussetzungen müssten erfüllt sein, damit die Ebenen I und II stets übereinstimmen?
- Welche Voraussetzungen müssten erfüllt sein, damit die Ebenen II und III stets übereinstimmen?
- Welche Voraussetzungen müssten erfüllt sein, damit die Ebenen III und IV stets übereinstimmen?
- Was versteht man unter neutralem Aufwand, und in welche Unterarten lässt er sich gliedern?

- Geben Sie jeweils ein Beispiel für die verschiedenen Arten des neutralen Aufwands!
- Was versteht man unter kalkulatorischen Kosten, und in welche beiden Hauptgruppen kann man sie unterteilen?
- Geben Sie einige Beispiele für kalkulatorische Kostenarten!
- Was versteht man unter der sachlichen und kalkulatorischen Abgrenzung?
- Worin besteht der Unterschied zwischen Zweckaufwand und Grundkosten?
- Erläutern Sie den kalkulatorischen Betriebsertrag und geben Sie ein Beispiel dafür!

Aufgaben zu Kapitel 1.3

Übungsaufgabe 1.3/1:

Wie verändert sich das Geldvermögen, wenn ein Unternehmen einen Kredit in bar aufnimmt?

Übungsaufgabe 1.3/2:

Haben Sie sich schon Gedanken gemacht über den Begriff „Erfolg", der bisher bereits mehrfach verwandt worden ist?

Übungsaufgabe 1.3/3:

Gliedern Sie den neutralen Ertrag in Analogie zum neutralen Aufwand und geben Sie jeweils ein Beispiel für die verschiedenen Arten des neutralen Ertrags!

Übungsaufgabe 1.3/4:

Durch welche der 18 Fälle aus der Abb. 5 lassen sich folgende Geschäftsvorgänge charakterisieren?

a) Verkauf von Fertigerzeugnissen ab Lager auf Ziel.

b) Ein Kreditnehmer zahlt die Kreditsumme in bar zurück.

c) Ein Kunde leistet eine Vorauszahlung auf bestellte Erzeugnisse per Scheck.

d) Akkordlöhne für die laufende Abrechnungsperiode werden vom Kontokorrent überwiesen.

e) Die Stromrechnung der laufenden Periode für ein betrieblich nicht genutztes Gebäude geht ein und wird verbucht.

Übungsaufgabe 1.3/5:

Ein Unternehmen kauft im *Mai* Rohstoffe auf Ziel und legt sie auf Lager. Für den Rechnungsbetrag erhält der Lieferant im *Juni* einen Wechsel. Im *Juli* werden die Rohstoffe für Produktionszwecke verbraucht. Im *Oktober* wird der Wechsel bar eingelöst.

Wann entstehen die entsprechenden Auszahlungen, Ausgaben, Aufwendungen und Kosten, wenn als Abrechnungsperiode

a) der Kalendermonat und

b) das Kalenderjahr

gewählt wird?

Übungsaufgabe 1.3/6:

Eine Unternehmung produziert im *Januar* Fertigfabrikate und verkauft sie im *März* auf Ziel. Der Kunde überweist den Rechnungsbetrag im *April*.

In welchen Monaten entstehen die entsprechenden Betriebserträge, Erträge, Einnahmen und Einzahlungen?

Übungsaufgabe 1.3/7:

Welche Voraussetzung muss stets erfüllt sein, damit Ausgabe und Aufwand nicht in der gleichen Periode entstehen?

Übungsaufgabe 1.3/8:

Geben Sie ein Beispiel für einen betrieblichen Vorgang, der in der gleichen Periode zu

a) Auszahlungen, Ausgaben, Aufwand und Kosten

b) Einzahlungen, Einnahmen, Ertrag und Betriebsertrag

führt!

Übungsaufgabe 1.3/9:

Geben Sie ein Beispiel für

- Aufwand, keine Kosten
- Kosten, kein Aufwand
- Aufwand gleich Kosten
- Einzahlung, keine Einnahme
- Aufwand, keine Ausgabe
- Einnahme, kein Ertrag
- Studieren gleich Vergnügen!

Übungsaufgabe 1.3/10:

Folgende Geschäftsvorfälle treten während des Monats März auf. Ermitteln Sie mit Hilfe einer Tabelle die Höhe der Auszahlungen, Ausgaben, Aufwendungen, Kosten, Einzahlungen, Einnahmen, Erträge und Betriebserträge für den Monat März sowie die Veränderungen der entsprechenden Bestandsgrößen:

a) Anlieferung von 3.000 kg des Rohstoffs X zu 8 €/kg.

b) Barverkauf von im März produzierten Waren im Werte von 12.000.

c) Überweisung der Löhne und Gehälter für März von 16.700 sowie einer Nachzahlung für Februar in Höhe von 3.300.

d) Gutschrift von 25.000 auf dem Bankkonto. Sie stammen vom Kunden C, der für diesen Betrag im Januar Waren bezogen hatte.

e) Verkauf einer gebrauchten Maschine für 6.800 auf Ziel. Der Verkaufspreis liegt 1.800 über dem bilanziellen Buchwert.

f) Mahnung des Lieferanten des Rohstoffs X. Die Geschäftsleitung entscheidet, Mitte April zu überweisen.

g) Barkauf von Kleinmaterial im Wert von 5.000.

h) Eingang einer Rechnung über 700 des Steuerberaters, der Anfang März ein Gutachten zur geplanten Umwandlung der Einzelunternehmen in eine GmbH angefertigt hatte.

i) Versand und Inrechnungstellung von im März produzierten Waren im Wert von 48.500 an Großabnehmer G, der diese im Januar mit 40.000 angezahlt hatte. Der Rest wird im März mit Scheck beglichen.

j) Spende an die Kirchengemeinde von 300 in bar.

k) Für den Firmeninhaber wird kalkulatorischer Unternehmerlohn in Höhe von 8.000 pro Monat verrechnet.

l) Außerdem fallen im März sonstige Kosten in Höhe von 11.000 an, die zugleich Aufwand sind, aber nicht in diesem Monat zu Ausgaben und Auszahlungen führen.

m) Die Finanzbuchhaltung (Lagerbuchhaltung) gibt folgende wertmäßigen Inventur-Endbestände (Anfangsbestände in Klammern an:

- Rohstoff X = 14.000 (2.000)
- Kleinmaterial = 1.000 (2.000)
- Waren = 45.000 (30.000)

Abweichend von den obigen bilanziellen Werten werden für die Warenbestände aufgrund des anteilig enthaltenen kalkulatorischen Unternehmerlohns für Zwecke der Betriebsergebnisrechnung (kurzfristigen Erfolgsrechnung) 50.000 (32.000) angesetzt.

Übungsaufgabe 1.3/11:

Von den folgenden Aussagen treffen einige zu, andere nicht. Kennzeichnen Sie die zutreffenden Aussagen durch Abhaken, und korrigieren Sie die unzutreffenden nach folgendem Muster:

Eine ~~Ausgabe~~ liegt dann vor, wenn Güter und Dienstleistungen verbraucht werden.	Aufwand

	Korrekturen
a) Wenn liquide Mittel abfließen, ohne dass Güter verbraucht worden sind, dann ist Fall 1 laut Übersicht 4 gegeben.	
b) Einnahmen und Erträge einer Periode fallen immer dann auseinander, wenn der Zugang liquider Mittel kleiner oder größer als der Umsatz dieser Periode ist.	

Korrekturen

c) Wenn der Anfangsbestand eines Rohstoffes in einer Periode kleiner als der Endbestand ist, so bedeutet dies, dass eine Einzahlung stattgefunden haben muss.

d) Immer dann, wenn Lagerbestandsveränderungen stattfinden, fallen Ausgaben und Auszahlungen auseinander.

e) Anderskosten sind kalkulatorische Kosten, denen Aufwand in anderer Höhe gegenübersteht.

f) Eine Gutschrift auf dem Bankkonto ist nur dann gleichzeitig ein Ertrag, wenn in der gleichen Periode ein Veräußerungsvorgang stattgefunden hat.

g) Bei der Inanspruchnahme von Dienstleistungen sind die Aufwendungen gleich den Kosten.

Übungsaufgabe 1.3/12:

Zum 1.1. eines Jahres hat eine Unternehmung folgende Bestände:

Kasse	=	1.000
Forderungen	=	12.000
Verbindlichkeiten	=	6.000

Ermitteln Sie die Höhe des Geldvermögens (und seiner Bestandteile) zum 30.6. d.J., wenn folgende Daten bekannt sind:

- Die Forderungen und Verbindlichkeiten vom 1.1. sind am 30.4. und 11.5. bezahlt worden.
- Umsätze werden in Höhe von 100.000 ausgeführt, wovon 44.000 nicht sofort bezahlt werden.
- Einkäufe werden in Höhe von 70.000 getätigt, wovon 26.000 nicht sofort bezahlt werden.

Übungsaufgabe 1.3/13:

Wie verändern sich das Gesamtvermögen und seine Bestandteile Sachvermögen und Geldvermögen bei folgenden Geschäftsvorfällen?

a) Kauf einer Maschine gegen bar

b) Banküberweisung von Löhnen

c) Kauf von Rohstoffen auf Ziel

d) Abschreibung einer Maschine

e) Verkauf einer Maschine über Buchwert auf Ziel

f) Begleichung einer Verbindlichkeit per Scheck

g) Verbrauch von gelagertem Material

h) Verkauf von Dienstleistungen in bar

i) Produktion und Lagerung von Halbfabrikaten.

Fragen zu Kapitel 2.1

- Definieren Sie den wertmäßigen Kostenbegriff!
- Erläutern Sie die wesentlichen Merkmale des wertmäßigen Kostenbegriffs!
- Welche anderen Kostenauffassungen kennen Sie?

Aufgaben zu Kapitel 2.1

Übungsaufgabe 2.1/1:

Inwiefern geht aus der Definition des wertmäßigen Kostenbegriffs bereits die Zweiteilung in variable und fixe Kosten hervor?

Übungsaufgabe 2.1/2:

Definieren Sie den (I) wertmäßigen (II) pagatorischen (III) entscheidungsorientierten Kostenbegriff durch Zuordnung von Merkmalen und Personennamen!

Merkmale		Personennamen	
1)	Güterverzehr	a)	Riebel
2)	Bewertung zum Aufwand	b)	Koch
3)	Leistungsbezogenheit	c)	Schmalenbach
4)	Bewertung zu Opportunitätskosten	d)	Rieger

Fragen zu Kapitel 2.2

- Worin besteht die Aufgabe der Produktions- und Kostentheorie?
- Worin besteht der Unterschied zwischen der Produktions- und der Kostentheorie?
- Was gibt eine Produktionsfunktion an?
- Was versteht man unter einer Kostenfunktion?
- Skizzieren Sie in ihren Grundzügen die Ableitung einer Kosten- aus einer Produktionsfunktion!
- Nennen Sie einige Kostenbestimmungsfaktoren!
- Welche Möglichkeiten des Gesamtkostenverlaufs kann man grundsätzlich unterscheiden? Erläutern Sie diese Möglichkeiten!
- Definieren Sie den Begriff „variable Kosten"!
- Was sind Grenzkosten?
- Wie verlaufen die Grenzkosten bei intervallfixem Kostenverlauf?
- Was sind Durchschnittskosten?
- Wie verlaufen die Durchschnittskosten bei proportionalem Kostenverlauf?
- Wie kann man Durchschnitts- und Grenzkosten graphisch aus dem Gesamtkostenverlauf bestimmen?
- Konstruieren Sie jeweils ein Zahlenbeispiel für die verschiedenen Arten von Gesamtkostenverläufen und errechnen Sie die zugehörigen Durchschnitts- und Grenzkosten!
- Worin besteht der Unterschied zwischen den Produktionsfaktoren, die den Produktionsfunktionen vom Typ A und B zugrunde liegen?
- Erläutern Sie die s-förmige Gesamtkostenfunktion und ihren produktionstheoretischen Hintergrund!
- Erläutern Sie die lineare Gesamtkostenfunktion und ihren produktionstheoretischen Hintergrund!

- Wo liegen beim ertragsgesetzlichen Kostenverlauf die Minima der
  - Grenzkosten
  - variablen Durchschnittskosten und
  - gesamten Durchschnittskosten?
- Was versteht man unter dem Betriebsminimum und dem Betriebsoptimum?
- Welche Arten von Preisuntergrenzen lassen sich unterscheiden?
- Was gibt eine Verbrauchsfunktion an?
- Was gibt eine „engineering production function" an?
- Wo liegen beim linearen Kostenverlauf die Minima der
  - Grenzkosten
  - variablen Stückkosten
  - fixen Stückkosten und
  - gesamten Stückkosten?
- Ist für die industrielle Produktion der ertragsgesetzliche oder der lineare Gesamtkostenverlauf repräsentativ?
- Worin bestehen die Unterschiede zwischen den Kostenverläufen nach den Produktionsfunktionen vom Typ A und B?
- Welche Ausbringungsmenge würden Sie produzieren, wenn Sie beim Vorliegen eines s-förmigen Gesamtkostenverlaufs Ihr Gewinnmaximum erreichen sollen? (Betrachten Sie dazu die Stückkostenkurven in Abb. 11!)

Aufgaben zu Kapitel 2.2

(**Vorbemerkung**: Ein Großteil dieser Aufgaben, insbesondere zum s-förmigen Gesamtkostenverlauf, dient eher der intellektuellen Schulung als der praktischen Verwertung.)

Übungsaufgabe 2.2/1:

Wie verläuft die Gesamtkostenfunktion, wenn die Durchschnittskosten (k) kontinuierlich degressiv verlaufen?

Übungsaufgabe 2.2/2:

Wie verläuft die Gesamtkostenfunktion, wenn die Grenzkosten kontinuierlich ansteigen?

Übungsaufgabe 2.2/3:

Geben Sie jeweils ein (anderes als im Text angegebenes!) Beispiel für Kostenarten, die sich

- proportional,
- degressiv,
- progressiv,
- regressiv,
- fix und
- intervallfix verhalten!

Übungsaufgabe 2.2/4:

Berechnen Sie für die (lineare) Gesamtkostenfunktion $K = 20 + 0{,}7\ x$ die

- gesamten Stückkosten
- variablen Stückkosten
- fixen Stückkosten
- Grenzkosten
- Gesamtkosten

jeweils für die Ausbringungsmengen von 20 bzw. 50 Stück!

Übungsaufgabe 2.2/5:

Bei welcher Ausbringungsmenge werden bei obigem Kostenverlauf (Übungsaufgabe 2.2/4!) die gesamten Stückkosten (k) erstmals kleiner als die variablen Stückkosten (k_v)?

Übungsaufgabe 2.2/6:

Errechnen Sie für die s-förmige Gesamtkostenfunktion $K = 200 + 10\ x - 0{,}5\ x^2 + 0{,}01\ x^3$ die

- gesamten Stückkosten
- variablen Stückkosten
- fixen Stückkosten

- Grenzkosten

für die Ausbringungsmenge von 10 Stück bzw. das 10. Stück! Interpretieren Sie das Ergebnis, insbesondere in Hinblick auf die errechneten Grenzkosten!

Übungsaufgabe 2.2/7:

Eine Betriebsabteilung produziert 100 Leistungseinheiten zu gesamten Durchschnittskosten (k) von 30 pro Einheit. Die Grenzkosten dieser Abteilung betragen 20 und sind konstant. Wie lautet die Gesamtkostenfunktion dieser Abteilung?

Übungsaufgabe 2.2/8:

Für die Kostenfunktion $K = 10 + 15\,x - 0{,}9\,x^2 + 0{,}03\,x^3$ sind folgende kritische Kostenpunkte zu errechnen:

Minimum der Grenzkosten

Betriebsminimum

Betriebsoptimum.

Geben Sie für diese Kostenpunkte sowohl die Ausbringungsmengen als auch die jeweilige Stückkostenhöhe an!

Ersatzweise kann die Lösung auch graphisch ermittelt werden!

Übungsaufgabe 2.2/9:

Wo liegen für die Betriebsabteilung mit der Kostenfunktion $K = 20 + 0{,}7\,x$ die kurzfristige und die langfristige Preisuntergrenze?

Übungsaufgabe 2.2/10:

Ist Ihnen der Fehler in den Zeichnungen der zu den degressiven Gesamtkosten gehörenden Durchschnitts- und Grenzkosten aufgefallen (vgl. Abb. 10 auf S. 33)?

Übungsaufgabe 2.2/11:

Der Stückpreis eines Produktes beträgt 10 und die gesamten Stückkosten 6; darin sind 2 an anteiligen Fixkosten enthalten. Wie groß sind

- Deckungsbeitrag
- Bruttogewinn

- Nettogewinn?

Übungsaufgabe 2.2/12:

Eine Maschine produziert 100 Stück zu gesamten Stückkosten von k_{100} = 15 und 200 Stück zu k_{200} = 12,50. Wie lautet die (lineare) Gesamtkostenfunktion dieser Maschine?

Übungsaufgabe 2.2/13:

Eine Gegenüberstellung von Kosten und Ausbringung eines Maschinenherstellers erbrachte bei mehreren Stichproben folgende Werte:

Maschinen	x	1	2	5	10	20
Kosten (in T€)	K	252	252	300	900	6.750

Die Kostenfunktion wurde daraufhin mit

$$K(x) = 250 + 5x - 4x^2 + x^3$$

bestimmt. Ermitteln Sie die langfristige und kurzfristige Preisuntergrenze durch Aufstellung von Wertetabellen!

Übungsaufgabe 2.2/14:

Für die Herstellung eines Produktes werden zwei Maschinen zum Kauf angeboten. Auf beiden Maschinen können maximal 200 Stück gefertigt werden; ihre Kostenverläufe lauten:

$K_1 = 175 + 3{,}5\,x$

$K_2 = 400 + 2\,x$

a) Welche Maschine soll angeschafft werden, wenn man mit einer Kapazitätsauslastung von 80 % rechnet?

b) Bis zum wievielten Stück produziert welche Maschine am kostengünstigsten und warum? Versuchen Sie, die Lösung graphisch und rechnerisch abzuleiten!

c) Spielen die unterschiedlichen Kaufpreise der Maschinen bei der Entscheidung keine Rolle?

Übungsaufgabe 2.2/15:

Ermitteln Sie graphisch (vgl. S. 40 und S. 46) für die auf S. 207 abgebildete Gesamtkostenfunktion die

- gesamten Stückkosten
- variablen Stückkosten
- Grenzkosten

für die Ausbringungsmengen von 2, 6 und 11 Stück! Versuchen Sie auch, die abgeleiteten Ordinatenwerte zu den entsprechenden Funktionen zu verbinden!

Übungsaufgabe 2.2/16:

Die s-förmige Gesamtkostenfunktion

a) ☐ hat zwei Wendepunkte.

b) ☐ kann die aus der Verbrauchsfunktion abgeleitete Kostenfunktion bei rein intensitätsmäßiger Anpassung sein.

c) ☐ ist eine Funktion dritten Grades.

d) ☐ kann nie im Nullpunkt beginnen.

e) ☐ steigt zunächst mit zunehmendem Steigungsmaß.

f) ☐ steigt solange degressiv, wie die Grenzkosten fallen.

Übungsaufgabe 2.2/17:

Für die Funktion der Durchschnittskosten bei s-förmigem Gesamtkostenverlauf gilt:

a) ☐ Sie verläuft immer unterhalb der Kurve der variablen Stückkosten.

b) ☐ Sie fällt noch, wenn die variablen Stückkosten schon steigen.

c) ☐ Ihr Minimum bezeichnet man als Betriebsminimum.

d) ☐ Man erhält sie durch Division der Gesamtkostenfunktion durch die ausgebrachte Menge.

e) ☐ Der Abszissenwert ihres Minimums wird durch den Tangentialpunkt des Fahrstrahls aus dem Ursprung an die Gesamtkostenkurve bestimmt.

f) ☐ Sie erreicht ihr Minimum im Schnittpunkt mit der Grenzkostenkurve.

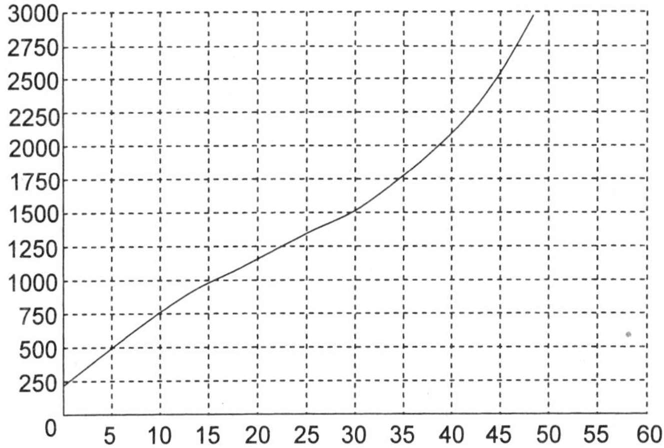
3000
2750
2500
2250
2000
1750
1500
1250
1000
750
500
250
0
5 10 15 20 25 30 35 40 45 50 55 60

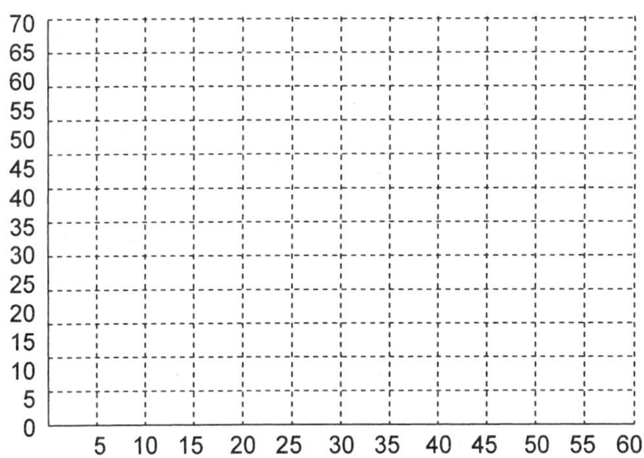
70
65
60
55
50
45
40
35
30
25
20
15
10
5
0
5 10 15 20 25 30 35 40 45 50 55 60

g) □ Sie fällt solange, wie die Fixkostendegression noch nicht durch die Progression der variablen Stückkosten überkompensiert ist.

h) □ Sie ist eine Funktion zweiten Grades.

Übungsaufgabe 2.2/18:

Für die Grenzkostenfunktion bei s-förmigem Gesamtkostenverlauf und Gültigkeit des Ertragsgesetzes gilt:

a) □ Sie erreicht ihr Minimum im Schnittpunkt mit der variablen Stückkostenkurve.

b) □ Sie zeigt, welche Kostenzuwächse die Produktion einer jeweils weiteren Einheit verursacht.

c) □ Sie verläuft bis zum Wendepunkt der Gesamtkostenfunktion unterhalb der Kurve der variablen Stückkosten.

d) □ Sie ist eine Funktion zweiten Grades.

e) □ Sie ergibt sich mathematisch aus der 1. Ableitung der Durchschnittsfunktion.

f) □ Sie fällt, weil der Grenzertrag des variablen Faktors abnimmt.

g) □ Sie liegt immer oberhalb der Durchschnittskostenfunktion.

Übungsaufgabe 2.2/19:

Für die Kostenfunktionen bei linearem Gesamtkostenverlauf gilt:

a) □ Gesamtkostenkurve und Grenzkostenkurve laufen immer parallel.

b) □ Die Stückkostenkurve verläuft degressiv.

c) □ Die Fixkostendegression ist an der Kurve der variablen Stückkosten abzulesen.

d) □ Die Grenzkostenfunktion kann niemals mit der Funktion der variablen Stückkosten und der Funktion der gesamten Stückkosten zusammenfallen.

e) □ Die Kurve der fixen Stückkosten verläuft degressiv und immer unterhalb der Stückkostenkurve.

f) □ Die Grenzkostenkurve ist identisch mit der Kurve der variablen Stückkosten.

Übungsaufgabe 2.2/20:

Ein Betriebsteil mit der Kostenfunktion $K = 24.000 + 5\,x$ kann pro Periode maximal 12.000 Stück herstellen. Um wie viel Prozent steigen die bei Vollbeschäftigung geltenden gesamten Stückkosten, wenn die Beschäftigung um 20 % sinkt?

Übungsaufgabe 2.2/21:

Ermitteln Sie für folgende Kostenfunktion K = 3 x + 20

a) die gesamten Stückkosten

b) die variablen Stückkosten

für die Ausbringungsmengen von 25 und von 40 Stück!

Übungsaufgabe 2.2/22:

Bei welcher Ausbringungsmenge sind

a) die fixen Stückkosten gleich den fixen Gesamtkosten ($k_F = K_F$)?

b) die fixen Stückkosten k_F am niedrigsten?

c) die Stückkosten k (bei linearer Gesamtkostenfunktion) am niedrigsten?

Übungsaufgabe 2.2/23:

Die Gesamtkosten eines Betriebes betragen bei einer Produktionsmenge von 40 Stück 400 und von 70 Stück 550. Wie hoch sind die Fixkosten dieses Betriebes und wie hoch sind die variablen (konstanten) Stückkosten?

Übungsaufgabe 2.2/24:

Ein Gesamtkostenverlauf gehorcht folgender Funktion:

K = 500 + 6x.

Wie hoch sind bei einer Ausbringungsmenge von 100 bzw. 500 Stück

a) die Grenzkosten

b) die variablen Stückkosten

c) die gesamten Stückkosten

d) die Gesamtkosten?

Übungsaufgabe 2.2/25:

Die Grenzkosten einer Betriebsabteilung sind konstant und betragen 10. Die gesamten Stückkosten bei einer Ausbringungsmenge von 10 betragen 15. Wie lautet die Gesamtkostenfunktion?

Übungsaufgabe 2.2/26:

Berechnen Sie für folgende Kostenfunktion das Minimum der Grenzkosten, das Betriebsminimum, das Betriebsoptimum und das Gewinnmaximum. Geben Sie jeweils die Ausbringungsmenge und die Kostenhöhe pro Stück an:

$K = 200 + 13{,}5x - 0{,}75x^2 + 0{,}05x^3$

Übungsaufgabe 2.2/27:

Wie lautet die Formel der (linearen) Gesamtkostenfunktion, wenn bei einer Ausbringungsmenge von 200 Einheiten die gesamten Stückkosten 4 und bei einer Ausbringungsmenge von 300 Einheiten die Grenzkosten 3 betragen?

Fragen zu Kapitel 2.3

- Nennen und erläutern Sie die Grundprinzipien der Kostenverrechnung!
- Inwiefern hat das Verursachungsprinzip auch für die Kostenartenrechnung Gültigkeit?
- Wo ist das Verursachungsprinzip nicht mehr anwendbar, und welches sind die praktischen Konsequenzen daraus?
- Was versteht man unter dem Deckungsbeitrag eines Produktes?
- Worin besteht der Unterschied zwischen Deckungsbeitrag, Bruttogewinn und Nettogewinn?
- Wie lautet die Fragestellung des Durchschnittsprinzips?

Aufgaben zu Kapitel 2.3

Übungsaufgabe 2.3/1:

Das Verursachungsprinzip (als Kausalitätsprinzip)

a) ☐ besagt, dass einem einzelnen Kostenträger nur jene Kosten zugerechnet werden dürfen, die dieser durch seine Erstellung verursacht hat.

b) ☐ wird bei Anwendung des Durchschnittsprinzips durchbrochen.

c) ☐ führt bei konsequenter Anwendung zu einer Teilkostenrechnung.

d) ☐ ist identisch mit dem Identitätsprinzip RIEBELs.

e) ☐ beinhaltet das Tragfähigkeitsprinzip als Spezialfall.

f) ☐ ist im Mehrprodukt-Betrieb überhaupt nicht anwendbar.

g) ☐ versagt bei der Verrechnung der Fixkosten auf die Kostenträger.

Übungsaufgabe 2.3/2:

Das Tragfähigkeitsprinzip

a) ☐ ist ein Spezialfall des Verursachungsprinzips für die Erlöszurechnung.

b) ☐ ist ein Spezialfall des Durchschnittsprinzips für absatzpreisabhängige Schlüsselgrößen.

c) ☐ führt bei konsequenter Anwendung zu einer Grenzkostenrechnung.

d) ☐ führt zu Ergebnissen, die für Kontroll- und Planungszwecke ungeeignet sind.

e) ☐ unterstellt eine in der Realität nicht vorhandene Proportionalität zwischen Kosten einerseits und Absatzpreisen bzw. Deckungsbeiträgen andererseits.

f) ☐ führt im Einprodukt-Betrieb zu verursachungsgerechten Ergebnissen.

g) ☐ findet u.a. bei der Kuppelkalkulation praktische Anwendung.

Übungsaufgabe 2.3/3

Ein Betrieb stellt bei Fixkosten von insgesamt 20.000 drei Produktarten mit den folgenden Daten her:

Produktart	Produktions- und Absatzmenge (Stück)	Absatzpreis (€/Stück)	variable Kosten (€/Stück)	Gewicht (kg/Stück)
1	1.000	10,00	9,00	2
2	1.000	10,00	3,00	6
3	2.000	30,00	9,00	4

Ermitteln Sie die *Fixkosten pro Stück* für jede der drei Produktarten nach

a) dem Verursachungsprinzip (nach kausaler Interpretation)

b) dem Durchschnittsprinzip

  b1) mit der Stückzahl als Schlüsselgröße.

  b2) mit dem Gewicht als Schlüsselgröße.

c) dem Tragfähigkeitsprinzip

c1) mit den Absatzpreisen als Schlüsselgröße.

c2) mit den Deckungsbeiträgen als Schlüsselgröße.

Übungsaufgabe 2.3/4:

Eine Unternehmung produziert drei Produktarten und ermittelt folgende Zahlen:

	1	2	3
p	16	11	30
k_v	9	11	10
x	5.000	300	1.000

Die gesamten Fixkosten (K_F) betragen 27.500 und sind nach dem Tragfähigkeitsprinzip im Verhältnis der Bruttogewinne auf die Produkte zu verteilen. Wie hoch sind die Nettogewinne pro Stück bei jeder Produktart?

Fragen zu Kapitel 3.1

- Worin besteht die Aufgabe der Kostenartenrechnung?
- Nach welchen Kriterien lassen sich die Gesamtkosten eines Betriebes einteilen? Geben sie mindestens fünf Gliederungsmöglichkeiten an!
- Welche betrieblichen Funktionen unterscheidet man?
- Wie werden die Kosten nach der Art der verbrauchten Produktionsfaktoren gegliedert?
- Was sind Einzel- und Gemeinkosten, und welches Kriterium liegt dieser Zweiteilung zugrunde?
- Was versteht man unter

  - unechten Gemeinkosten

  - Sondereinzelkosten?
- Sind Gemeinkosten immer Fixkosten, ober sind Fixkosten immer Gemeinkosten?
- Sind variable Kosten immer Einzelkosten, oder sind Einzelkosten immer variable Kosten?
- Unterscheiden Sie primäre und sekundäre Kosten, und geben Sie jeweils mindestens einen synonymen Ausdruck an!

- Welches ist das Hauptkriterium bei der Einteilung der Kosten für Zwecke der Kostenartenrechnung?
- Welche Grundsätze sind bei der Kostenartenrechnung zu beachten, und was besagen sie?
- Was versteht man unter dem GKR, und welche Bedeutung hat er für den Betrieb?
- In welcher Klasse des GKR sind die Kostenarten enthalten?
- Skizzieren Sie in groben Zügen die Erfassung der Materialkosten!
- Welche Methoden zur Erfassung des mengenmäßigen Materialverbrauchs kennen Sie?
- Nach welchen Methoden kann der Materialverbrauch bewertet werden?
- Erläutern Sie ausführlich die Vor- und Nachteile der

  - Befundrechnung

  - Fortschreibungsmethode

  - retrograden Methode!
- Erläutern Sie die Stichtagsinventur und permanente Inventur sowie die Vor- und Nachteile beider!
- Welche beiden wichtigen Vorteile weisen Festpreis-Verfahren auf?
- Worin liegen die Nachteile der Istpreis-Verfahren?
- In welche Hauptgruppen unterteilt man die Personalkosten?
- Erläutern Sie den Unterschied zwischen Fertigungs- und Hilfslöhnen!
- Welche Unterlagen werden zur Erfassung der Lohn- und Gehaltskosten herangezogen?
- Erläutern Sie ausführlich das Verhältnis zwischen den verschiedenen Gruppen der Personalkosten und ihrer Verrechnung als Einzel- oder Gemeinkosten!
- Berücksichtigen Sie dabei auch die Unterscheidung in Fertigungs- und Hilfslöhne sowie in Akkord- und Zeitlöhne!
- Wodurch unterscheiden sich primäre und sekundäre freiwillige Sozialkosten?
- Welche Lohnformen unterscheidet man? Geben Sie jeweils eine kurze Erläuterung!
- Geben Sie jeweils mindestens zwei Beispiele für

  - gesetzliche Sozialkosten

  - primäre freiwillige Sozialkosten

- sekundäre freiwillige Sozialkosten
- sonstige Personalkosten!

- Warum ergibt sich bei der Erfassung der Personalkosten das Problem der zeitlichen Abgrenzung, und wie wird es gelöst?
- Geben Sie einige Beispiele für Dienstleistungskosten!
- Welche Teilgruppen umfasst der Begriff der „öffentlichen Abgaben"? Skizzieren Sie diese Gruppen!
- Was versteht man unter der Äquivalenztheorie?
- Sind Steuern Kosten? Begründen Sie Ihre Antwort!
- Was besteuert die Einkommensteuer und was die Körperschaftsteuer?
- Geben Sie einige Beispiele, in denen eine zeitliche Abgrenzung von Dienstleistungskosten notwendig wird!
- Warum werden kalkulatorische Kosten verrechnet? Geben Sie einige Beispiele für kalkulatorische Kosten an!
- Worin besteht der Unterschied zwischen Zusatz- und Anderskosten?
- Von wem stammt der Begriff „Anderskosten"?
- Wie lautet der zentrale Buchungssatz bei der Verbuchung der kalkulatorischen Kosten?
- Skizzieren Sie die buchhalterische Weiterverrechnung der kalkulatorischen Kosten und das damit angestrebte Ergebnis!
- Wie werden jene Aufwendungen verbucht, die den kalkulatorischen Kosten entsprechen?
- Definieren Sie allgemein den Begriff „Abschreibungen".
- Versuchen Sie, die Abschreibungen zu systematisieren!
- Was versteht man unter kalkulatorischen Abschreibungen?
- Welches Ziel verfolgt der Kostenrechner mit den kalkulatorischen Abschreibungen?
- Gliedern und erläutern Sie die Abschreibungsursachen!
- Warum können

  - Nachfrageverschiebungen
  - sinkende Absatzpreise

  Gründe dafür sein, ein Betriebsmittel abzuschreiben?

- Geben Sie ein Beispiel an, in dem der Ablauf eines Patentes dazu führt, Abschreibungen vorzunehmen!
- Welches sind die Hauptmethoden der Abschreibungsberechnung?
- Skizzieren Sie die lineare Methode bei Berücksichtigung eines Liquidationswertes!
- Worin besteht der Unterschied zwischen der Degression bei der arithmetisch- und geometrisch-degressiven Methode?
- Skizzieren Sie graphisch den Abschreibungs- und den Restwertverlauf für beide Varianten der degressiven Abschreibung. Erläutern Sie die Unterschiede!
- Ist die Aussage richtig, dass sowohl die lineare als auch die geometrisch-degressive Methode in jedem Jahr den gleichen konstanten Abschreibungsprozentsatz anwenden?
- Wie errechnet man den Progressionsbetrag für die arithmetisch-progressive Methode?
- Welche Methode wird warum auch

  - digitale Beschreibung
  - unendliche Abschreibung
  - Leistungsabschreibung

  genannt?
- Von welchen Einflußgrößen ist der für die geometrisch-degressive Methode zu wählende Prozentsatz abhängig?
- Erläutern Sie die variable Abschreibung!
- Skizzieren Sie graphisch den Restwertverlauf bei der variablen Abschreibung!
- Was versteht man unter der

  - substantiellen Abschreibung
  - nominellen Abschreibung
  - organischen Abschreibung
  - Zeitwertabschreibung?
- Erörtern Sie ausführlich die Frage, mit welchen Preisen der Kostenrechner die abzuschreibenden Betriebsmittel bewerten soll!
- Welche Möglichkeiten bestehen bei der Abschreibungsverrechnung, wenn sich herausstellt, dass die Nutzungsdauer falsch geschätzt wurde?

- Erörtern Sie ausführlich die Frage, welche Abschreibungsmethode nach Möglichkeit in der Kostenrechnung angewandt werden sollte! Behandeln Sie die Vor- und Nachteile jeder einzelnen Methode!
- Welche Beziehung besteht zwischen der Verrechnung von kalkulatorischen Abschreibungen und von kalkulatorischen Wagnissen?
- Welche Voraussetzungen müssen für die Anwendung der variablen Abschreibung gegeben sein?
- Kann man die lineare oder degressive Methode als Spezialfall der variablen Methode auffassen?
- Wie ist das Verhältnis von Einzel- und Gemeinkosten einerseits sowie variablen und fixen Kosten andererseits bei den verschiedenen Abschreibungsmethoden?
- Skizzieren Sie die gebrochene Abschreibung!
- Was versteht man unter „Betriebsmittelkosten"?
- Erläutern Sie die Notwendigkeit der Verrechnung kalkulatorischer Zinsen in der Kostenrechnung!
- Was versteht man unter Opportunitätskosten? Geben Sie ein Beispiel!
- Geben Sie die einzelnen Schritte an, nach denen man die kalkulatorischen Zinsen errechnet!
- Warum sind die Werte der Bilanz für den Ansatz des betriebsnotwendigen Vermögens oder Kapitals ungeeignet?
- Geben Sie einige (im Text nicht angegebene) Beispiele für nicht betriebsnotwendige Vermögensteile!
- Welche beiden Methoden der Zinsberechnung unterscheidet man, und für welche würden Sie sich aus welchen Gründen entscheiden?
- Sind kalkulatorische Zinsen

  - Einzel- oder Gemeinkosten

  - variable oder fixe Kosten

  - primäre oder sekundäre Kosten?
- Welchen Zinssatz würden Sie zur Berechnung der kalkulatorischen Zinsen ansetzen?
- Nehmen Sie kritisch zur Behandlung des Abzugskapitals Stellung!
- Erläutern Sie die Notwendigkeit zur Verrechnung des kalkulatorischen Unternehmerlohns in der Kostenrechnung!

- In welcher Höhe ist der kalkulatorische Unternehmerlohn
  - in einer Einzelunternehmung
  - in einer Personenhandelsgesellschaft
  - in einer Aktiengesellschaft

  anzusetzen?
- Geben Sie ein Beispiel für Opportunitätskostenüberlegungen bei der Berechnung des Unternehmerlohnes!
- Erörtern Sie kritisch die 'Seifenformel'!
- Erläutern Sie die Notwendigkeit zur Verrechnung der kalkulatorischen Miete in der Kostenrechnung!
- In welcher Höhe würden sie die kalkulatorische Miete ansetzen? Welche Möglichkeiten bestehen hier grundsätzlich?
- Worin besteht die Notwendigkeit, kalkulatorische Wagnisse zu verrechnen?
- Was versteht man unter einem
  - allgemeinen Unternehmerrisiko
  - speziellen Einzelwagnis?
- Worin besteht zwischen beiden zuvor genannten Wagnissen der grundsätzliche Unterschied in der kostenrechnerischen Behandlung?
- Welche Einzelwagnisse werden als kalkulatorische Wagnisse erfasst?
- Welche Hauptgruppen von Einzelwagnissen kann man nach der Art des Risikos unterscheiden?
- Geben Sie jeweils ein Beispiel für jede dieser Gruppen!
- Skizzieren Sie die einzelnen Schritte bei der Berechnung der kalkulatorischen Wagnisse!

Aufgaben zu Kapitel 3.1

Übungsaufgabe 3.1/1:

Geben Sie (jeweils andere als im Text angegebene) Beispiele für

- Einzelkosten
- Sondereinzelkosten der Fertigung
- Sondereinzelkosten des Vertriebs!

Übungsaufgabe 3.1/2:

Geben Sie (jeweils andere als im Text angegebene) Beispiele für

- variable Gemeinkosten
- fixe Gemeinkosten
- variable Einzelkosten
- fixe Einzelkosten!

Übungsaufgabe 3.1/3:

Für eine Reparatur sind Löhne zu zahlen. Wie kontieren Sie innerhalb der Klasse 4 (vgl. Abb. 16 auf S. 63), wenn die Reparatur von einer eigenen Werkstatt bzw. von einem Fremdunternehmer ausgeführt wird?

Übungsaufgabe 3.1/4:

Berechnen Sie für folgende Zahlenangaben den mengenmäßigen Materialverbrauch der Abrechnungsperiode unabhängig voneinander nach allen drei im Text dargestellten Methoden und diskutieren Sie die Ergebnisse!

Anfangsbestand des Materials	:	202 kg
Zugang lt. Beleg am 1.6.	:	100 kg
Abgang lt. Beleg am 10.6.	:	150 kg
Abgang lt. Beleg am 14.6.	:	150 kg
Zugang lt. Beleg am 20.6.	:	500 kg
Abgang lt. Beleg am 20.6.	:	180 kg
Zugang lt. Beleg am 29.6.	:	400 kg
Endbestand lt. Inventur	:	690 kg

In der Abrechungsperiode abgelieferte Stückzahlen:

Produkt 1	110 Stück
Produkt 2	480 Stück

Aufgrund der Stücklisten sind 2 kg Material in jedem Stück von Produkt 1 und 0,5 kg Material in jedem Stück von Produkt 2 enthalten. Diese Zahlen beinhalten bereits den unvermeidbaren Materialabfall.

Übungsaufgabe 3.1/5:

Berechnen sie für die Zahlenangaben der Übungsaufgabe 3.1/4 den wertmäßigen Verbrauch und Endbestand an Material zu durchschnittlichen Istpreisen für folgende Zusatzangaben:

AB zu durchschnittlichen Istpreisen		:	750,00 €
Zugang 1.6.	: Istpreis pro kg	:	4,00 €
Zugang 20.6.	: Istpreis pro kg	:	5,20 €
Zugang 29.6.	: Istpreis pro kg	:	6,00 €

Übungsaufgabe 3.1/6:

Geben Sie mindestens fünf Beispiele für Hilfslöhne!

Übungsaufgabe 3.1/7:

Wo werden die folgenden Steuern im Gemeinschaftskontenrahmen verrechnet:

- Gewerbesteuer
- Körperschaftsteuer
- Grundsteuer
- Kraftfahrzeugsteuer
- Einkommensteuer?

Übungsaufgabe 3.1/8:

Für eine Maschine mit dem Ausgangswert von € 10.000, die bereits zwei Jahre lang abgeschrieben wurde, werden im 3. Jahr wie bisher folgende Abschreibungsbeträge verrechnet:

- bilanziell : 40 % geometrisch-degressiv
- kalkulatorisch : 10 % linear.

Geben Sie einen Auszug aus dem GuV-Konto dieses Jahres wieder, der die Abschreibungsverrechnung (Angabe der Gegenbuchungen in GuV analog zu S. 79/80!) erkennen lässt!

Übungsaufgabe 3.1/9:

Für eine Anlage mit dem Ausgangswert A = 10.000 wurde die voraussichtliche Nutzungsdauer auf n = 8 geschätzt. Nach vier Jahren stellt sich (bei linearer Abschreibung) heraus, dass die Nutzungsdauer der Anlage nur sechs Jahre betragen wird.

Stellen Sie die drei Möglichkeiten der Abschreibungsverrechnung für die restlichen Jahre tabellarisch und graphisch dar! Entscheiden Sie sich mit Begründung für eine der Möglichkeiten!

Übungsaufgabe 3.1/10:

Ausbeuterechte und Erschließungskosten für eine Tongrube haben insgesamt € 800.000 gekostet. Man rechnet mit einem etwa 5jährigen Abbau. Im ersten Jahr werden 2.900 t und im zweiten Jahr 8.120 t gefördert. Wie hoch sind in diesen beiden Jahren die variablen Abschreibungen auf die Anschaffungskosten?

Übungsaufgabe 3.1/11:

Eine Maschine hat € 20.000 gekostet. Noch vor Inbetriebnahme erhöht der Hersteller den Preis um 20 %. Man rechnet damit, dass die Maschine insgesamt 80.000 Werkstücke bearbeiten kann und danach einen Netto-Liquidationserlös von € 1.600 erbringt. Wie hoch ist die Abschreibung, wenn in der 1. Periode 12.000 Stück bearbeitet worden sind?

Übungsaufgabe 3.1/12:

Eine Laborausrüstung im Werte von € 10.500 soll in sechs Jahren digital abgeschrieben werden. Wie hoch sind die Abschreibungsbeträge dieser sechs Jahre, und wie hoch ist der Restwert am Ende des 6. Jahres?

Übungsaufgabe 3.1/13:

Eine Maschine mit dem kalkulatorischen Ausgangswert von 100.000 wird in 4 Jahren linear abgeschrieben. Berechnen Sie die kalkulatorischen Jahreszinsen für diese vier Jahre bei einem Zinssatz von 10 % p.a. nach der Durchschnitts- und nach der Restwertmethode. Gehen Sie bei der Restwertmethode so vor, dass Sie als Restwert eines Jahres jeweils den Mittelwert aus den Restwerten am Anfang und am Ende dieses Jahres betrachten!

Übungsaufgabe 3.1/14:

Die Summe aller Aktiva in der Bilanz einer Unternehmung beträgt € 600.000. Der Kostenrechner RUCKZUCK hat das betriebsnotwendige Kapital mit € 820.000 errechnet und sucht jetzt nach der Differenz, weil er einen Fehler vermutet. Welche Ursachen kann der Unterschied in den beiden Beträgen haben?

Übungsaufgabe 3.1/15:

Berechnen Sie die kalkulatorischen Zinsen pro Monat für die unbebauten Grundstücke mit dem Ausgangswert von € 80.000 nach der Durchschnittsmethode bei einem Zinssatz von 6 % p.a.!

Übungsaufgabe 3.1/16:

Bei einem Umsatz von 20 Mio. (davon 80 % Zielverkäufe) in den letzten vier Jahren hat die Unternehmung Forderungsverluste in Höhe von 240.000 hinnehmen müssen. Wie hoch ist das kalkulatorische Vertriebswagnis anzusetzen, wenn der Umsatz der laufenden Abrechnungsperiode bei unveränderten Zahlungsmodalitäten 0,5 Mio. beträgt?

Übungsaufgabe 3.1/17:

Die Zahlungen aufgrund berechtigter Gewährleistungsansprüche betrugen in einer Unternehmung in den letzten 10 Jahren 150.000 bei Herstellkosten des Umsatzes von 7,5 Mio. Für die nächste Planperiode wird mit Herstellkosten des Umsatzes in Höhe von 900.000 gerechnet. Wie ist kostenrechnerisch vorzugehen?

Übungsaufgabe 3.1/18:

In den letzten sieben Jahren hatte eine Unternehmung bei einem Umsatz von 20 Mio., davon 60 % auf Ziel, insgesamt 60.000 Forderungsverluste erlitten. Für die nächste Planperiode wird mit Zielverkäufen von 4 Mio. gerechnet. Wie ist kostenrechnerisch vorzugehen?

Übungsaufgabe 3.1/19:

Eine Maschine mit dem kalkulatorischen Ausgangswert von 80.000 wird in fünf Jahren linear abgeschrieben. Berechnen Sie die kalkulatorischen Jahreszinsen für diese fünf Jahre bei einem Zinssatz von 10 % pro Jahr nach der Durchschnittsmethode!

Übungsaufgabe 3.1/20:

Ermitteln Sie aus den folgenden Angaben das betriebsnotwendige Vermögen zum 31.12. und die Höhe der kalkulatorischen Zinsen bei einem Zinssatz von 8 %:

	1.1.	31.12.
Grundstücke	108.500	157.600
Gebäude	67.000	63.000
Maschinen	98.000	102.000
Finanzanlagen (betriebsbedingt)	100.000	100.000
Forderungen aus Lieferungen und Leistungen	16.000	12.000

Übungsaufgabe 3.1/21:

Zum 31.12. eines Jahres ermittelt man den Verbrauch eines Werkstoffs nach der Inventurmethode (I) und Skontrationsmethode (S):

I:	Anfangsbestand	:	500 kg
	Summe aller Zugänge	:	800 kg
	Endbestand	:	300 kg
S:	Abgänge lt. Materialentnahmescheinen	:	800 kg

Der durchschnittliche Istpreis beträgt 4,50 pro kg. Wie hoch ist das kalkulatorische Beständewagnis, das in der nächsten Periode verrechnet werden sollte, wenn alle Abgänge lt. Materialentnahmescheinen auch in die Produkte eingehen?

Übungsaufgabe 3.1/22:

Sie haben die Aufgabe, einen Materialentnahmeschein zur Erfassung der Materialverbrauchsmengen zu entwerfen! Welche Angaben sollten mindestens enthalten sein?

Übungsaufgabe 3.1/23:

Was unterscheidet die kalkulatorischen Kosten von anderen Kosten?

Übungsaufgabe 3.1/24:

Geben Sie einige Beispiele für variable Gemeinkosten! Begründen Sie Ihre Antwort!

Übungsaufgabe 3.1/25:

Nennen Sie mindestens ein Beispiel, bei dem die progressive Abschreibung dem tatsächlichen Werteverzehr nahe kommt, also verursachungsgerecht sein kann!

Übungsaufgabe 3.1/26:

Im Monat Januar wurden Rohstoffe in folgender Höhe bezogen:

Datum	Menge	Preis pro Stück	Gesamtpreis
3.12.	150	8,50	1.275
10.12.	200	8,30	1.660
17.12.	120	9,00	1.080
25.12.	250	8,20	2.050

Ein Anfangsbestand war nicht vorhanden. Insgesamt wurden im Monat Dezember 600 Einheiten verbraucht. Der Verbrauch wurde mit einem festen Verrechnungspreis von 8,60 bewertet.

Wie hoch ist die Preisdifferenz zwischen dem Verbrauch, bewertet zum Verrechnungspreis, und dem mit tatsächlichen Istpreisen bewerteten Verbrauch?

Übungsaufgabe 3.1/27:

Es gelten die Beschaffungsdaten der Übungsaufgabe 3.1/26. Der Verbrauch des Rohstoffes wird nach der Methode der Rückrechnung ermittelt. Es werden drei Produkte (X, Y, Z) produziert, und zwar 200 Stück von Produkt X, 100 Stück von Produkt Y und 120 Stück von Produkt Z. Für ein Stück vom Produkt X werden 2 Einheiten vom Rohstoff benötigt, für Y lediglich 0,5 und für Z jeweils eine Einheit.

Am Jahresende wird durch Inventur festgestellt, dass sich noch 120 Einheiten des Rohstoffs auf Lager befinden.

a) Ermitteln Sie den mengenmäßigen Endbestand nach der Rückrechnungsmethode!

b) Worauf kann die Abweichung zwischen tatsächlichem und nach der Rückrechnung ermitteltem Endbestand zurückzuführen sein?

Übungsaufgabe 3.1/28:

Es sollen die Personalkosten für den Monat Januar in der Kostenrechnung ermittelt werden. Insgesamt werden zehn Arbeiter beschäftigt, die jeweils Anspruch auf einen Monat Urlaub haben. Der Stundenlohn pro Arbeiter beträgt 10. In jedem Monat werden 160 Arbeitsstunden pro Arbeiter angesetzt. An krankheitsbedingtem Ausfall werden pro Jahr insgesamt 320 Stunden angesetzt, für die die Firma Arbeiter kurzfristig aus einer Zeitarbeitsunternehmung zum Preis von 15 pro Stunde entleiht. Die gesetzlichen Sozialkosten betragen voraussichtlich insgesamt 100.000 zusätzlich. Zum Lohn, der weiter bezogen wird, wird Urlaubsgeld in Höhe von 400 pro Jahr und Arbeiter veranschlagt. Im Dezember erhalten die Arbeiter pro Person 400 Weihnachtsgeld. Sonstige Kosten fallen nicht an.

a) Berechnen Sie Personalkosten für den Monat Januar!

b) Wie hoch sind die Abweichungen, wenn tatsächlich im Januar 26.000 Personalkosten entstanden sind, und worauf können diese zurückgeführt werden?

Übungsaufgabe 3.1/29:

Die Preise für eine im Betrieb genutzte und in 01 angeschaffte Maschine entwickelten sich wie folgt:

01	02	03	04
50.000	52.500	55.125	57.881,25

In den Jahren 01-04 wurden jährlich folgende Beträge als kalkulatorische Abschreibungen verrechnet:

01	02	03	04
6.250	6.562,50	6.890,63	7.235,16

a) Um welche Abschreibungsmethode handelt es sich hier, und von welcher Nutzungsdauer wird ausgegangen?

b) Wie hoch wird voraussichtlich die kalkulatorische Abschreibung im Jahre 05 sein?

Übungsaufgabe 3.1/30:

Die Abschreibungsbeträge laut Übungsaufgabe 3.1/29 reichen offensichtlich nicht aus, die Maschine am Ende der Nutzungsdauer neu zu beschaffen (gleichbleibende Preisentwicklung vorausgesetzt!).

Überlegen Sie sich eine Möglichkeit, die jährlichen Abschreibungen laut Übungsaufgabe 3.1/29 so zu korrigieren, dass dennoch die aufsummierten Abschreibungsbeträge der einzelnen Perioden dem aktuellen Wiederbeschaffungswert am Ende der Nutzungsdauer entsprechen!

Übungsaufgabe 3.1/31:

Berechnen Sie den Materialverbrauch nach der Skontrations- und der retrograden Methode.

Unter welchen Voraussetzungen kann der Verbrauch nach der retrograden Methode höher sein als nach der Skontrationsmethode?

Anfangsbestand	1.3.	1.150 kg
Entnahme	11.3.	100 kg
Zugang	12.3.	200 kg
Zugang	22.3.	300 kg
Entnahme	25.3.	200 kg
Entnahme	28.3.	125 kg

Produziert wurden von Produkt 1 (1,35 kg Materialverbrauch) 145 Stück und von Produkt 2 (0,95 kg Materialverbrauch) 270 Stück.

Übungsaufgabe 3.1/32:

Eine EDV-Anlage im Anschaffungswert von 30.000 kann in fünf Jahren digital oder geometrisch-degressiv mit 50 % abgeschrieben werden. Wie hoch sind die Abschreibungsbeträge nach beiden Methoden im 3. Jahr?

Übungsaufgabe 3.1/33:

Für eine Maschine liegen folgende Angaben vor:

- Anschaffungskosten 15.000
- Wiederbeschaffungskosten 18.000

- Nutzungsdauer 4 Jahre
- Leistungsvorrat 60.000 Stück

Nach einem Jahr sind mit der Maschine 11.500 Stück gefertigt worden. Welchen Abschreibungsbetrag würden Sie in der Kostenrechnung verrechnen?

Fragen zu Kapitel 3.2

- Worin bestehen die Aufgaben der Kostenstellenrechnung?
- Erläutern sie genau, warum man versucht, mit Hilfe der Kostenstellenrechnung die Kalkulationsgenauigkeit zu verbessern!
- Definieren Sie eine Kostenstelle!
- Welche Grundsätze sind bei der Einteilung des Betriebs in Kostenstellen zu beachten?
- Inwiefern liegt ein Optimierungsproblem in der Realisierung dieser Grundsätze?
- Welchen Zwecken dient eine kalkulatorische Fehlerrechnung?
- Skizzieren Sie das Vorgehen bei einer solchen Rechnung!
- Was verstehen Sie unter einer Maßgröße der Kostenverursachung? Geben Sie einige Beispiele!
- Stimmt die Gliederung des Betriebs in Kostenstellen überein mit der Gliederung nach

  - räumlichen Gesichtspunkten?

  - Verantwortungsgesichtspunkten?
- Von welchen Faktoren hängt die Feinheit der Kostenstellenbildung generell ab?
- Nach welchen Kriterien kann man die Kostenstellen gliedern?
- Geben Sie die verschiedenen Kostenbereiche an, und erläutern Sie ihre Aufgaben!
- Wie gliedert man die Kostenstellen nach abrechnungstechnischen Gesichtspunkten?
- Geben Sie einige Beispiele für Kostenstellen des

  - Sozialbereichs

  - Transportbereichs

  - Materialbereichs

  - Vertriebsbereichs

  - Reparaturbereichs
  - Fertigungsbereichs
  - Verwaltungsbereichs
  - Energiebereichs
  - Raumbereichs
  - Forschungs- und Entwicklungsbereichs

- Worin besteht der Unterschied zwischen Haupt- und Hilfskostenstellen?
- Sind Forschungsstellen Haupt- oder Hilfskostenstellen?
- Geben Sie Beispiele für
  - Hilfskostenstellen, die als Hauptkostenstellen tätig werden
  - Hauptkostenstellen, die als Hilfskostenstellen tätig werden!
- Worin besteht der Unterschied zwischen
  - Vor- und Hauptkostenstellen
  - End- und Hilfskostenstellen
  - Fertigungsstellen und Fertigungshilfsstellen
  - allgemeinen Kostenstellen und Nebenkostenstellen?
- Erläutern Sie den Unterschied zwischen einem innerbetrieblichen Verrechnungssatz und einem Kalkulationssatz!
- Kann die Kostenstellenrechnung abrechnungstechnisch verschiedenartig durchgeführt werden?
- Welches sind die Aufgaben (Arbeitschritte) des BAB?
- Wie werden die Einzelkosten im BAB behandelt?
- Skizzieren Sie chronologisch die einzelnen Arbeitsschritte des BAB!
- An welcher Stelle werden im BAB die sekundären Gemeinkosten der Hilfskostenstellen ermittelt?
- Kann man im BAB die
  - primären
  - sekundären
  - gesamten

  Gemeinkosten pro Hauptkostenstelle ablesen?
- Skizzieren Sie die Kostenkontrolle in der

- Normalkostenrechnung

- Plankostenrechnung!

- An welcher Stelle ist der BAB in den Gemeinschaftskontenrahmen einzuordnen?
- Beschreiben Sie in den Grundzügen die Verteilung der primären Gemeinkosten auf die Kostenstellen!
- Wie erfolgt die Übernahme der sekundären Gemeinkosten aus der Kostenartenrechnung in den BAB?
- Geben Sie einige Beispiele für die direkte und indirekte Verteilung der primären Gemeinkosten auf die Kostenstellen!
- Was versteht man unter einem Kostenschlüssel, und wie unterscheidet er sich von einer Bezugsgröße?
- Geben Sie jeweils mindestens fünf Beispiele für

  - Wertschlüssel

  - Mengenschlüssel!
- Nennen Sie für einige primäre Gemeinkostenarten die Verteilungsart und -grundlage!
- Haben Sie noch den Überblick darüber, an welcher Stelle des Arbeitsauflaufs innerhalb der gesamten Kostenrechnung Sie sich augenblicklich befinden? (Falls nicht, schlagen Sie bitte auf S. 9-10 nach!)
- Erläutern Sie Aufgaben und Problematik der innerbetrieblichen Leistungsverrechnung!
- Geben Sie einige Beispiele für innerbetriebliche Leistungen!
- Wie werden aktivierbare innerbetriebliche Leistungen kostenrechnerisch behandelt?
- Wodurch unterscheiden sich die aktivierbaren von den nicht aktivierbaren innerbetrieblichen Leistungen?
- Was versteht man unter der Interdependenz des innerbetrieblichen Leistungsaustausches?
- Nennen Sie die Verfahren der innerbetrieblichen Leistungsverrechnung!
- Beschreiben Sie das Gleichungsverfahren, und nehmen Sie eine kritische Würdigung vor!
- Wie wird das Gleichungsverfahren auch genannt?
- Erläutern Sie den Aufbau der Kostenüberwälzungsgleichung! Was muss darin gleich sein?

- Sind die Verrechnungssätze nach dem Gleichungsverfahren immer höher als diejenigen, die man erhält, wenn man die Primärkosten der Hilfskostenstelle durch die Gesamtleistung dividiert?
- Wird im Gleichungsverfahren auch der Eigenverbrauch der Kostenstellen berücksichtigt?
- Erörtern Sie die Anwendungsmöglichkeiten des Gleichungsverfahrens unter Kostenkontrollaspekten!
- Beschreiben Sie (genau) das Stufenleiterverfahren, und nehmen Sie eine kritische Würdigung vor!
- Geben Sie synonyme Ausdrücke für das Stufenleiterverfahren an!
- Warum heißt das Stufenleiterverfahren „Stufenleiterverfahren"?
- Wird im Stufenleiterverfahren der Eigenverbrauch erfasst?
- Unter welchen Voraussetzungen sind die Ergebnisse nach dem Gleichungs- und Stufenleiterverfahren identisch?
- Was bedeutet das Symbol x_{ji} beim Anbauverfahren?
- Beschreiben Sie das Anbauverfahren, und nehmen Sie eine kritische Würdigung vor!
- Unter welchen Voraussetzungen sind die Ergebnisse nach dem

  - Stufenleiter- und Anbauverfahren

  - Gleichungs- und Anbauverfahren

  identisch?
- Lässt sich allgemein behaupten, dass die sekundären Gemeinkosten der Hilfskostenstellen beim Anbauverfahren höher sind als die beim Gleichungsverfahren?
- In welcher Weise sollte man aus Zweckmäßigkeitsgründen die Hilfskostenstellen beim

  - Stufenleiterverfahren

  - Anbauverfahren

  - Gleichungsverfahren

  im BAB anordnen?
- Wie wirkt sich der systematische Fehler des Stufenleiterverfahrens auf die Kalkulation aus?
- Skizzieren Sie die Richtung der Leistungsströme bei den Verfahren der innerbetrieblichen Leistungsverrechnung!

- Worin besteht der Unterschied zwischen dem Gleichungsverfahren und einem Festpreisverfahren?
- Erläutern Sie den Begriff der „Gemeinkostenaufträge"!
- Welchen Zweck verfolgt man mit der Bildung von Kalkulationssätzen?
- Wie lautet die Formel zur Ermittlung eines
  - Istkalkulationssatzes auf Vollkostenbasis
  - Plankalkulationssatzes auf Grenzkostenbasis?
- Was versteht man unter einer Bezugsgröße? Geben Sie einige Beispiele!
- Wann werden mehrere Bezugsgrößen pro Kostenstelle verwandt? Geben Sie einige Beispiele (die nicht im Text erwähnt sind)!
- Welches ist die „Bezugsgröße" für die Fixkosten?
- Erläutern Sie die Bezugsgrößen, die üblicherweise verwandt werden im
  - Allgemeinen Bereich
  - Materialbereich
  - Fertigungsbereich
  - Vertriebsbereich
  - Verwaltungsbereich
- Was versteht man unter der sogenannten „Maschinenstundensatzrechnung"?
- In welchem Maße kann das Verursachungsprinzip in diesen Bereichen eingehalten werden?

Aufgaben zu Kapitel 3.2

Übungsaufgabe 3.2/1:

In einer Werkhalle befinden sich drei gleichartige Revolverdrehbänke und zwei gleichartige Karusselldrehbänke. Für jede dieser Maschinen ist eine Beschäftigung von 300 Monatsstunden vorgesehen; die entsprechenden Plan-Gemeinkosten betragen pro Revolverdrehbank € 3.600 und pro Karusselldrehbank € 5.400.

Wie würden sie die Kostenstelleneinteilung für diese Halle vornehmen, wenn die Produkte alternativ auf einer der Drehbänke bei gleicher Zeit bearbeitet werden und eine kalkulatorische Fehlergrenze von 10 % nicht überschritten werden darf?

Übungsaufgabe 3.2/2:

Stellen Sie für das Gleichungsverfahren bei vier Hilfskostenstellen die einzelnen Gleichungen in allgemeiner Form dar, und kennzeichnen Sie darin die Ausdrücke für den Eigenverbrauch jeder Kostenstelle sowie die wertmäßigen Leistungen der zweiten an die vierte Kostenstelle!

Übungsaufgabe 3.2/3:

Errechnen Sie für folgende Angaben die innerbetrieblichen Verrechnungssätze nach dem Gleichungsverfahren:

- Kostenstelle 1 erzeugt 250 Leistungseinheiten
  bei € 750 primären Gemeinkosten
- Kostenstelle 2 erzeugt 150 Leistungseinheiten
  bei € 1.000 primären Gemeinkosten
- Kostenstelle 1 gibt 100 Leistungseinheiten an Kostenstelle 2 ab und erhält
  50 Leistungseinheiten von 2.

Übungsaufgabe 3.2/4:

Berechnen Sie für das Beispiel 2 (vgl. S. 130) die Verrechnungssätze nach dem Gleichungs-, Stufenleiter- und Anbauverfahren bei umgekehrter Reihenfolge der Kostenstellen!

Übungsaufgabe 3.2/5:

Für die folgenden Angaben ist nach bereits durchgeführter Verteilung der primären Gemeinkosten der 'Rest'-BAB aufzustellen und sind die Kalkulationssätze zu ermitteln:

Kostenstelle	primäre Gemeink.	Stromverbrauch in kWh	Wasserverbr. in cbm	Verbrauch Rep.std.
Strom	2.800	-	60	-
Wasser	1.200	-	-	-
Reparatur	800	1.000	100	-
Material	3.000	2.000	100	20
Meisterbüro	2.000	500	-	-
Fertigung I	8.000	4.000	400	120
Fertigung II	11.000	3.000	400	-
Verwaltung	4.500	1.800	50	18
Vertrieb	2.500	2.000	90	62

- Die Kostenstellen sind für das Stufenleiterverfahren in einer zweckmäßigen Reihenfolge zu ordnen.
- Die Umlage der Hilfskostenstellen erfolgt nach den obigen Verbrauchsmengen.
- Die Umlage des Meisterbüros erfolgt im Verhältnis 1 : 2 auf Fertigung I und II.
- Folgende Bezugsgrößen gelten für die Hauptkostenstellen:

Material:	€ 18.000	Einzelmaterialkosten
Fertigung I:	2.100	Maschinenstunden
Fertigung II:	670	Akkordstunden.

Die Verwaltungs- und Vertriebsgemeinkosten sind als einheitlicher Zuschlag auf die Herstellkosten (ohne Sondereinzelkosten) in Höhe von € 83.000 zu verteilen.

Übungsaufgabe 3.2/6:

Vervollständigen Sie den folgenden 'Rest-'BAB durch die innerbetriebliche Leistungsverrechnung (nach dem Stufenleiterverfahren) und ermitteln Sie die Kalkulationssätze! Alle erforderlichen Angaben finden sich in der unteren Tabelle!

Kostenstelle	Summe	Gebäude	Werkst	Fert.I	Fert.II	Mei-bü.	Verw.	Vertr.
primäre Gemeinkosten		5.000	12.000	42.000	16.000	4.000	25.000	8.000
Umlage Gebäude								
Umlage Werkstatt								
Umlage Meister-büro								

Kostenstelle	Summe	Gebäude	Werkst	Fert.I	Fert.II	Mei-bü.	Verw.	Vertr.
gesamte Gemeinkosten								
Bezugsgrößen				114.000	700		170.000	
Kalkulationssätze								

Umlage Gebäude (nach m^2)		-	2.000	4.000	2.000	1.000	500	500
Umlage Werkstatt (nach Rep.-std.)			-	200	50	-	-	10
Umlage Mei-bü. (2:1 auf I und II)				2	1			
Art der Bezugsgröße				€ Ak-kordl.	Masch. std.		€ Herstellk. de Umsatzes	

Anmerkung: In der oberen Tabelle sind mit Ausnahme der 700 Maschinenstunden nur €-Beträge angegeben; in der unteren nur Mengengrößen (m^2 bzw. Rep.-std.).

Übungsaufgabe 3.2/7:

Mit welcher Größe muss (nach der innerbetrieblichen Leistungsverrechnung) die Summe der Gemeinkosten aller Hauptkostenstellen übereinstimmen?

Übungsaufgabe 3.2/8:

Worin besteht der Unterschied zwischen primären und sekundären Kosten?

Übungsaufgabe 3.2/9:

Errechnen Sie die innerbetrieblichen Verrechnungssätze für folgende Angaben nach

a) dem Gleichungsverfahren:

b) dem Anbauverfahren:

Stromstelle erzeugt 5.000 kWh bei 30.000 € primären Gemeinkosten.

Dampfstelle erzeugt 3.000 m^3 bei 40.000 € primären Gemeinkosten.

- Die Dampfstelle verbraucht 2.000 kWh und
- die Stromstelle verbraucht 1.000 m^3.

Übungsaufgabe 3.2/10:

Stellen Sie für die folgenden Angaben einen BAB auf und errechnen Sie die Kalkulationssätze:

Kostenstelle	primäre Gemeink.	Verbrauch kWh	Fläche in m^2	Zahl der Beschäftigten
Strom	1.700	-	120	2
Raum	2.000	-	-	3
Sozial	1.100	-	-	-
Material 1	2.540	1.000	300	5
Material 2	4.200	2.000	80	3
AV	920	500	60	2
Fertigung 1	10.760	15.000	600	20
Fertigung 2	5.300	6.000	460	8
Verwaltung	3.300	1.500	200	4
Vertrieb 1	1.140	3.000	100	3
Vertrieb 2	2.400	2.000	140	5

- Ordnen Sie die (Hilfs-)Kostenstellen für die Anwendung des Stufenleiterverfahrens.
- Die Umlage der Gemeinkosten der Hilfskostenstellen erfolgt nach den in der obigen Tabelle angegebenen Schlüsselzahlen.
- Die Umlage der Arbeitsvorbereitung (AV) erfolgt im Verhältnis 4 : 1 auf Fertigung 1 und Fertigung 2.
- Für die Hauptkostenstellen sind folgende Bezugsgrößen zu verwenden:

Material	1:	6.000	kg Einzelmaterialgewicht
Material	2:	22.300	€ Einzelmaterialkosten
Fertigung	1:	2.500	Maschinenstunden
Fertigung	2:	64.900	kg Durchsatzgewicht
Vertrieb	2:	11.040	kg Verladegewicht

- Die Gemeinkosten der Stellen Verwaltung und Vertrieb 1 sind als einheitlicher Zuschlag auf die Herstellkosten in Höhe von 103.000 zu verrechnen.

Übungsaufgabe 3.2/11:

Ermitteln Sie die Verrechnungssätze nach dem Anbauverfahren, wenn bei drei Hilfskostenstellen (A, B, C) die primären Gemeinkosten 15.000, 18.000 und 1.000

betragen und die Leistungsverflechtung folgende Struktur aufweist (LE = Leistungseinheiten):

		aufnehmende Stelle				
		A	B	C	D	E
leistende Stelle	A	0	40	0	750	0
	B	17	0	32	250	150
	C	0	50	0	100	400
	D	0	0	0	0	0
	E	0	0	0	0	0

Übungsaufgabe 3.2/12:

Folgende Daten sind für einen BAB gegeben:

- Einzelkosten aller Kostenstellen
- Umlageschlüssel.

a) Welche Daten fehlen, um die innerbetriebliche Leistungsverrechnung durchführen zu können?

b) Welche Angaben fehlen, um die Kalkulationssätze ermitteln zu können?

Übungsaufgabe 3.2/13:

Die Kostenstellen A, B und C haben untereinander folgende Leistungen (in Produkteinheiten) ausgetauscht:

Annehmend	Abgebend A	Abgebend B	Abgebend C
A	-	15	4
B	18	-	-
C	-	5	-

Insgesamt wurden produziert:

- A 150 Produkteinheiten
- B 30 Produkteinheiten
- C 125 Produkteinheiten

Primäre Gemeinkosten entstanden in Höhe von:

- A 15.000,--
- B 12.000,--
- C 40.500,--

Ermitteln Sie die innerbetrieblichen Verrechnungspreise (q_i) nach dem Gleichungsverfahren!

Übungsaufgabe 3.2/14:

Für den Monat September meldet die Finanzbuchhaltung eines Betriebes folgende Daten:

- Gehälter 56.000
- Gebäudemieten 15.000
- Kleinmaterial für Fertigung 16.000
- Werkzeuge (60 % Fertigung; 40 % Schlosserei) 32.000
- Hilfslöhne 63.000
- Strom 2.660
- Gewerbesteuer 10.500.

Verteilen Sie aufgrund der folgenden Angaben die o.g. primären Gemeinkosten auf die Kostenstellen. Berücksichtigen Sie dabei auch kalkulatorische Abschreibungen und kalkulatorische Zinsen, wobei das gesamte Anlagevermögen zum abnutzbaren Anlagevermögen zählt, in der Tabelle zu Wiederbeschaffungswerten angegeben ist, fünf Jahre genutzt werden kann und die kalkulatorischen Zinsen nach der Durchschnittswertmethode bei einem Zinssatz von 10 % errechnet werden sollen. Die kalkulatorischen Abschreibungen sind in jährlichen gleichen Beträgen anzusetzen. Die Gewerbesteuer ist – hier vereinfachend – insgesamt direkt auf die Kostenstelle „Verwaltung" zu kontieren!

Kostenstelle	Größe (qm)	Prozent der Gehalts-empfänger	Prozent der Lohn-empfänger	Anlage-vermögen (€)	Verbrauch Strom (kWh)
Transport	50	10	15	60.000	300
Schlosserei	200	5	10	10.000	2.000
Lager	220	15	15	5.000	1.500
Fertigung	1.600	10	60	280.000	8.700
Verwaltung	250	30	-	3.000	500
Vertrieb	180	30	-	-	300
Summen	2.500	100	100	358.000	13.300

Übungsaufgabe 3.2/15:

In den letzten fünf Jahren ergaben sich für eine Kostenstelle folgende Ist-Gemeinkostenzuschlagsätze:

	01	02	03	04	05
Gemeinkosten	33.440	42.400	47.270	43.248	50.876
Zuschlagsgrundlage (Maschinenstunden)	2.200	2.650	2.900	2.720	3.160
Zuschlagssatz pro Maschinenstunde	15,20	16	16,30	15,90	16,10

Im Jahr 06 werden 3.050 Maschinenstunden realisiert, und es fallen 49.500 Gemeinkosten an. Wie hoch wären die Normalkosten dieser Kostenstelle, wenn diese als Durchschnitt der Istkosten der letzten 5 Jahre berechnet werden, und wie hoch ist der Normal-Zuschlagssatz? Ermitteln Sie die Über- bzw. Unterdeckung dieser Kostenstelle!

Übungsaufgabe 3.2/16:

Ermitteln Sie die Kostenstellenüber- und -unterdeckungen absolut und in % für folgende Werte:

	Kostenstellen A	Kostenstellen B
Ist-Gemeinkosten	17.425	1.270
Zuschlagsbasis	110.200	14.800
Ist-Zuschlag (%)		
Normal-Zuschlag (%)	14,79	8,70
Verrechnete Gemeink.		
Über-/Unterdeckung (absolut)		
Über-/Unterdeckung (in %)		

„Überdeckung" bedeutet, dass die verrechneten Gemeinkosten (= Normalkosten) höher sind als die Istkosten. Umgekehrt bei „Unterdeckung": Hier werden die Istkosten durch die niedrigeren verrechneten Normalkosten nicht gedeckt.

Übungsaufgabe 3.2/17:

Für die Hilfskostenstellen Strom, Reparatur und Dampf liegen folgende Daten vor:

	Strom	Reparatur	Dampf
Produz. Mengen	20.000 kWh	500 Std.	6.000 m^3
Primäre Gemeink.	4.000 €	6.500 €	4.000 €
Austausch	50 Std.	10.000 kWh + 1.000 m^3	100 Std.

Ermitteln Sie die Verrechnungssätze der Kostenstellen nach dem Gleichungsverfahren!

Übungsaufgabe 3.2/18:

Für eine Kostenstelle wird überprüft, welche Bezugsgröße man zur Kostenplanung und -kontrolle verwenden soll. Zur Auswahl stehen Maschinenminuten, Fertigungslöhne, Fertigungsmaterial und die Anzahl der produzierten Halbfertigerzeugnisse. Die variablen Kosten und die zu überprüfenden Bezugsgrößen haben in den Monaten Januar-Dezember folgende Werte aufgewiesen:

Variable Kosten	Maschinen-minuten	Fertigungs-material in €	Fertigungs-löhne in €	Halbfertig-produkte in Stück
8.000	400	3.000	2.500	200
9.600	450	3.500	1.950	240
10.200	500	3.700	2.200	255
10.500	530	5.200	2.300	260
10.300	500	6.100	3.400	255
11.400	590	6.150	3.600	282
10.700	560	6.200	3.600	265
10.000	520	5.000	3.550	248
9.500	470	5.500	3.650	236
8.700	430	5.600	3.200	216
9.200	460	4.500	3.300	228
8.500	420	4.500	3.500	210

Prüfen Sie, welche Bezugsgröße(n) zur Planung und Kontrolle der Kosten am besten geeignet ist (sind)! Begründen Sie auch, weshalb die anderen Bezugsgrößen sich nicht so gut dazu eignen!

Übungsaufgabe 3.2/19:

Für die Hilfskostenstellen Gartenpflege, Wasserwerk und Reinigung liegen folgende Daten vor:

	Gartenpflege	Wasserwerk	Reinigung
Produz. Mengen	2.000m^2	20.000m^3	500 Std.
Primäre Gemeink.	6.000,-	7.000,-	3.000,-
Austausch	4.000 m^3 + 200 Std.	400 m^2 + 100 Std.	4.000 m^3

Berechnen sie die Verrechnungssätze der Kostenstellen nach dem Gleichungsverfahren!

Führen Sie für folgenden BAB die innerbetriebliche Leistungsverrechnung nach dem Gleichungsverfahren durch, und ermitteln Sie die Kalkulationssätze der Hauptkostenstellen!

Ko.stellen / Ko.arten	Strom	Dampf	Fuhrpark	Werkstatt	Montage	Verwalt.	Vertrieb	Summen
1. Einzellöhne				13.678	11.399			25.077
2. Einzelmaterialk.				62.380	12.220			74.600
3. Hilfslöhne	410	380	680	5.700	6.640	860	1.220	15.890
4. Gehälter	1.120	580	-	-	2.600	4.540	2.080	10.920
5. Sozialkosten	550	410	100	3.690	5.820	460	450	11.480
6. Reparaturen	190	120	1.340	385	215	50	400	2.700
7. Betriebsstoffe	760	230	110	20	35	45	30	1.230
8. Kalk. Abschr.	745	260	2.200	2.160	1.240	170	250	7.025
9. Kalk. Zinsen	157	60	60	630	986	243	214	2.450
Su. prim. Gemeink.	3.932	2.040	4.590	12.585	17.536	6.368	4.644	51.695
Zuschlagsbasis (= Bezugsgröße)	kWh	t Dampf	tkm	Einzellöhne	Einzelmat.k.	Herstellkosten = 151.372		

Der innerbetriebliche Leistungsaustausch stellt sich mengenmäßig wie folgt dar:

Strom in kWh an	4.400*	4.800		20.000	13.000	9.200	3.600	55.000
Dampf in t an	40		10	35	15	10	10	120
Fuhrp. in tkm an	240				360		3.400	4.000

* Eigenverbrauch

Übungsaufgabe 3.2/21:

Führen Sie für den obigen BAB der Übungsaufgabe 3.2/20 die innerbetriebliche Leistungsverrechnung nach dem Stufenleiterverfahren durch! Ordnen sie dabei die Hilfskostenstellen in der Reihenfolge Dampf (= 1), Fuhrpark (= 2) und Strom (= 3)! Vergleichen Sie die Ergebnisse mit denen der Übungsaufgabe 3.2/22!

Übungsaufgabe 3.2/22:

Für den folgenden einfachen BAB ist die innerbetriebliche Leistungsverrechnung nach dem Gleichungsverfahren auf Grenzkostenbasis durchzuführen und sind die Grenz-Kalkulationssätze der beiden Hauptkostenstellen zu ermitteln! Was geschieht mit den Fixkosten? Mit dieser Aufgabe soll die Behandlung der Fixkosten in der Kostenstellenrechnung einer Grenzkostenrechnung verdeutlicht werden! (var. = variable Kosten = Grenzkosten; fix = fixe Kosten).

Kostenstellen / Kostenarten	Summen	Gebäuderein.		Fuhrpark		Fertigung		Verw. u. Vertr.	
		var.	fix.	var.	fix	var.	fix	var.	fix
Hilfslöhne	26.000	1.200	2.400	3.300	1.200	12.900	3.000	1.000	1.000
Gehälter	22.500				4.000		6.500		12.000
Sozialkosten	36.550	960	1.920	2.640	3.760	10.320	6.950	800	9.200
Betriebsstoffe	7.300	600		700		5.600		400	
Fremdrep. u. -wartung	16.100		2.300	4.300	1.100	5.000	2.000		1.400
Kalkulatorische Abschreibung	75.900		9.000	16.200	4.300		37.700		8.700
Kalkulatorische. Zinsen	12.800		1.500		3.700	900	5.300		1.400
Summe primärer Gemeink.	197.150	2.760	17.120	27.140	18.060	34.720	61.450	2.200	33.700
Bezugsgrößen f .var. Kosten		12.000 m^2		46.000 km		1.500 Masch.std.		340.000 Herstellk.	

Die innerbetrieblichen Leistungen, die bei den empfangenden Stellen variablen und/oder fixen Charakter haben können, stellen sich mengenmäßig wie folgt dar:

Gebäudereinigung in m^2	12.000			2.000			7.460	2.200	33.700
Fuhrpark in km	46.000	680				10.000			

Fragen zu Kapitel 3.3

- Skizzieren Sie die Stellung der Kostenträgerrechnung innerhalb der Kostenrechnung!
- Systematisieren Sie die verschiedenen Arten von Kostenträgern!
- Ist eine eigenerstellte Maschine ein Kostenträger? Begründen Sie Ihre Antwort!
- Was versteht man unter Haupt- und Hilfskostenträgern?
- Kann man aus den Begriffen Kundenauftrag bzw. Lagerauftrag auf die Fertigungsstruktur des Unternehmens schließen?
- Unterscheiden Sie Anlagen- und Gemeinkostenaufträge!
- Worin bestehen die Aufgaben der Kostenträgerrechnung?
- Inwiefern benötigt die Finanzbuchhaltung Zahlenmaterial aus der Kostenträgerrechnung?
- Welche verschiedenen preispolitischen Problemstellungen können Sie unterscheiden?
- Was bedeuten die Begriffe LSÖ und LSP?
- Erläutern Sie den Unterschied zwischen Kostenträgerzeit- und Kostenträgerstückrechnung! Welche dieser beiden Rechnungen wird zeitlich früher durchgeführt?
- Grenzen Sie die Begriffe Vor-, Zwischen- und Nachkalkulation voneinander ab! Welche Beziehungen bestehen zur Ist-, Normal- und Plankalkulation?
- Sprechen Sie über das Fixkostenproblem in der Kostenträgerrechnung!
- Systematisieren Sie die verschiedenen Kalkulationsformen! Ziehen Sie hierfür gegebenenfalls die Gliederung des Lehrbuches heran!
- Wie verfährt man bei der einstufigen Divisionskalkulation, und welche Voraussetzungen müssen für ihre Anwendung erfüllt sein?
- Geben Sie Anwendungsbeispiele für diese Kalkulationsform!
- Welche Kalkulationsformen setzen eine Kostenstellenrechnung voraus und welche nicht? Sind letztere deshalb besonders vorteilhaft?
- Worin besteht der Unterschied zwischen Herstell- und Selbstkosten?
- Erläutern und kritisieren Sie die zwei- und mehrstufigen Divisionskalkulationen!
- Wie müssen die Bestände an Fertigfabrikaten in der Handelsbilanz bewertet werden? Gilt die Antwort grundsätzlich auch für die Steuerbilanz?

- Beschreiben Sie den Unterschied zwischen synchroner und nicht-synchroner Fertigung! Inwiefern hat er eine Bedeutung für die Kalkulation?
- Was ist eine Stufenkalkulation bzw. eine Veredelungsrechnung? Handelt es sich um synonyme Begriffe?
- Erläutern Sie das Rechenverfahren der einstufigen Äquivalenzziffernkalkulation und nennen Sie (genau) die Voraussetzungen für die Anwendung!
- Erläutern Sie die Sortenfertigung!
- Geben Sie mindestens drei - im Text nicht erwähnte - Beispiele dafür!
- Was gibt eine Äquivalenzziffer an? Erläutern Sie die synonymen Begriffe!
- Leiten Sie für die zwei- und mehrstufige Äquivalenzziffernkalkulation die allgemeine Formel ab! Wählen Sie selbst die von Ihnen benötigten Symbole! Wie bezeichnet man den Nenner der Quotienten?
- Welche Voraussetzungen der einstufigen Äquivalenzziffernkalkulation werden mit Hilfe der zwei- und mehrstufigen aufgehoben?
- Kann eine Äquivalenzziffer

  - größer als 1
  - größer als 20
  - kleiner als 1
  - genau 1
  - genau Null sein?
- Erörtern Sie ausführlich die Frage, ob sich die Äquivalenzziffernreihen bei der zwei- bzw. mehrstufigen Rechnung

  - unterscheiden können
  - unterscheiden müssen!
- Was versteht man in diesem Zusammenhang unter einer mehrfachen Äquivalenzziffernrechnung?
- Nehmen Sie kritisch Stellung zur Anwendbarkeit der

  - einstufigen Divisionskalkulation
  - mehrstufigen Divisionskalkulation
  - einstufigen Äquivalenzziffernkalkulation
  - mehrstufigen Äquivalenzziffernkalkulation
  - mehrfachen Äquivalenzziffernkalkulation!

- Worin sehen Sie die grundsätzlichen Unterschiede zwischen den Divisions- und Zuschlagskalkulationen? Bestehen auch grundsätzliche Gemeinsamkeiten?
- Skizzieren Sie genau die Verfahren der summarischen Zuschlagskalkulation! Nennen Sie ihre Vor- und Nachteile!
- Skizzieren Sie die Grundlagen der differenzierenden Zuschlagskalkulationen!
- Schreiben Sie in Staffelform das allgemeine Kalkulationsschema der differenzierenden Zuschlagskalkulationen auf!
- Erläutern Sie anhand dieses Schemas den Unterschied zwischen der differenzierenden Lohnzuschlagskalkulation und der Bezugsgrößenkalkulation!
- Welches Verfahren der Kalkulation wenden Sie an, wenn Produktion und Absatz bei

  - Massenfertigung

  - Sortenfertigung

  - Serienfertigung

  jeweils synchron bzw. nicht-synchron verlaufen?
- Können Sie die Formel für die differenzierende Lohnzuschlagskalkulation aufschreiben? Wenn nicht, erläutern Sie verbal den rechentechnischen Aufbau dieses Verfahrens!
- Welche kritischen Einwände sind gegen die differenzierenden Lohnzuschlagskalkulation vorzubringen?
- Warum werden Fertigungseinzellöhne, die doch den Produkten direkt zurechenbar sind, trotzdem häufig in das Bezugsgrößensystem einbezogen und damit über den BAB (wie Gemeinkosten) verrechnet?
- Nennen Sie einige Bezugsgrößen aus dem

  - Materialbereich

  - Fertigungsbereich

  - Allgemeinen Bereich

  - Verwaltungsbereich

  - Vertriebsbereich!
- Können Sie die Formel für die Bezugsgrößenkalkulation aufschreiben? Wenn nicht, erläutern Sie verbal den rechentechnischen Aufbau dieses Verfahrens!
- Nehmen Sie kritisch zur Anwendbarkeit der

  - summarischen Lohnzuschlagskalkulation

  - differenzierenden Lohnzuschlagskalkulation

- Bezugsgrößenkalkulation

Stellung!

- Unterscheiden Sie eine unverbundene von einer verbundenen Produktion!
- Definieren Sie die Kuppelproduktion!
- Kennen Sie – im Text nicht genannte – Beispiele für Kuppelproduktionen?
- Inwiefern liegt in Sägewerken eine Kuppelproduktion vor?
- Welche Verfahren werden zur Kuppelkalkulation eingesetzt?
- Skizzieren Sie die Restwertmethode!
- Skizzieren Sie die Verteilungsmethode!
- Schreiben Sie die Formel für die Herstellkosten nach der Verteilungsmethode auf!
- Wie hoch sind die Kosten der Nebenprodukte nach der Restwertmethode?
- Wodurch unterscheiden sich die Äquivalenzziffern der Sortenkalkulation von denen der Kuppelkalkulation?
- Wie werden die Äquivalenzziffern der

  - Sortenkalkulation
  - Kuppelkalkulation

  in der Praxis ermittelt?
- Geben Sie einige Beispiele für Kuppel-Äquivalenzziffern!
- Sprechen Sie über die Beziehungen zwischen den Grundprinzipien der Kostenrechnung und den Kuppelkalkulationsverfahren!
- Warum soll man Kuppelprodukte überhaupt kalkulieren?
- Sprechen Sie über die Beziehungen zwischen Fertigungsverfahren und Kuppelkalkulationsverfahren!
- Welche kostenrechnerische Besonderheit ergibt sich stets bei Serienfertigung?

Aufgaben zu Kapitel 3.3

Übungsaufgabe 3.3/1:

Ein Betrieb produziert drei Sorten bei Gesamtkosten von € 113.000. Berechnen Sie die Herstell- und Selbstkosten pro Stück von jeder Sorte für die Angaben in der folgenden Tabelle. Die gesamte Produktion wurde in der gleichen Periode abgesetzt.

	Produktionsmengen	Äquivalenzziffern
x_1	2.000	0,8
x_2	6.000	1,0
x_3	10.000	1,5

Übungsaufgabe 3.3/2:

Unter Verwendung der Daten aus der Übungsaufgabe 3.3/1 sind wiederum die Herstell- und Selbstkosten pro Stück von jeder Sorte zu ermitteln. Produktion und Absatz stimmen bei allen drei Sorten nicht mehr überein. Die folgenden Daten gelten zusätzlich zu denen der Übungsaufgabe 3.3/1.

In den gesamten Kosten sind 22.600 Vertriebskosten enthalten.

	Absatzmengen	Äquivalenzz.d.Vertriebs
x_1	3.500	0,4
x_2	2.000	0,8
x_3	8.300	1,0

Übungsaufgabe 3.3/3:

Erhält man die gleichen Ergebnisse wie in Übungsaufgabe 3.3/1, wenn man in Übungsaufgabe 3.3/2 die Äquivalenzziffern des Vertriebs c.p. mit denen der Fertigung gleichsetzt, also für die Absatzmengen ebenfalls ausgeht von

$a_1 = 0{,}8$

$a_2 = 1{,}0$

$a_3 = 1{,}5$?

Übungsaufgabe 3.3/4:

Kalkulieren Sie (in Fortführung der Übungsaufgabe 3.2/5) mit Hilfe der Bezugsgrößenkalkulation die Selbstkosten/Stück eines Produktes, das beide Fertigungsstellen durchläuft, für folgende stückbezogenen Angaben:

Einzelmaterial	3,00
Einzellöhne	2,00
Maschinenminuten	12,00
Akkordminuten	9,00
Sondereinzelk.d.Fert.	0,70
Sondereinzelk.d.Vertr.	1,05

Übungsaufgabe 3.3/5:

Kalkulieren Sie die Selbstkosten pro Stück für folgende Angaben:

Gesamtkosten € 96.000; davon sind 12,5 % Verw.- u. Vertriebskosten;

produzierte Menge 2.400 Stück; abgesetzte Menge 600 Stück.

Wie hoch ist die (wertmäßige) Lagerbestandsveränderung der Periode?

Übungsaufgabe 3.3/6:

Versuchen Sie, aus dem Zahlenmaterial der Übungsaufgabe 3.2/5 herauszufinden, wie hoch der Lohnzuschlagssatz wäre, würde man die summarische Lohnzuschlagskalkulation anwenden wollen!

Übungsaufgabe 3.3/7:

In einem Kuppelproduktionsprozess entstehen drei „gleichwertige" Kuppelprodukte, die auf dem Markt abgesetzt werden. Kalkulieren Sie die Herstellkosten der Produkte nach der Tragfähigkeit für die bilanzielle Bestandsbewertung, wenn die Gesamtkosten des Prozesses € 234.000 betragen.

Produkte	Erzeugungsmengen (kg)	Marktpreise (€/kg)
1	12.000	4
2	6.000	10
3	20.000	18

Welche Konsequenzen würde eine Anwendung der Restwertmethode haben, wenn man die Produkte 1 und 2 als Nebenprodukte bezeichnete?

Übungsaufgabe 3.3/8:

In dem Betrieb, der durch den BAB der Abb. 24 (S. 119) beschrieben ist, wird u.a. auch eine Produktart hergestellt, für die folgende stückbezogene Daten gelten:

- Einzelmaterialkosten 15
- Einzellöhne I 8
- Einzellöhne II 6
- Einzellöhne III 25.

Ermitteln Sie die Ist-Herstell- und Selbstkosten für eine Einheit dieses Produkts nach der differenzierenden Lohnzuschlagskalkulation! Welche Ergebnisse erhält man, wenn man die summarische Lohnzuschlagskalkulation anwendet?

Übungsaufgabe 3.3/9:

Erläutern Sie genau die Unterschiede zwischen der summarischen und der differenzierenden Lohnzuschlagskalkulation! Worin bestehen die Gemeinsamkeiten beider Verfahren?

Übungsaufgabe 3.3/10:

Erläutern Sie genau die Unterschiede zwischen der differenzierenden Lohnzuschlagskalkulation und der sogenannten Bezugsgrößenkalkulation! Worin bestehen die Gemeinsamkeiten beider Verfahren?

Übungsaufgabe 3.3/11:

Berechnen Sie die Selbstkosten pro Stück nach der einstufigen Divisionskalkulation für folgende Angaben:

Eine Unternehmung produziert zwei Produktarten A und B. Bei Gesamtkosten von 54.725 werden 140 Stück von A und 275 Stück von B hergestellt. Die Produktion des Produktes B verursacht um 30 % höhere Kosten als die von A.

Übungsaufgabe 3.3/12:

Eine Ziegelei stellt Backsteine, Klinker und Dachziegel her. Die Kostenhöhe wird vor allem durch die unterschiedliche Brenndauer beeinflusst und kann für die drei Produkte in obiger Reihenfolge durch die Äquivalenzziffern 1,1 : 1,3 : 1,8 wiedergegeben werden. Im Abrechnungsmonat wurden folgende Mengen produziert:

- Backsteine 720.000
- Klinker 105.000
- Dachziegel 140.000

An Kosten sind angefallen:

- Personalkosten 311.000,-
- Roh-, Hilfs-, und Betriebsstoffe 79.420,-
- Energie 235.000,-
- Fremdleistungen 15.050,-
- weitere Fertigungskosten 27.610,-
- Kalk. Abschreibungen 24.600,-
- Kalk. Zinsen 15.620,-

Ermitteln Sie die Herstellkosten pro Produktart und pro Produkteinheit!

Übungsaufgabe 3.3/13:

In einer Druckerei werden drei verschiedene Bücher in zwei Produktionsstufen hergestellt. Die Äquivalenzziffernreihen sind bekannt.

Alle Daten zur Ermittlung der Herstell- und Selbstkosten sowie der wertmäßigen Lagerbestandsveränderungen sind der folgenden Tabelle zu entnehmen:

	Druck		**Binden**		**Absatz**	
	Äquiv. ziffer	Menge	Äquiv. ziffer	Menge	Äquiv. ziffer	Menge
Buch 1	0,9	4.000	1,0	3.800	1,1	4.100
Buch 2	1,4	3.200	1,0	3.400	1,2	3.300
Buch 3	1,3	1.900	1,0	1.500	1,7	1.400
Kosten	42.200		6.090		19.530	

Übungsaufgabe 3.3/14:

In einer Kleiderfabrik ergeben sich aus der Kostenartenrechnung für das erste Quartal folgende Werte:

• Mieten (Verwaltung 50 %, Fertigung 50 %)	18.000
• Oberstoffe	25.300
• Futter- und Hilfsstoffe	2.900
• Fertigungsakkordlöhne	87.500
• Hilfslöhne	13.100
• Technische Gehälter	54.700
• Kaufmännische Gehälter (Vertrieb u. Verwaltung)	96.000
• Gesetzlicher Sozialaufwand	
-- Fertigung (davon 15 % Hilfslöhne)	19.800
-- tech. Angestellte	10.000
-- kaufm. Angestellte	13.800
• Werkzeuge und Ersatzteile (Fertigung)	1.080
• Büro-Bedarf (Verwaltung)	192
• Treibstoffe (Verwaltung)	2.600
• Porti und Fernsprechgebühren (Verwaltung)	13.100
• allgemeine Werbekosten	1.820
• allgemeine Provisionen	18.000
• Rechtsberatungskosten	15.000

Trennen Sie diese Kosten in Einzel- und Gemeinkosten (Materialgemeinkosten fallen nicht an)! Ermitteln Sie die Zuschlagssätze für die summarische Zuschlagskalkulation!

Übungsaufgabe 3.3/15:

In einer Fertigungsstelle wird für die differenzierende Lohnzuschlagskalkulation ein Kalkulationssatz von 3.200 %(!) ermittelt. Der Berechnung lagen 7.200 Fertigungsstunden à 10 zugrunde. In dieser Kostenstelle wird auf vier Maschinen mit einer Gesamtstundenzahl von 2.880 produziert.

Was würden Sie hier vorschlagen?

Übungsaufgabe 3.3/16:

Für die einstufige Divisionskalkulation werden folgende Daten benötigt:

a) □ Fixkosten

b) □ Gesamtkosten

c) □ Mengen aller Produktarten

d) □ Menge der einzigen Produktart

e) □ Vertriebs- und Verwaltungskosten

f) □ Lagerbestandsveränderung an Halbfabrikaten

Übungsaufgabe 3.3/17:

Für die mehrstufige Divisionskalkulation werden folgende Daten benötigt:

a) □ Produktions- und Absatzmengen der verschiedenen Produktarten

b) □ Materialkosten pro Stück

c) □ Produktionsmengen der verschiedenen Produktionsstufen

d) □ Absatzmenge der einzigen Produktart

e) □ Herstellkosten der verschiedenen Produktionsstufen sowie Verwaltungs- und Vertriebskosten

f) □ Lagerbestandsveränderung an Fertigfabrikaten

Übungsaufgabe 3.3/18:

Nach Durchführung der innerbetrieblichen Leistungsverrechnung ergibt sich folgender Ausschnitt aus dem BAB:

	Material	Fertigung I	Fertigung II	Fertigung III
Summe Gem.kosten	3.180	7.200	16.560	11.520
Bezugs-größen	3.000 kg Einzelmaterial	150 Masch.std.	400 Akkord-std.	600 Masch.-std.

Ermitteln Sie die Herstellkosten des Produkts XY mit folgenden stückbezogenen Daten:

- 2 kg Einzelmaterial à 4 €
- 6 Maschinenminuten in Fertigung I
- 7 Akkordminuten in Fertigung II
- 12 Maschinenminuten in Fertigung III
- 14 Einzellöhne in Fertigung I-III.

Übungsaufgabe 3.3/19:

In einem Blasstahlwerk wird durch Zuführung von Sauerstoff Roheisen zu Stahl veredelt. Die anfallende Thomas-Schlacke wird zu Dünger weiterverarbeitet. Die Gesamtkosten für 140 t Stahl belaufen sich auf 18.000. Die 4 t dabei anfallende Schlacke werden für 0,06 pro Kilo zu (ebensoviel) Dünger verarbeitet und zum Preis von 29 pro Doppelzentner verkauft. Wie hoch sind die Herstellkosten für eine t Stahl?

Übungsaufgabe 3.3/20:

Ein Betrieb, der mit einer zweistufigen Divisionskalkulation arbeitet, hat in einer Abrechnungsperiode 1.600 Stück produziert. Die Gesamtkosten betrugen 800.000, davon waren 40 % Verwaltungs- und Vertriebskosten. Wie viel Stück wurden in dieser Abrechnungsperiode abgesetzt, wenn sich die Selbstkosten auf 620 pro Stück beliefern?

Übungsaufgabe 3.3/21:

Ein Betrieb produziert drei Produktarten und ermittelt folgende Zahlen:

	1	2	3
p	16	11	30
k_V	9	11	10
x	5.000	300	1.000

Die gesamten Fixkosten (K_F) betragen 27.500 und sind nach dem Tragfähigkeitsprinzip (im Verhältnis der Bruttogewinne) auf die Produkte zu verteilen.

Wie hoch sind die Nettogewinne pro Stück bei jeder Produktart?

Übungsaufgabe 3.3/22:

Die Grenz-Selbstkosten eines Produkts (Einproduktunternehmung) betragen 18, davon sind Materialkosten 12, Fertigungskosten 3, Verwaltungs- und Vertriebskosten 3. Ermitteln Sie die vollen Selbstkosten mittels prozentualer Fixkostenzuschläge auf die Grenz-Herstellkosten (Fixkosten des Material- und Fertigungsbereichs) bzw. vollen Herstellkosten (Fixkosten des Verwaltungs- und Vertriebsbereichs), wenn die Fixkosten des Material- und Fertigungsbereichs 81.000, die Fixkosten des Verwaltungs- und Vertriebsbereichs 19.440 betragen haben und insgesamt 1.800 Stück produziert und abgesetzt wurden!

Übungsaufgabe 3.3/23:

Es sind die Voll- und die Grenz-Selbstkosten eines Erzeugnisses zu ermitteln, für das die Materialeinzelkosten 6, die Sondereinzelkosten des Vertriebs 1,50 und die Sondereinzelkosten der Fertigung 0,50 betragen. Das Produkt durchläuft zwei Fertigungskostenstellen (I und II) und benötigt in I 10 Maschinenminuten (1,-/ Masch.min.(Voll-); 0,60/Masch.min. (Grenz-), in Kostenstelle II 18 Akkordminuten (0,25/Akkordmin. (Voll-); 0,18/Akkordmin. (Grenz-). Die Zuschlagssätze für die Materialgemeinkosten betragen 10 % (Voll-) und 6 % (Grenz-) auf die Einzelmaterialkosten, für die Verwaltungs- und Vertriebsgemeinkosten 20 % (Voll-) und 15 % (Grenz-) auf die jeweiligen Voll- bzw. Grenz-Herstellkosten einschließlich der Sondereinzelkosten.

Übungsaufgabe 3.3/24:

In der Kostenstelle Fertigung II steht eine Kaltbandstraße zur Herstellung von Walzstahl. Da unterschiedliche Profile gefertigt werden, sind zur Herstellung auf das jeweils neue Profil Umrüstzeiten erforderlich. Es wurde festgestellt, dass die Kosten der Kostenstelle sowohl von den Maschinenzeiten als auch von den Umrüstzeiten abhängig sind. Insgesamt wurden im Monat Mai 575 Maschinenstunden und 169 Umrüststunden gemessen. Die Kalkulationssätze betragen 30,50 pro Maschinenstunde und 15,60 pro Umrüststunde. Im gleichen Monat wurden 1.500 Meter Walzstahl Profil A und 2.700 Meter Walzstahl Profil B gefertigt. 1 Meter Profil A erfordert 5 Maschinenminuten, 1 Meter Profil B 10 Minuten. Die Rüststunden wurden von beiden Produkten je zur Hälfte verursacht.

Wie hoch sind die Walzkosten pro Meter Walzstahl von Profil A und Profil B?

Übungsaufgabe 3.3/25:

Folgende Struktur eines Produktionsprozesses mit den Leistungsdaten für eine Periode ist gegeben:

		aufnehmende Stelle				
		I	II	III	IV	V
leistende Stelle	I		600 kWh	1.800 kWh	7.000 kWh	0
	II	30 Std.	0	0	140Std.	0
	III	0	0	0	0	200 HF_A
	IV	0	0	0	0	400 HF_B
	V	0	0	0	0	0

Der Bereich III gibt 50 Halbfabrikate (HF_A), der Bereich IV 100 Halbfabrikate (HF_B) an ein Zwischenlager ab. Der Bereich V fertigt 300 Fertigfabrikate (FF).

Die primären Einzel- (ohne Materialeinzel-) und Gemeinkosten betragen:

Bereich	primäre Kosten
I	16.000
II	10.000
III	8.000
IV	12.000
V	25.000

a) Welches Kalkulationsverfahren ist aufgrund dieser Daten anwendbar?

b) Ermitteln Sie die Selbstkosten des Fertigfabrikats (FF), wenn dessen Materialkosten direkt zugerechnet werden und 108 pro Stück betragen, die Verwaltungs- und Vertriebskosten insgesamt 11.300 betragen, allerdings nur 80 % des FF verkauft werden. Die innerbetriebliche Leistungsverrechnung ist dabei mit Hilfe des Gleichungsverfahrens durchzuführen!

Fragen zu Kapitel 4.1

- Nach welchen Gesichtspunkten lassen sich Kostenrechnungssysteme unterscheiden, und welche Systeme sind dabei zu nennen?

- Skizzieren Sie zunächst die
  - Istkostenrechnung
  - Normalkostenrechnung
  - Plankostenrechnung

  und dann die
  - Vollkostenrechnung
  - Teilkostenrechnung!
- Was würden Sie unter einer Grenznormalkostenrechnung verstehen?
- Wie lässt sich das Mengen- und Wertgerüst der Produktionsfaktoren in der
  - Istkostenrechnung
  - Normalkostenrechnung
  - Plankostenrechnung

  unterscheiden?
- Warum gibt es keine reine Istkostenrechnung?
- Welches sind die Vor- und Nachteile der Istkostenrechnung?
- Unterscheiden Sie verschiedene Arten der Kostennormalisierung!
- Welches sind die Vor- und Nachteile der Normalkostenrechnung?
- Geben Sie einige Begriffe an, die häufig synonym mit „Plankosten" verwandt werden!
- Worin besteht der Unterschied zwischen einer starren und einer flexiblen Plankostenrechnung?
- Welchem Einwand ist die starre Form der Plankostenrechnung ausgesetzt?
- Ist in beiden Formen der Plankostenrechnung eine Trennung der Kosten in fixe und variable Bestandteile erforderlich?
- Definieren Sie die „Sollkosten"!
- Skizzieren Sie das Verhältnis zwischen Istkosten- und Plankostenrechnung!
- Welches ist der zentrale Einwand gegen die Vollkostenrechnung?
- Was verstehen Sie unter einer Grenzplankostenrechnung? Nennen Sie synonyme Begriffe!
- Warum heißt die Grenzkostenrechnung „Grenzkostenrechnung"?
- Inwiefern ist die Deckungsbeitragsrechnung nicht völlig identisch mit der Grenzkostenrechnung?

- Inwiefern haben sich die Schwerpunkte bei den Aufgaben der Kostenrechnung im Laufe der Zeit verschoben?
- Welche Formen der Teilkostenrechnung kennen Sie?
- Worin sehen Sie die wesentliche Voraussetzung für eine wirksame Kostenkontrolle?

Aufgaben zu Kapitel 4.1

Übungsaufgabe 4.1/1:

Kreuzen Sie hier – wie auch bei den später folgenden Multiplechoiceaufgaben – alle richtigen Aussagen an!

a) ☐ Der entscheidende Nachteil der Istkostenrechnung ist die fehlende Möglichkeit der Nachkalkulation.

b) ☐ Jede Plankostenrechnung benötigt zur Kostenkontrolle auch die Istkosten.

c) ☐ Die zeitliche Abgrenzung einzelner Kostenarten widerspricht dem Charakter einer reinen Istkostenrechnung.

d) ☐ Normalkosten entsprechen dem normalen (wirtschaftlichen) Verbrauch an Produktionsfaktoren.

e) ☐ Eine Kostenstellenrechnung wird in einer flexiblen Plankostenrechnung nicht mehr benötigt.

f) ☐ Die 'Kostenkontrolle' in der Normalkostenrechnung zeigt, inwieweit die aktuellen Istkosten von den Durchschnittskosten der Vergangenheit abweichen.

g) ☐ Sollkosten sind die auf die Istbeschäftigung umgerechneten Plankosten.

h) ☐ In einer flexiblen Plankostenrechnung werden für Zwecke der Kostenkontrolle die für die Planbeschäftigung vorgegebenen Plankosten an die laufend wechselnden Istbeschäftigungen angepasst.

Übungsaufgabe 4.1/2:

a) ☐ Jede Grenzkostenrechnung ist eine Teilkostenrechnung, aber nicht jede Teilkostenrechnung ist eine Grenzkostenrechnung!

b) ☐ Nur Istkostenrechnungen können Vollkostenrechnungen sein.

c) ☐ In einer Grenzkostenrechnung werden auch die Fixkosten auf die Kostenträger verrechnet.

d) ☐ In einer Grenzkostenrechnung werden die Fixkosten en bloc in das Betriebsergebniskonto übernommen.

e) ☐ Für kurzfristige Dispositionen sind i.d.R. die Fixkosten relevant.

f) ☐ Die Grenzkostenrechnung arbeitet i.d.R. mit einem linearen Gesamtkostenverlauf, also mit konstanten Grenzkosten, also mit gleichbleibenden variablen Stückkosten.

g) ☐ Die Deckungsbeitragsrechnung ist eine Methode zur Berechnung der Sozialversicherungsbeiträge.

h) ☐ Die Deckungsbeitragsrechnung ist eine Form der kurzfristigen Erfolgsrechnung, die auf einer Teilkostenrechnung aufbaut.

Übungsaufgabe 4.1/3:

Ergänzen Sie bitte die folgenden Aussagen:

a) Ein Kostenrechnungssystem, das die Vorgabewerte an die wechselnden Istbeschäftigungen anpasst, ist eine ....Kostenrechnung.

b) Teilkostenrechnungen entsprechen eher dem .... - Prinzip.

c) Für dispositive Aufgaben benötigt man die jeweils ....Kosten.

d) Plankosten basieren auf geplanten .... und ....für die eingesetzten Produktionsfaktoren.

e) Die Differenzen zwischen Ist- und Normalkosten bezeichnet man als ....

Übungsaufgabe 4.1/4:

Mit dieser und der folgenden Aufgabe soll der Begriff der „Sollkosten“ und das Grundprinzip der Kostenkontrolle in der flexiblen Plankostenrechnung etwas näher erläutert werden. Vgl. hierzu ausführlich HABERSTOCK (2004), insbesondere S. 14-27.

Für eine Kostenstelle wird eine monatliche Produktion von 500 Stück geplant (= Plan-Beschäftigung). Die Kostenvorgabe für diese Plan-Beschäftigung beträgt € 25.000 (= Plankosten). 20 % dieser Plankosten sind Fixkosten; man rechnet mit einem linearen Gesamtkostenverlauf.

Am Ende eines bestimmten Monats (= Kontrollzeitraum) wurde festgestellt, dass für 300 produzierte Stücke (= Ist-Beschäftigung) bei konstanten Faktorpreisen insgesamt € 20.000 Istkosten entstanden sind.

Beurteilen Sie die Wirtschaftlichkeit dieser Kostenstelle!

Übungsaufgabe 4.1/5:

Ermitteln Sie nach Lösung bzw. Lektüre der Übungsaufgabe 4.1/4 die Verbrauchs-, Beschäftigungs- und Gesamtabweichung für folgende Kostenstelle:

- Plan-Beschäftigung: 1.200 Maschinenstunden

  Plankosten: 140.000; davon 80.000 Fixkosten

- Ist-Beschäftigung: 1.200 Maschinenstunden

  Ist-Kosten: 176.000 bei konstanten Faktorpreisen.

Übungsaufgabe 4.1/6:

Mit dieser und der folgenden Aufgabe soll der bereits mehrfach verwandte Begriff der „relevanten Kosten“ (vgl. z.B. S. 53, 72-77 und S. 171/172, 178 oder 182) etwas näher erläutert werden. Vgl. hierzu ausführlich HABERSTOCK (1982), S. 170-194.

Ein Betrieb stellt auf einer Spezialmaschine ein Einbauteil her. Im Durchschnitt werden davon 100 Stück pro Monat benötigt und gefertigt; die Maschinenkapazität reicht für insgesamt 250 Stück/Monat aus.

Neuerdings wird das Einbauteil von einem Zulieferer für 20,- pro Stück frei Haus angeboten. Die Geschäftsleitung will vom Rechnungswesen, das (nur) über eine Vollkostenrechnung verfügt, die Stückkosten für das Einbauteil erfahren: Sie betragen 30,-.

Man entscheidet sich daraufhin für Fremdbezug, da die Eigenerstellung pro Monat 1.000,- mehr kostet.

Ein Jahr später wird die Kostenrechnung von Voll- auf Grenzkostenbasis umgestellt. Bei der Überprüfung der alten Kalkulationsunterlagen zeigt sich, dass die Grenzkosten (variablen Stückkosten) des Einbauteils 16,- betragen. Man erkennt den früheren Entscheidungsfehler und stellt das Teil wieder selbst her; die Spezialmaschine ist noch vorhanden.

Wieder ein Jahr später wird die Spezialmaschine defekt; eine Reparatur ist nicht mehr möglich. Die Geschäftsleitung weiß noch, dass die Eigenerstellung des Einbauteils günstiger ist als der Fremdbezug und genehmigt eine identische Ersatzinvestition in Höhe von 67.200,-. Man schätzt die Nutzungsdauer der neuen Anlage auf 5 Jahre.

Wie hätten Sie entschieden?

Übungsaufgabe 4.1/7:

Anhand der folgenden Tabelle soll in einer Unternehmung über die Bereinigung des Produktions- und Absatzprogramms zur Verbesserung der Erfolgslage bei unveränderten Kapazitäten entschieden werden.

Produktart	Absatzmenge	Stückpreis	volle Stückkosten	Nettogewinn pro Stück	Rangfolge	Nettogewinn pro Produktart
1	200	10	5	5	1.	1.000
2	400	12	8	4	2.	1.600
3	100	6	10	./. 4	4.	./. 400
4	800	15	16	./. 1	3.	./. 800
				Nettoerfolg	:	1.400
				==========		=========

Man entschließt sich, die Artikel 3 und 4 aus dem Programm zu streichen und den Absatz der Artikel 1 und 2 verstärkt zu fördern. Aufgrund dieser Maßnahmen wird mit einem Nettogewinn von mindestens 2.600 gerechnet.

In der folgenden Periode gelingt es, den Absatz der Produkte 1 und 2 jeweils zu verdoppeln. Der Nettogewinn beträgt aber nicht 5.200 wie erwartet, sondern es entsteht ein Verlust in Höhe von 1.100!

Wie konnte das passieren?

T E N O - SITZMÖBEL - GmbH
- große Kostenrechnungs-Fallstudie -

Vorbemerkungen:

In den Lehrbüchern zur Kostenrechnung wird im Allgemeinen mit *kleinen Beispielen* gearbeitet, die speziell für das jeweils behandelte Teilgebiet "konstruiert" sind. Die Verbindung zu den anderen Teilgebieten der Kostenrechnung kann dabei leicht verlorengehen. Die TENO-Fallstudie soll zur Schließung dieser Lücke beitragen: Es handelt sich dabei um ein *durchgängig zusammenhängendes Beispiel* mit folgenden Eigenschaften:

- Die Fallstudie beginnt an der Schnittstelle zwischen Finanzbuchhaltung und Kostenrechnung mit der Ableitung der Kosten unter Verwendung der handelsrechtlichen Aufwendungen.

- Es handelt sich um eine Istkostenrechnung auf Vollkostenbasis, die in einer späteren Fallstudie zu einer Grenz-Plankostenrechnung ausgebaut wird.

- Der klassische Abrechnungsweg jeder Kostenrechnung von der Kostenartenerfassung über die Kostenstellenrechnung (BAB inkl. innerbetriebliche Leistungsverrechnung) bis zur Kalkulation (hier differenzierende Zuschlagskalkulation) wird in der TENO-Studie deutlich sichtbar und kann lehrreich "trainiert" werden.

- Der Zeitbedarf zur Lösung der Studie sollte nicht unterschätzt werden; es sind sicherlich mehrere Stunden erforderlich!

Meinem Wissenschaftlichen Mitarbeiter, Herrn Dipl.-Ök. (heute WP/StB Prof. Dr., Anmerkung V.B.) Bruno Rauenbusch, danke ich herzlich für seine große Hilfe beim Vorbereiten, Testen und Ausformulieren dieser Fallstudie.

Lothar Haberstock Hamburg 1987

Die Teno-Sitzmöbel-GmbH produziert und verkauft zwei Produkte. Bei Produkt 1 handelt es sich um einen Stahlrohr-Freischwinger (vgl. Abb. 39), der sich aufgrund seiner Qualität, seines Sitzkomforts und seiner zeitlosen Eleganz schon längere Zeit großer Beliebtheit erfreut. Er wird in den Ausführungen Buche und Esche hergestellt. Die drei wesentlichen Elemente dieses Stuhls sind das Stahlrohr-Gestell, der Sitz- bzw. Lehnrahmen (aus Holz) sowie das Sitz- bzw. Lehngeflecht (aus Peddigrohr).

Produkt 2 der Teno-GmbH ist ein qualitativ hochwertiger Küchenhocker (vgl. Abb. 40), der in allen Teilen aus Buche hergestellt und mit einem Sitzgeflecht aus Peddigrohr versehen ist.

Abb. 39

Abb. 40

Die Stahlrohrgestelle, Sitz- und Lehngeflechte sowie die Rohlinge für die Beine des Hockers werden von fremden Zulieferern eingekauft. Die eigentliche Tätigkeit der Teno-GmbH besteht in der Herstellung der Sitz- bzw. Lehnrahmen, in der Bearbeitung der Rohlinge und im Verkauf der montierten bzw. geleimten Produkte.

Der Produktionsablauf beider Produkte - skizzenhaft aufgezeichnet - ist wie folgt:

<u>Produkt 1 (Stuhl)</u>

- Die fremdbezogenen, schon kammergetrockneten Bohlen der jeweiligen Holzart werden zunächst gelängt (verlängert, gestreckt) und getrennt (Maschine I).
- Dann werden die Teilstücke gerichtet und gedickt (Maschine II).
- Eine Kopierfräsanlage (Maschine III) bringt die einzelnen Teile in die endgültige Form.
- Verleimung der Sitz- und Lehnrahmen.
- Schleifen (Maschine IV) und Lackieren der Rahmen.
- Einleimung der Sitz- und Lehngeflechte in die Rahmen.

- Abschließend erfolgt die Montage der Stühle.

Produkt 2 (Hocker)

- Die bereits formgesägten Hockerbein-Rohlinge erhalten mittels der Kopierfräsanlage (Maschine III) ihre Endform.
- Die Herstellung der Sitzrahmen des Hockers erfolgt analog zur Herstellung der Sitzrahmen des Produktes 1.
- Verleimung der Sitzrahmen und der Hockerbeine.
- Schleifen (Maschine IV) und Lackieren der Hocker.
- Abschließend erfolgt die Einleimung der Sitzgeflechte in die Sitzrahmen.

Die Teno-GmbH führt eine monatliche Kostenrechnung durch (Istkostenrechnung auf Vollkostenbasis), mit deren Hilfe die angefallenen Kosten "kontrolliert" sowie die Kalkulationen für den Stuhl in den Ausführungen Buche bzw. Esche und den Hocker durchgeführt werden.

In der Finanzbuchhaltung des Unternehmens wurden im September 2004 folgende Aufwendungen (vgl. § 275 HGB) erfasst:

(1) Materialaufwand	
Aufwendungen für Roh-, Hilfs- und Betriebsstoffe	289.360,-
(2) Personalaufwand	
Löhne und Gehälter	106.292,-
soziale Abgaben und Aufwendungen für Altersversorgung	24.680,-
(davon für Altersversorgung	8.432,-)
(3) Abschreibungen	
auf Sachanlagen	12.330,-
(4) sonstige betriebliche Aufwendungen	26.350,-
(5) Zinsen	1.460,-
(6) außerordentliche Aufwendungen	500,-
(7) Steuern vom Einkommen und vom Ertrag	-,-
(8) sonstige Steuern	370,-
	461.342,-

Die einzelnen "Haupt-Aufwandsposten" (1-8) setzen sich folgendermaßen zusammen:

(1) Materialaufwand

Holz	
• Holzbohlen Buche	35.360,-
• Holzbohlen Esche	20.600,-
• Holzrohlinge (für den Hocker)	7.000,-
Stahlrohrgestelle	99.000,-
Geflechte	
• Sitzgeflechte	60.000,-
• Lehngeflechte	33.000,-
Aufwendungen für Ersatzwerkzeuge der Maschinen	12.000,-
Strom	6.000,-
Aufwendungen für Leim, Lacke und Schrauben	14.100,-
Schmiermittel, sonstiges Ersatz- und Reinigungsmaterial	2.300,-
	289.360,-
	=======

(2) Personalaufwand

Löhne und Gehälter	
• Brutto-Löhne	55.628,-
• Brutto-Gehälter	26.800,-
• Gratifikationen, Tantiemen, Lohnfortzahlungen, Trennungsentschädigungen, Zahlungen lt. Vermögensbildungsgesetz etc.	23.864,-
soziale Abgaben und Aufwendungen für Altersversorgung	
• soziale Abgaben (RV, KV, ALV, PflV)	16.248,-
• Altersversorgung	8.432,-
	130.972,-
	=======

(3) Abschreibungen auf Sachanlagen

auf Gebäude	1.333,-
auf Maschinen (Maschinen I-IV)	4.747,-
auf das sonstige Anlagevermögen	6.250,-
	12.330,-

(4) sonstige betriebliche Aufwendungen

Verluste aus dem Abgang von Gegenständen des Anlagevermögens (Verkauf einer alten Maschine)	4.000,-
Telefon, Büromaterial, etc.	1.200,-
Miete für die Räume des Bürogebäudes	3.750,-
Heizung, Wasser und Reinigung des Bürogebäudes	800,-
Heizung, Wasser und Reinigungsmittel für die Fertigungsräume	500,-
Speditionskosten	7.600,-
Verpackungsmaterial	4.000,-
Werbeaufwendungen	3.000,-
Beiträge, Gebühren, Versicherungen, Rechtsberatung u.a.	1.500,-
	26.350,-
	======

(5) Zinsen

für einen langfristigen Kredit (Zinssatz 8 %)	1.460,-

(6) sonstige Aufwendungen

eine Spende wurde an das DRK gezahlt	500,-

(7) Steuern vom Einkommen und vom Ertrag

Im September 2004 erfolgten bei der Teno-GmbH weder Körperschaftsteuer- noch Gewerbsteuerzahlungen (oder Erstattungen) -,-

(8) sonstige Steuern

Hierbei handelt es sich um eine Grundsteuer-Nachzahlung für 2002 370,-

Neben den Daten aus der Finanzbuchhaltung liegen noch weitere – für die monatliche Kostenrechnung bedeutsame – Informationen vor:

- Die produktiven Brutto-Löhne/-Gehälter betragen im September 45.812/22.600. Alle gesetzlichen, tariflichen und freiwilligen Personalzusatzkosten (= Sozialkosten) werden hierauf mit einem jahresdurchschnittlichen Prozentsatz von 85 % (Löhne) und 63 % (Gehälter) verrechnet.
- Bei den Abschreibungen auf Sachanlagen stehen den Aufwendungen der Finanzbuchhaltung zum Teil kalkulatorische Abschreibungen in anderer Höhe gegenüber:

Kalkulatorische Abschreibung auf Gebäude	1.333,-
Kalkulatorische Abschreibung auf die Maschinen I - IV	4.234,-
Kalkulatorische Abschreibungen auf das sonstige Anlagevermögen	5.200,-

- Die Aufwendungen für Gebühren, Rechtsberatung und Versicherungen sind im Jahresdurchschnitt zusammen um monatlich 1.500,- höher als in diesem Monat verbucht. Der monatliche Durchschnitt der Werbeaufwendungen liegt bei 3.500,-.
- Die kalkulatorischen Zinsen auf das betriebsnotwendige Kapital betragen 7.000,-.
- Kalkulatorische Wagnisse sind wie folgt einzubeziehen:

Beständewagnis	1.500,-
Fertigungswagnis	300,-
Vertriebswagnis	3.100,-

- Für einen geringfügig in der Verwaltung unentgeltlich tätigen Gesellschafter der GmbH wird ein kalkulatorischer Unternehmerlohn in Höhe von 2.000,- angesetzt.

- An Steuern sind in diesem Monat als durchschnittliche Monatsbeträge noch zu berücksichtigen:

GewSt	8.335,-
GrdSt	950,-

- Alle weiteren Kosten entsprechen den dazugehörigen Aufwandspositionen.
- Die Kosten für das Holz, die Gestelle und die Geflechte sind den Kostenträgern direkt zurechenbar (Einzelmaterialkosten). Das gleiche gilt für die in der Montage/Verpackung gezahlten Löhne in Höhe von 4.275,- (Akkordlöhne). Bei allen anderen Kosten handelt es sich um Kostenträger-Gemeinkosten (echte und unechte).

Aufgabe 1: Ermitteln Sie die im Monat September angefallenen Gesamtkosten!

In der Teno-GmbH werden folgende Kostenstellen unterschieden:

Hilfskostenstellen:

1. Spanabsauganlage
2. Meisterbüro
3. Reparaturwerkstatt
4. Raumstelle
5. innerbetrieblicher Tansport (ibTr)

Hauptkostenstellen:

6. Materiallager
7. Einkauf
8. Maschine I
9. Maschine II
10. Maschine III
11. Leimerei
12. Schleiferei (Maschine IV)/Lackiererei
13. Montage/Verpackung
14. Verwaltung
15. Verkauf
16. Auslieferungslager

Zur Veranschaulichung der betrieblichen Kostenstellen-Einteilung soll eine **Grundriss-Skizze der Teno-GmbH** (Abbildung 41) beitragen:

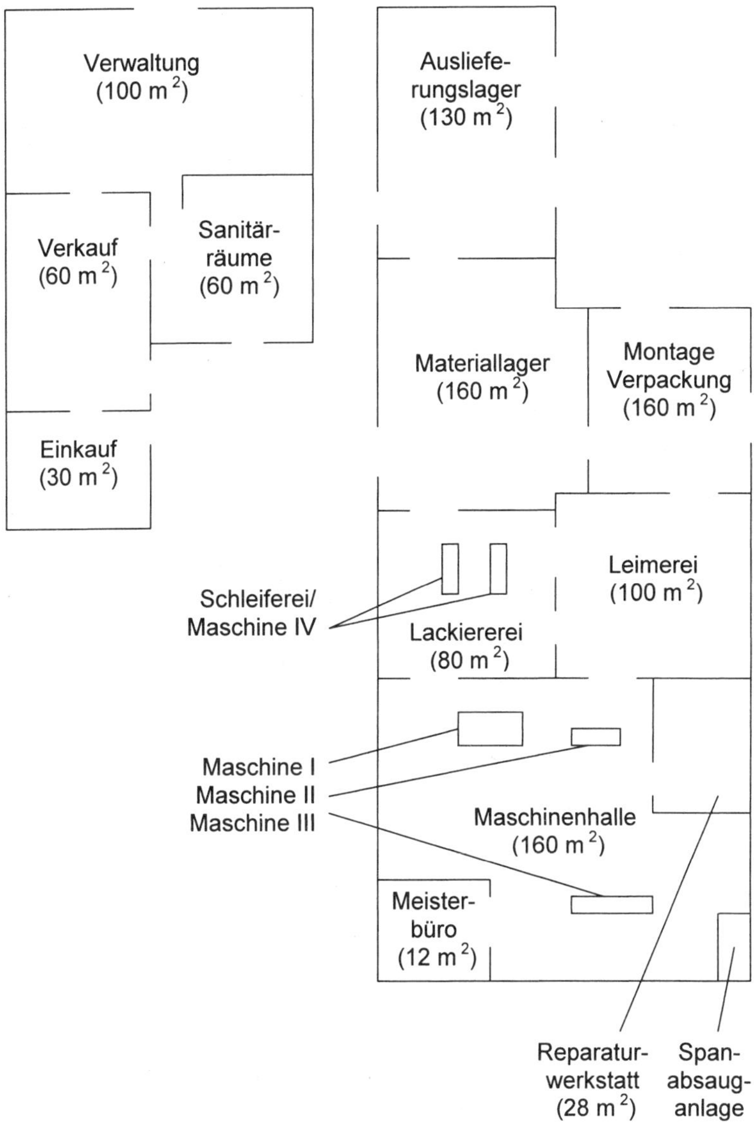

Zusatzinformationen zur Aufteilung der primären Gemeinkosten auf die Kostenstellen:

- Die Kosten für Leime, Lacke und Schrauben sind aufgrund der Material-Entnahmescheine mit 900, 10.500 und 2.700 auf Leimerei, Lackiererei und Montage zu verteilen.
- Bei den Ersatzwerkzeugen handelt es sich um den einzelnen Maschinen direkt zurechenbare, einem schnellen Verschleiß unterworfene Werkzeuge, nämlich Sägeblätter, Hobelmesser, Fräsköpfe und Schleifwerkzeuge. Im einzelnen fallen bei den Maschinen I - IV folgende Kosten an:

Maschine I:	4.000
Maschine II:	2.000
Maschine III:	5.000
Maschine IV:	1.000

- Schmiermittel, sonstiges Ersatz- und Reinigungsmaterial ist laut Materialentnahme der Reparaturwerkstatt (950), dem innerbetrieblichen Transport (400), den Maschinen I - IV (je 150) und der Lackiererei (350) zuzurechnen.
- Der Stromverbrauch wird bei den Maschinen I-IV, der Spanabsauganlage und dem innerbetrieblichen Transport mittels gesonderter Stromzähler für den Kraftstrom ermittelt. Der restliche Stromverbrauch des Fertigungsbereichs (Lichtstrom etc.) wird im Verhältnis 1:7:0,5:0,5:0,5:0,5 auf die Reparaturwerkstatt, die Raumstelle, das Materiallager, die Lackiererei, die Montage und das Auslieferungslager aufgeteilt. Der Grundpreis in Höhe von 195 € wird der Verwaltung zugerechnet. Die Stromkosten für Einkaufs-, Verwaltungs- und Verkaufsbüros belaufen sich im September auf 105 € und werden auf Einkauf (25 €), Verwaltung (45 €) und Verkauf (35 €) verteilt. Eine kWh wird mit 0,15 € berechnet.
- Die Zähler der mit Kraftstrom betriebenen Anlagen zeigen folgenden Monatsverbrauch an (in kWh):

Maschine I:	9.860
Maschine II:	3.880
Maschine III:	9.500
Maschine IV:	560
Spanabsauganlage:	4.400
Transportsystem:	2.200

- Die Teno-GmbH beschäftigt zur Zeit 20 Mitarbeiter mit regelmäßigem Einkommen und festem Arbeitsvertrag, die den einzelnen Kostenstellen wie folgt zugerechnet werden:

Kostenstelle	Mitarbeiter	Brutto-Lohn (L)/Brutto-Gehalt (G)	
Meisterbüro	1	G	3.550
Reparaturwerkstatt	1	L	3.410
Materiallager	1	L	3.198
Einkauf	1	G	3.420
Maschine I	1	L	3.258
Maschine II	1	L	3.317
Maschine III	1	L	3.394
Leimerei	3	L	3.235
		L	3.126
		L	215
Schleiferei/Lackiererei	4	L	3.430
		L	3.112
		L	3.270
		L	815
Montage/Verpackung	1	L	2.573
Verwaltung	2	G	6.050
		G	3.450
Verkauf	2	G	2.130
		G	4.000
Auslieferungslager	1	L	2.994

Drei Hilfskräfte werden den Kostenstellen mittels Stundenzetteln zugerechnet. Danach entfallen auf das Materiallager 2.755, die Leimerei 118, die Lackiererei 832, die Montage 1.702 und das Auslieferungslager 1.058.

- Die Steuern werden – bis auf die GrdSt – aus Vereinfachungsgründen dem Verwaltungsbereich zugerechnet. Die GrdSt entfällt auf die Raumstelle.
- Beiträge, Gebühren, Versicherungen und Rechtsberatungskosten werden zu 80 % dem Verwaltungsbereich und zu je 10 % dem Einkauf bzw. Verkauf angelastet. Die Gebäudeversicherungen betragen durchschnittlich 700 monatlich und werden der Raumstelle zugerechnet.
- Die Büros des Einkaufs, des Verkaufs und der Verwaltung sind aufgrund der Lärmbelastung in der Fertigung vom produzierenden Teil des Unternehmens abgetrennt. Sie befinden sich in einem angrenzenden Bürogebäude und stehen

nicht im Eigentum der GmbH. Die Raummiete (15 €/m^2) wird nach der Größe der Räumlichkeiten zugerechnet (vgl. dazu Abb. 41, S. 266). Umkleide- und Sanitär-Räume werden (aus Vereinfachungsgründen) der Verwaltung zugeschlagen.

- Heizung, Wasser und Reinigungsmittel für die Fertigungsräume belasten die Raumstelle.
- Die Speditionskosten betreffen zum Teil den Einkauf von Material und zum Teil den Transport von Stühlen zum Kunden. Die Zurechnung erfolgt aufgrund der Rechnung der Spediteure.

  Einkauf: 2.500

  Verkauf: 5.100.
- Die Kosten für Telefon, Büromaterial etc. sowie Heizung, Wasser und Reinigung des Bürogebäudes werden laut Entnahmescheinen, Rechnungen und Raumgrößen aufgeteilt auf das Meisterbüro (71), den Einkauf (300), die Verwaltung (1.185) und den Verkauf (444).
- Werbekosten fallen in den Verantwortungsbereich des Verkaufs.
- Die Kosten für Verpackungsmaterial sind der Montage/Verpackung zuzurechnen.
- Die kalkulatorischen Abschreibungen auf das Gebäude gehören zu den Raumkosten. Die kalkulatorischen Abschreibungen auf die Maschinen I - IV belaufen sich auf 694, 486, 2.500 und 554. Die kalkulatorischen Abschreibungen auf das sonstige Anlagevermögen berechnen sich nach dem Wert der "sonstigen" Gegenstände des Anlagevermögens in den einzelnen Kostenstellen.

Kostenstelle	„sonstiges“ Anlagevermögen zu Anschaffungskosten
Spansauganlage	10.000
Meisterbüro	3.000
Reparaturwerkstatt	4.000
innerbetriebl. Transport	90.000
Materiallager	8.000
Einkauf	5.000
Leimerei	60.000
Lackiererei	40.000
Montage/Verpackung	5.000
Verwaltung	15.000
Verkauf	5.000
Auslieferungslager	5.000
	250.000

- Die kalkulatorischen Zinsen setzen sich zusammen aus den Zinsen auf die Anschaffungskosten des Grundstückes (AK = 100.000), aus den Zinsen auf 50 % der Anschaffungskosten aller betriebsnotwendigen, abnutzbaren Gegenstände des Anlagevermögens (Summe der AK = 1.620.000) und den Zinsen auf das durchschnittlich monatlich gelagerte Umlaufvermögen (Materiallager: 100.000, Auslieferungslager: 40.000), welches zu AK bzw. Herstellkosten angesetzt wird. Der Zinssatz beträgt 8 %.

  Die kalkulatorischen Zinsen auf die AK des Grundstücks und des - im abnutzbaren Anlagevermögen mit AK in Höhe von 800.000 enthaltenen - Gebäudes sind bei der Raumstelle zu verbuchen. Die Zinsen auf das sonstige abnutzbare Anlagevermögen sind nach der Aufteilung des betriebsnotwendigen Vermögens auf die einzelnen Kostenstellen zu verteilen. Dabei sind - neben den schon oben angeführten sonstigen Gegenständen des Anlagevermögens - auch die Anschaffungskosten der Maschinen I-IV noch einzubeziehen, denn die wurden bei der Berechnung der kalkulatorischen Abschreibung nicht in die sonstigen Gegenstände des Anlagevermögens einbezogen:

AK Maschine I:		100.000
AK Maschine II:		70.000
AK Maschine III:		300.000
AK Maschine IV:	2 x	50.000

  Die Zinsen auf das Umlaufvermögen sind entsprechend dem jeweiligen Lagerwert auf das Material- bzw. Auslieferungslager aufzuteilen.

- Die Wagnisse sind wie folgt aufzuteilen:

Beständewagnis:	Materiallager 900 und Auslieferungslager 600.
Fertigungswagnis:	je 100,-- auf die Maschinen I - III.
Vertriebswagnis:	Verkauf 3.100,--.

- Der kalkulatorische Unternehmerlohn entfällt auf den Verwaltungsbereich.

Aufgabe 2:	Ermitteln Sie die Höhe der Gemeinkosten in den einzelnen Kostenstellen der Teno-GmbH!

Zusatzinformationen zur innerbetrieblichen Leistungsverrechnung (ibL):

- Die Spanabsauganlage gibt ihre Leistungen an die Maschinen I-III ab. Die Absaugung der Schleifmaschinen (Maschine IV) erfolgt – wegen der Explosionsgefahr aufgrund des feinen Schleifstaubes – durch maschinenintegrierte Anlagen. Maßgeblich für die Umlage der Spanabsauganlage ist der Anteil am gesamten Spananfall: Die Kosten der Anlage sind im Verhältnis 1 : 5 : 4 auf die Maschinen I-III zu verteilen.
- Der Meister ist für die gesamte Fertigung verantwortlich. Die Umlage erfolgt zu gleichen Teilen auf die Reparaturwerkstatt, den innerbetrieblichen Transport (der Meister führt die tägliche Transportplanung durch), die Maschinen I, II, III, die Leimerei, die Schleiferei/Lackiererei und die Montage/Verpackung. Bezugsgröße im September sind 152 Meisterstunden.
- Die Reparaturwerkstatt gibt Leistungen ab an die Spanabsauganlage, an sich selbst (Reparatur von Werkzeugen), an die Raumstelle (z.B. Reparatur und Wartung der Wasser- und Heizungsanlage), an den innerbetrieblichen Transport (Reparatur und Wartung der Hubstapler bzw. der Transportketten) und an alle anderen Kostenstellen, soweit sie Reparaturen von der Werkstatt durchführen lassen. Bezugsgröße sind im September 160 Stunden, die sich laut Stundenzettel wie folgt verteilen:

Kostenstelle	Stunden
Spanabsauganlage	5
Reparaturwerkstatt	5
Raumstelle	20
IbTr	20
Materiallager	5
Einkauf	5
Maschine I	30
Maschine II	20
Maschine III	20
Schleiferei (Masch. IV)	10
Lackiererei	10
Auslieferungslager	10
	160

- Die Raumkosten werden nach der Größe der Räume (gesamt 750 m^2) auf die Kostenstellen des Fertigungsbereiches verteilt. Die einzelnen Raumgrößen der Teno-GmbH sind aus der Abb. 41 (S. 267) zu entnehmen. Bei der Verteilung sind die Maschinen I-III gleichmäßig zu berücksichtigen.

- Die Leistungen des innerbetrieblichen Transports werden dem Materiallager, den Maschinen I, II, III, der Leimerei, der Schleiferei/Lackiererei, der Montage und dem Auslieferungslager im Verhältnis 2 : 1 : 1 : 1: 1 : 1 : 1 : 2 zugerechnet.

Aufgabe 3:	Ermitteln Sie die Verrechnungssätze der ibL anhand des Stufenleiterverfahrens, und nehmen Sie die Umlage der Kosten der Hilfskostenstellen auf die Hauptkostenstellen vor! Die Hilfskostenstellen sind für das Stufenleiterverfahren in eine zweckmäßige Reihenfolge zu bringen!

Weitere Zusatzinformationen zur Ermittlung der Kalkulationssätze der Hauptkostenstellen sowie zur Ermittlung der Herstell- und Selbstkosten der drei Produkte befinden sich auf der Seite 273!

Aufgabe 4:	Ermitteln Sie die Kalkulationssätze der Hauptkostenstellen!
Aufgabe 5:	Kalkulieren Sie die Herstell- und Selbstkosten der drei Produkte nach dem Verfahren der differenzierenden Zuschlagskakulation (Bezuggrößen-Kalkulation)!

Fußnoten zur Folgeseite

I) Die Gemeinkosten des Materiallagers *und* des Einkaufs sollen als einheitlicher Zuschlag auf die Einzelmaterialkosten verrechnet werden.

II) Vgl. hierzu auch die entsprechenden Kosten der Kostenartenrechnung.

III) Man geht bei diesen drei Kostenstellen davon aus, dass sich die Gemeinkosten jeder Stelle im Prinzip proportional zu den Maschinenzeiten verhalten. Da aber die Maschinenzeiten für die drei Produkte bisher nicht exakt ermittelt wurden, schätzt man Äquivalenzziffern (Relationen) der Maschinenzeitbeanspruchung für die drei Produkte. Die Gewichtung dieser Äquivalenzziffern mit den Produktionsmengen ergibt die angegebenen gesamten (Rechnungs-) Einheiten.

IV) Die Einzelteile der Stühle/Hocker werden an bestimmten Punkten zusammengeleimt. Die Gemeinkosten der Leimerei werden nach der Anzahl dieser Leimpunkte auf die Kostenträger verteilt.

V) Vgl. hierzu analog die Erläuterung in Fußnote III.

VI) Vgl. hierzu analog die Erläuterung in Fußnote I.

VII) Zur Ermittlung der Herstellkosten des Umsatzes ist hier die Kenntnis der einzelnen Absatzmengen erforderlich; der Vollständigkeit halber (und zur späteren Kontrolle der gesamten Herstellkosten) werden auch die einzelnen Produktionsmengen angegeben. Bestandsveränderungen an Halbfabrikaten treten nicht auf:

Stücke im September	Stuhl (Esche)	Stuhl (Buche)	Hocker
Absatz	1.000	2.100	640
Produktion	1.000	2.300	700

Kostenstelle	Art der Bezugsgröße	Höhe der Bezugsgröße	Bezugsgrößen pro Stück des Produktes		
			Stuhl (Esche)	Stuhl (Buche)	Hocker
Materiallager und Einkauf[I)]	Einzelmaterialkosten	254.960,--[II)]	75,60	68,60	30,83
Maschine I Maschine II Maschine III	Maschinenzeit-Äquivalenzziffern[III)]	3.685 Einheiten 3.685 Einheiten 3.505 Einheiten	1,00 1,00 1,00	1,00 1,00 0,80	0,55 0,55 0,95
Leimerei	Leimpunkte[IV)]	61.200 Punkte	16,00	16,00	12,00
Schleiferei (Maschine IV)/ Lackiererei	Arbeitszeit-Äquivalenzziffern[V)]	4.000 Einheiten	1,00	1,00	1,00
Montage/ Verpackung	Akkordlohn-Summe	4.275,--	1,20	1,20	0,45
Verwaltung	gesamte Herstellkosten	noch zu ermitteln	unbekannt	unbekannt	unbekannt
Verkauf und Auslieferungslager[VI)]	Herstellkosten des Umsatzes	noch zu ermitteln[VII)]	unbekannt	unbekannt	unbekannt

Lösungen der Übungsaufgaben[362] und der Fallstudie

„Seien Sie sehr skeptisch gegenüber den vorgeschlagenen „Lösungen“, sie sind, wie ich glaube, richtig.“[363]

[362] Die Aufgabennummerierung ist zweigeteilt: Der erste Teil gibt das Kapitel an, dem die Aufgabe inhaltlich zugeordnet werden kann; der zweite Teil enthält die fortlaufende Durchnummerierung.

[363] SAINSBURY (1993), S. 10.

Antworten und Lösungen zu den notwendigen betriebswirtschaftlichen Grundkenntnissen

Die hier angesprochenen betriebswirtschaftlichen Grundbegriffe und -kenntnisse sind bis zur Vorauflage als Exkurs im Text dieses Kostenrechnungslehrbuches eingearbeitet gewesen. Um den reinen Text des Lehrbuches auf das zwingend notwendige Maß zu beschränken, haben wir eine Übernahme in den Lösungsteil vorgezogen. Die Fragen und Übungsaufgaben zu Kapitel 0 sind somit von Ihnen aus Ihrem Grundwissen heraus oder erst nach dem Studium der folgenden Seiten lösbar!

Einige betriebswirtschaftliche Grundbegriffe und Grundkenntnisse sollen hier kurz vermittelt werden, damit das Verständnis kostenrechnerischer Fragen vereinfacht wird.

Produktionsfaktoren

Der Prozess der Leistungserstellung (Produktion) und Leistungsverwertung (Absatz) wurde oben als eine Kombination von Produktionsfaktoren bezeichnet. Für (volks- und) betriebswirtschaftliche Zwecke sind von verschiedenen Fachvertretern unterschiedliche Produktionsfaktor-Systeme entwickelt worden. Allen diesen Systemen ist gemeinsam, dass sie zunächst recht abstrakt erscheinen und dass sie als Denkmodelle der theoretischen Betriebswirtschaftslehre eine Reihe wertvoller Einsichten in die ökonomische Realität geliefert haben. Sie unterscheiden sich in der Art, Anzahl und Begründung der in das jeweilige System aufgenommenen Faktoren.

In der Betriebswirtschaftslehre hat sich inzwischen das Produktionsfaktor-System von Erich GUTENBERG durchgesetzt, das wie folgt gegliedert ist:

I. Elementarfaktoren

1. Menschliche Arbeitsleistungen
2. Betriebsmittel
3. Werkstoffe
4. Dienstleistungen.

II. Dispositiver Faktor

1. Originärer dispositiver Faktor (= Geschäfts- und Betriebsleitung)
2. Derivative dispositive Faktoren
   a) Planung
   b) Organisation.

Der Elementarfaktor „Menschliche Arbeitsleistung" wird zur Unterscheidung von dem im dispositiven Faktor enthaltenen leitenden (dispositiven) Arbeit auch als objektbezogene (ausführende, vollziehende) Arbeit gekennzeichnet. Typisches Beispiel ist die Akkordarbeit.

Unter den „Betriebsmitteln" versteht man die gesamte technische Apparatur, die für die Leistungserstellung und -verwertung erforderlich ist. Beispiele hierfür sind Grundstücke und Gebäude, Maschinen, Werkzeuge, Büroeinrichtungen. In der Bilanz sind die Betriebsmittel im Anlagevermögen enthalten.

„Werkstoffe" sind alle Roh-, Hilfs- und Betriebsstoffe. Sie erscheinen als Umlaufvermögen in der Bilanz. Die einzelnen Werkstoffe unterscheiden sich dadurch, dass sowohl Rohstoffe (als wesentlicher Bestandteil) als auch Hilfsstoffe (als unwesentlicher Bestandteil) in die betrieblichen Produkte eingehen (also im Fertigfabrikat noch enthalten sind), während die Betriebsstoffe zwar zur Herstellung des Produktes erforderlich sind, aber nicht in das Produkt eingehen. In der Holzmöbelindustrie beispielsweise ist das Holz Rohstoff, sind Leime, Lacke, Schrauben Hilfsstoffe, während Treibstoffe und Schmiermittel der Maschinen zu den Betriebsstoffen gehören. In vielen Betrieben werden zur Herstellung der Produkte fremdbezogene Fertigteile benötigt; diese Fertigteile kann man als vierte Gruppe der Werkstoffe auffassen oder zu den Roh- bzw. Hilfsstoffen zählen.

Bei den „Dienstleistungen" handelt es sich nicht um selbsterzeugte (innerbetriebliche) Leistungen, wie z.B. eigene Reparatur- oder Transportarbeiten, sondern um von außen bezogene Dienstleistungen, wie z.B. die Leistungen der Post und Bahn, der Wirtschaftsprüfer, Steuerberater, Rechtsanwälte, Werbeagenturen, Fuhrunternehmen usw. Die Dienstleistungen, von GUTENBERG nicht ausdrücklich als Elementarfaktoren erwähnt, sind von KILGER in das System eingefügt worden.

Der Einsatz und die Kombination der Elementarfaktoren wird durch die „Geschäfts- und Betriebsleitung", dem originären dispositiven Faktor, gelenkt. Als Hilfsmittel hierfür stehen die derivativen (abgeleiteten) dispositiven Faktoren „Planung" und

„Betriebsorganisation" zur Verfügung. GUTENBERG bezeichnet sie als den „verlängerten Arm der Geschäfts- und Betriebsleitung".[364] Planung bedeutet, den zukünftigen Betriebsablauf als Ganzes und in allen seinen Teilbereichen festzulegen; Organisation bedeutet die Realisierung des durch die Planung vorgegebenen Ablaufes.

Betrieb und Unternehmung

Die Abgrenzung der Begriffe Betrieb und Unternehmung wird in der betriebswirtschaftlichen Literatur unterschiedlich vorgenommen:

- Man betrachtet Betrieb und Unternehmung als gleichgeordnete Begriffe, wobei unter Betrieb die produktionswirtschaftliche (technische) Seite und unter Unternehmung die finanzwirtschaftliche (juristische) Seite einer Wirtschaftseinheit verstanden wird.
- Man betrachtet die Unternehmung als Oberbegriff und den Betrieb als Unterbegriff. Der Betrieb ist hier der (oder ein) technisch-produktionswirtschaftlicher Teilbereich der Unternehmung. Diese Ansicht stimmt weitgehend mit dem täglichen Sprachgebrauch überein; man denke an die organisatorische Gliederung von Unternehmungen in Betriebe, für die jeweils „Betriebsleiter" verantwortlich sind.
- Man betrachtet den Betrieb als Oberbegriff und die Unternehmung als Unterbegriff. Diese – insbesondere von GUTENBERG vertretene – Ansicht hat sich in der Betriebswirtschaftslehre weitgehend durchgesetzt und soll im Folgenden näher erläutert werden.

Nach GUTENBERG ist zur Abgrenzung der Begriffe Betrieb und Unternehmung das jeweilige Wirtschaftssystem in die Betrachtung einzubeziehen. Ein Betrieb lässt sich dann durch eine Reihe von Tatbeständen kennzeichnen, die vom jeweiligen Wirtschaftssystem unabhängig sind (systemindifferente Tatbestände). Daneben sind die systembezogenen Tatbestände zu beachten, die nur für Betriebe in einem bestimmten Wirtschaftssystem gelten.

Eine Unternehmung ist nach dieser Ansicht ein Betrieb in einem Marktwirtschaftssystem. M.a.W.: „Jede Unternehmung ist ein Betrieb, aber nicht jeder Betrieb ist eine Unternehmung",[365] denn es gibt auch Betriebe in anderen als marktwirtschaftlichen Wirtschaftssystemen.

---

[364] GUTENBERG (1983), S. 8.

[365] WÖHE (1993), S. 6.

GUTENBERG unterscheidet drei systemindifferente Tatbestände:

1. Jeder Betrieb ist eine Kombination von Produktionsfaktoren.
2. Diese Kombination erfolgt stets nach dem Wirtschaftlichkeitsprinzip.
3. In jedem Betrieb muss das finanzielle Gleichgewicht gewahrt werden, d.h. der Betrieb muss seine Zahlungsverpflichtungen erfüllen.

Für die beiden Extreme auf der Skala der verschiedenen Wirtschaftssysteme, die Marktwirtschaft einerseits und die (sich im Rückzug befindende) Zentralverwaltungswirtschaft (Planwirtschaft) andererseits, lassen sich jeweils drei systembezogene Tatbestände unterscheiden.

1. In der Marktwirtschaft gilt das Autonomieprinzip, da die Betriebe ihre individuellen Wirtschaftspläne selbst bestimmen und nicht durch Vorschriften staatlicher Stellen reglementiert werden. Dem steht in der Zentralverwaltungswirtschaft das Organprinzip gegenüber, da die Betriebe unselbständige Teile (Organe) des Gesamtsystems sind.

2. Unabhängig davon, dass die Kombination der Produktionsfaktoren stets nach dem Wirtschaftlichkeitsprinzip erfolgt, handeln Betriebe in der Marktwirtschaft nach dem erwerbswirtschaftlichen Prinzip, d.h. sie streben das Gewinn- bzw. Rentabilitätsmaximum an. Diese Zielsetzung verfolgen die Betriebe in der Zentralverwaltungswirtschaft nicht; ihre Maxime ist das Prinzip der plandeterminier ten Leistungserstellung.

3. Schließlich ist die Marktwirtschaft durch das Prinzip des Privateigentums an den Produktionsmitteln gekennzeichnet, während in der Zentralverwaltungswirtschaft das Prinzip des Gemeineigentums gilt, wonach die Produktionsmittel vergesellschaftet sind.

Wirtschaftlichkeit und Rentabilität

Auch die Begriffe Wirtschaftlichkeit und Rentabilität werden in der betriebswirtschaftlichen Theorie (und im täglichen Sprachgebrauch) mit unterschiedlicher Bedeutung verwandt.

Das Wirtschaftlichkeitsprinzip lässt sich in zwei Ausprägungen formulieren:

1) Handle so, dass mit vorgegebenem Aufwand der maximale Ertrag erzielt wird! (Maximalprinzip);
2) Handle so, dass mit minimalem Aufwand ein vorgegebener Ertrag erzielt wird! (Minimalprinzip).

Das Wirtschaftlichkeitsprinzip wird auch **ökonomisches Prinzip** oder Sparsamkeitsprinzip genannt und leitet sich aus dem Rationalprinzip als allgemeiner Maxime menschlichen Handelns ab. Man erkennt, warum GUTENBERG es zu den systemindifferenten Determinanten des Betriebstyps rechnet.

Die Wirtschaftlichkeit selbst – als Maßstab für die Einhaltung des Wirtschaftlichkeitsprinzips – wird gewöhnlich durch den Quotienten aus Ertrag (oder: Nutzen) und Aufwand (oder: Opfer) ausgedrückt.

$$(51) \qquad \text{Wirtschaftlichkeit} = \frac{\text{Ertrag}}{\text{Aufwand}}$$

Sie ist um so größer, je größer der Wert des Quotienten ist. Dieser Wert kann auch bei „wirtschaftlichem Handeln" kleiner als 1 sein, wenn – man denke z.B. an das Minimalprinzip! – der geringst mögliche Aufwand den vorgegebenen Ertrag übersteigt.

Als Nachteil der obigen Kennziffer erweist sich die Tatsache, dass es sich um eine wertmäßige Relation handelt, denn der Ertrag ist die mit Geld bewertete Leistungsmenge und der Aufwand die mit Geld bewertete Verbrauchsmenge an Produktionsfaktoren.[366)] Wenn beispielsweise bei unveränderten (innerbetrieblichen) Produktionsverhältnissen und gleicher Absatzsituation die Preise für die Produktionsfaktoren (etwa Rohstoffe) steigen, dann zeigt die obige Kennziffer eine verschlechterte Wirtschaftlichkeit an. Analoges gilt für Veränderungen der Absatzpreise.

Diese unbefriedigenden Ergebnisse kann man zwar durch den Ansatz konstanter Preise verhindern, dennoch bleibt die Kennziffer (1) recht unanschaulich.

Anschaulicher ist die entsprechende mengenmäßige Relation, die Produktivität genannt wird:

---

366) Die Begriffe Ertrag, Aufwand, Kosten etc. sind im Kapitel 1.3 (S. 15-25) genauer definiert.

(52) $$\text{Produktivität} = \frac{\text{Ausbringungsmenge}}{\text{Faktoreinsatzmenge}}$$

Bei dieser Kennziffer handelt es sich letzten Endes um einen Durchschnittsertrag; z.B. berechnet man im Bergbau die

$$\text{Arbeitsproduktivität} = \frac{\text{geförderte Kohle}}{\text{gefahrene Mannschichten}} \left[t / \text{Mannschicht} \right]$$

Als Nachteil erkennt man, dass die Produktivität sich nur auf einen Produktionsfaktor bezieht und nicht in der Lage ist, das Zusammenspiel aller Produktionsfaktoren widerzuspiegeln.

(53) $$\text{Wirtschaftlichkeit} = \frac{\text{Istkosten}}{\text{Sollkosten}}$$

Auch diese Wirtschaftlichkeitskennziffer setzt Wertgrößen zueinander in Beziehung und muss bei schwankenden Preisen durch Ansatz fester Verrechnungssätze in ihrer Aussagefähigkeit „stabilisiert" werden. Wenn man die Sollkosten als die geringstmöglichen Kosten für eine bestimmte Leistung definiert, dann kann die Kennziffer (53) keine Werte unter 1 (bzw. unter 100 %) annehmen.

Unter der Rentabilität versteht man einen Quotienten, in dessen Zähler stets der Gewinn steht und in dessen Nenner jene Größe steht, die der betreffenden Rentabilitätsart ihren Namen gibt:

(54) $$\text{Umsatzrentabilität (in \%)} = \frac{\text{Gewinn}}{\text{Umsatz}} \cdot 100$$

(55) $$\text{Eigenkapitalrentabilität (in \%)} = \frac{\text{Gewinn}}{\text{Eigenkapital}} \cdot 100$$

(56) $$\text{Gesamtkapitalrentabilität (in \%)} = \frac{\text{Gewinn} + \text{Fremdkap. zinse}}{\text{Gesamtkapital}}$$

Die Eigenkapitalrentabilität wird gelegentlich auch **Unterneh*mer*rentabilität** genannt und die Gesamtkapitalrentabilität **Unterneh*mens*rentabilität**; beide Quotienten enthalten im Nenner das durchschnittlich gebundene Kapital. Weist die Rentabilitätskennziffer einen positiven Wert auf, so ist die entsprechende Unternehmung rentabel.

Zu den systembezogenen Tatbeständen in einer Marktwirtschaft gehört das Handeln der Unternehmer nach dem erwerbswirtschaftlichen Prinzip. Unter diesem Prinzip versteht man die Maximierung des Gewinns bzw. die Maximierung der Rentabilität. Dabei ist mit Rentabilität – wie gewöhnlich auch im allgemeinen Sprachgebrauch – jene des Eigenkapitals gemeint.

Nun lässt sich aber zeigen,[367)] dass die Rentabilitätsmaximierung in den meisten Varianten als unternehmerische Zielsetzung zu Ergebnissen führen kann, die vom maximalen Gewinn abweichen. Deshalb dürfte das erwerbswirtschaftliche Prinzip in der Form der Rentabilitätsmaximierung keine praktische Bedeutung haben; selbst wenn Unternehmer behaupten, sie wollten möglichst rentabel arbeiten, meinen sie damit vermutlich doch das Ziel des maximalen Gewinns.

Es erhebt sich abschließend die Frage nach dem Verhältnis der Begriffe Wirtschaftlichkeit und Rentabilität zueinander. M.a.W.: Kann etwa ein Betrieb unwirtschaftlich und gleichzeitig rentabel sein oder unrentabel und gleichzeitig wirtschaftlich, usw.?[368)]

Dazu ein einfaches Zahlenbeispiel:

Eine Unternehmung produziert ein Produkt mit Stückkosten von € 6,00 und verkauft es für € 10,00 pro Stück. Dieses Unternehmen ist rentabel, denn es wird ein Gewinn erzielt, und damit ist die Kennziffer (55) – unabhängig von der Höhe des Eigenkapitals – positiv. Ob das Unternehmen auch wirtschaftlich arbeitet, hängt von den geringst möglichen Stückkosten ab, zu denen das Produkt beim aktuellen Stand der Technik hergestellt werden kann. Betragen diese „Sollkosten" – vgl. obige Kennziffer (53) – € 6,00, dann ist das Unternehmen im strengen Sinne unwirtschaftlich, wenn es mit höheren Kosten als € 6,00 arbeitet.

---

367) Vgl. HAX (1963).

368) Vgl. zu den Begriffen „Wirtschaftlichkeit", „Produktivität" und „Rentabilität" und zu ihrem Verhältnis zueinander auch die Übungsaufgaben 0/1 bis 0/9 auf den Seiten 187-190.

Die möglichen Fälle sind in der folgenden Tabelle 1 zusammengefasst:

	Preis	Kosten	
1	10,00	6,00	wirtschaftlich und rentabel
2	10,00	8,00	unwirtschaftlich und rentabel
3	5,00	6,00	wirtschaftlich und unrentabel
4	5,00	8,00	unwirtschaftlich und unrentabel

In der Praxis wird wahrscheinlich der Fall 2 am häufigsten vorkommen, auch deshalb, weil unter Berücksichtigung der verschiedenen Preis-Absatz- und Kostenfunktionen die Unternehmung nicht immer mit den niedrigsten Stückkosten produzieren darf, um das Gewinnmaximum zu erreichen.

Mit diesen Vorbemerkungen müssten die Fragen zu Kapitel 0 beantwortet werden können.

Lösungen der Aufgaben zu Kapitel 0

Lösung der Übungsaufgabe 0/1:

Richtig: d, e.

Lösung der Übungsaufgabe 0/2:

a) (1) $W = \frac{8.000}{1.500 + 1.000} = 3{,}2$

(2) $P_A = \frac{1.000}{500} = 2$ Stück / kg A ; $P_B = \frac{1.000}{100} = 10$ Stück / Stück B

(3) $W = \frac{2.500}{1.200 + 800} = 1{,}25$

b)

Kennziffer	Fall			
	a)	b1)	b2)	b3)
(1) W	3,20	4,80	4,00	2,86
(2) P_A	2,00	2,00	2,00	1,66
(2) P_B	10,00	10,00	10,00	10,00
(3) W	1,25	1,25	1,25/1,00	1,40

Die Aufgabe zeigt, dass bei den Kennziffern (1) und (3) aufgrund der (externen) Preisänderungen keine sicheren Einblicke in die (innerbetriebliche) Wirtschaftlichkeit möglich sind. Man muss in solchen Fällen mit festen Verrechnungspreisen arbeiten und kommt im Falle b2) für die Kennziffer (3) auf den (aussagefähigen) Wert von 1,25, wenn man den Preis von 3,- €/Stück unverändert beibehält, und auf den (unbrauchbaren) Wert von 1,00, wenn man die Istkosten auf der Basis von 2,- €/Stück errechnet.

Lösung der Übungsaufgabe 0/3:

Die Kennziffern P und W_2 korrespondieren miteinander: Eine verbesserte Arbeitsproduktivität hat sich bei konstanten Sollkosten in verringerten Istkosten niedergeschlagen.

Da aber gleichzeitig W_1 gesunken ist, muss entweder ein Preisverfall auf dem Absatzmarkt eingetreten sein oder es sind Preissteigerungen bei den Produktionsfaktoren eingetreten, wobei man dann allerdings in W_1 mit Istpreisen und in W_2 mit festen Verrechnungspreisen gerechnet haben muss.

Hinsichtlich der Rentabilität lässt sich lediglich feststellen, dass die Abteilung unrentabel ist, weil lt. W_1 der Aufwand den Ertrag übersteigt. Genauere Aussagen sind bei den verfügbaren Daten nicht möglich.

Lösung der Übungsaufgabe 0/4:

$$\text{Umsatz-Rent.} = \frac{6.000}{400.000} \cdot 100 = 1{,}5\ \%$$

$$\text{EK-Rent.} = \frac{6.000}{80.000} \cdot 100 = 7{,}5\ \%$$

$$\text{GK-Rent.} = \frac{6.000 + 12.000}{80.000 + 120.000} \cdot 100 = 9{,}0\ \%$$

Die Aufgabe zeigt im übrigen deutlich, dass sich die Gesamtkapitalrentabilität nicht ändert, wenn ceteris paribus die Fremdkapitalzinsen steigen. Es verringert sich dann allerdings die Eigenkapitalrentabilität, weil die Zinserhöhung zu Lasten des Gewinns geht.

Diese Aussage gilt nicht mehr uneingeschränkt, wohl aber der Tendenz nach, wenn man unterstellt, dass der Gewinn kontinuierlich während des Jahres entsteht. Das durchschnittlich gebundene Eigenkapital beinhaltet nämlich bei kontinuierlicher Gewinnentstehung den Anfangsbestand und den halben Jahresgewinn (oder den Mittelwert aus Anfangs- und Endkapital).

Lösung der Übungsaufgabe 0/5:

Fall	GK-Rent.	EK-Rent.
a)	$\frac{50}{625} \cdot 100 = 8\ \%$	$\frac{50-12}{625-200} \cdot 100 = 8{,}94\ \%$
b)	$\frac{50}{625} \cdot 100 = 8\ \%$	$\frac{50-18}{825-300} \cdot 100 = 9{,}85\ \%$
c)	$\frac{50}{625} \cdot 100 = 8\ \%$	$\frac{50-24}{625-400} \cdot 100 = 11{,}56\ \%$

Die Zunahme der EK-Rentabilität bei steigendem Verschuldungsgrad wird auch als „Leverage-Effekt" bezeichnet: Solange der Fremdkapitalzins unter der Gesamtkapitalrentabilität liegt, kommt die Differenz gleichsam als „Hebelwirkung" dem Eigenkapital zugute. Der Effekt kann natürlich auch in umgekehrter Richtung eintreten.

Lösung der Übungsaufgabe 0/6:

	status quo	Produktions-ausdehnung
Produktions- und Absatzmenge	1.000	1.500
Umsatz	7.500,-	11.250,-
Kosten	6.000,-	9.500,-
Gewinn	1.500,-	1.750,-
Umsatz-Rentabilität	20 %	15,56 %

Die Produktions- und Absatzerweiterung wird vorgenommen, wenn der maximale Gewinn das Ziel des Unternehmers ist. Er verzichtet auf eine Gewinnsteigerung von 250,-, wenn er die maximale Umsatzrendite anstrebt.

Das Beispiel soll die Fragwürdigkeit der Maximierung von Rentabilitätsziffern als unternehmerische Zielsetzung verdeutlichen.

Lösung der Übungsaufgabe 0/7:

	status quo	Fremdkapital-aufnahme
Gesamtkapital	200.000	250.000
Fremdkapitalzinsen	-	8.000
Gewinn	20.000	19.500
Gewinn + FK-Zinsen	20.000	27.500
GK-Rentabilität	10 %	11 %

Das zusätzliche Fremdkapital wird nur aufgenommen, wenn der Unternehmer zugunsten der höheren GK-Rentabilität (und damit zugunsten der Kreditgeber) auf 500,- Gewinn verzichtet.

Lösung der Übungsaufgabe 0/8:

Von der (über die Gesamtkapitalrentabilität) gegebenen Summe aus Gewinn und Zinsen in Höhe von 27.500 müssen mindestens 20.000 an Gewinn übrigbleiben, damit der Unternehmer ohne Gewinneinbuße das Fremdkapital aufnehmen kann.

Für das Fremdkapital verbleiben damit höchstens 7.500 Zinsen; der kritische Zinssatz beträgt also 15 %. Bei Zinssätzen von 15 % und darunter maximiert der Unternehmer gleichzeitig seinen Gewinn und seine GK-Rentabilität.

Lösung der Übungsaufgabe 0/9:

	status quo	Eigenkapital-einbringung
Eigenkapital	200.000	300.000
Eigenkapital-Rentabilität	15 %	11 %
Gewinn	30.000	36.000

Nach den obigen Daten liegt folgende Schlussfolgerung nahe: Wenn der Unternehmer seine Eigenkapital-Rentabilität maximieren will (status quo = 15 %!), dann muss er auf 6.000 Gewinn verzichten; er wird also trotz sinkender Eigenkapital-Rentabilität die 100.000 einbringen.

Diese Schlussfolgerung ist vordergründig, denn sie berücksichtigt nicht die Frage, woher das zusätzliche Eigenkapital stammt und wie es angelegt war oder werden kann:

Unter der Voraussetzung, dass die 100.000 ohne besondere Konsum- oder Kassenhaltungsmotive im privaten Bereich liquide gehalten werden, müsste obige Rechnung wie folgt korrigiert werden:

	status quo	Eigenkapital-einbringung
Eigenkapital	300.000	300.000
Gewinn	30.000	36.000
Eigenkapital-Rentabilität	10 %	12 %

Es zeigt sich, dass sowohl die Zielsetzung der Gewinnmaximierung als auch der Rentabilitätsmaximierung die gleiche Alternative, nämlich die Eigenkapitaleinbringung, empfehlen.

Unter der Voraussetzung, dass die 100.000 anderweitig angelegt werden können, beispielsweise zu 9 % festverzinslich, ergibt sich als korrigierte Rechnung:

	status quo	Eigenkapital-einbringung
Eigenkapital	300.000	300.000
Gewinn	39.000	36.000
Eigenkapital-Rentabilität	13 %	12 %

Wieder führen beide Zielsetzungen zur gleichen Handlungsempfehlung.

Im Ergebnis lässt sich festhalten, dass bei richtiger Formulierung derartiger Entscheidungsprobleme, nämlich bei Einbeziehung des gesamten Eigenkapitals des Entscheidungsträgers in die Rechnung, die Zielsetzungen der Gewinnmaximierung und der Eigenkapitalrentabilitätsmaximierung stets zu den gleichen Entscheidungen führen.

Falsch ist damit auch jene in der Literatur anzutreffende Meinung, wonach Gewinn- und Eigenkapital-Rentabilitätsmaximierung dann zu unterschiedlichen Entscheidungen führen, wenn sich bei den Handlungsalternativen die Eigenkapitalbasis unterscheidet (vgl. obige erste Rechnung!). Es gibt aber für gleichzeitig zur Disposition stehende Handlungsalternativen nur eine Eigenkapitalbasis, das gesamte Eigenkapital des Entscheidungsträgers.

An diesem Ergebnis ändert auch eine Zuführung von Eigenkapital durch neue Gesellschafter nichts, weil es sich hier nur juristisch um Eigenkapital der Gesellschaft, nicht aber ökonomisch um Eigenkapital der über diese Kapitalerhöhung entscheidenden alten Gesellschafter handelt.

Lösung der Übungsaufgabe 0/10:

Richtig: c.

Lösungen der Aufgaben zu Kapitel 1.1

Lösung der Übungsaufgabe 1.1/1:

Richtig sind a, c, d, e.

Lösung der Übungsaufgabe 1.1/2:

Richtig ist a.

Lösung der Übungsaufgabe 1.1/3:

		Korrekturen
a)	Die Finanzbuchhaltung ist vorwiegend als Informationsquelle für ~~die Unternehmungsleitung~~ bestimmt	Außenstehende (Gläubiger, Aktionäre, Fiskus)
b)	Die Kostenrechnung dient der Kontrolle der Wirtschaftlichkeit.	√
c)	Die Fragestellung der Kosten~~arten~~rechnung lautet: Wofür sind welche Kosten in welcher Höhe pro Stück angefallen?	träger
d)	Zur Kontrolle der Rentabilität ist am besten die ~~Finanzbuchhaltung~~ geeignet.	kurzfristige Erfolgsrechnung

	Korrekturen
e) Die kurzfristige Erfolgsrechnung ist aussagefähiger als die GuV der Finanzbuchhaltung, weil sie die Kosten nach ~~Kostenarten~~ und die Betriebserträge nach Kostenträgern differenziert und in der Regel eine ~~Quartals~~-rechnung ist.	Kostenträgern; Monats-
f) Der ausschüttbare Gewinn wird in der ~~Betriebs~~buchhaltung ermittelt.	Finanz-/Geschäfts-
g) Die Finanzbuchhaltung hat u.a. die wichtige Aufgabe, den Jahreserfolg durch Gegenüberstellung von Ertrag und ~~Kosten~~ zu ermitteln.	Aufwand

Lösungen der Aufgaben zu Kapitel 1.2

Lösung der Übungsaufgabe 1.2/1:

Richtig sind b, d.

Lösung der Übungsaufgabe 1.2/2:

Richtig sind a, b, d.

Nr. d) ist allein mit dem vorliegenden Text nicht lösbar; vgl. hierzu HABERSTOCK (1982), S. 138 ff.

Lösung der Übungsaufgabe 1.2/3:

Die Finanzbuchhaltung/Kostenrechnung

- ist in ihrem Schwerpunkt nach außen (extern)/nach innen (intern) orientiert.
- kontrolliert die Rentabilität/Wirtschaftlichkeit.
- ist gesetzlich vorgeschrieben/nicht vorgeschrieben.
- ist regelmäßig eine Jahresrechnung/Monatsrechnung.
- arbeitet mit Aufwendungen und Erträgen/Kosten und Betriebserträgen.
- ist tendenziell systembezogen/systemindifferent.

Lösung der Übungsaufgabe 1.2/4:

Früher half „KLASSE" als kleine – keinen Vollständigkeitsansprüchen genügende – Eselsbrücke (heute heißt das Konkurs- allerdings Insolvenzverfahren):

(K) (Konkurs-) Insolvenz- und Vergleichsbilanzen

L Liquidationsbilanzen

A Auseinandersetzungsbilanzen

S Sanierungsbilanzen

S Schlussbilanzen (bei Umwandlungsvorgängen)

E Eröffnungsbilanzen (bei Umwandlungs- und bei Gründungsvorgängen)

Steuerbilanzen und Konzernbilanzen gehören nicht zu den Sonderbilanzen, sondern sind regelmäßige Jahresbilanzen.

Lösungen der Aufgaben zu Kapitel 1.3

Lösung der Übungsaufgabe 1.3/1:

Bei der Kreditaufnahme in bar erhöhen sich sowohl der Kassenbestand als auch der Bestand an Verbindlichkeiten. Eine Veränderung des Geldvermögens tritt deshalb nicht ein.

Lösung der Übungsaufgabe 1.3/2:

Der Begriff Erfolg wurde im Zusammenhang mit der Finanzbuchhaltung und kurzfristigen Erfolgsrechnung erwähnt.

In der Finanzbuchhaltung gilt: **Erfolg = Ertrag - Aufwand**.

Hier handelt es sich um den Jahreserfolg (oder: Jahresergebnis). Ist der Erfolg positiv (negativ), so spricht man von Gewinn (Verlust).

$$\text{Erfolg} \begin{cases} = \text{Gewinn, wenn Ertrag} > \text{Aufwand} \\ = \text{Verlust, wenn Ertrag} < \text{Aufwand} \end{cases}$$

In der kurzfristigen Erfolgsrechnung gilt: **Erfolg = Betriebsertrag - Kosten**.

Hierbei handelt es sich um den (kurzfristigen) Betriebserfolg. Ist dieses Betriebsergebnis positiv (negativ), so spricht man von Betriebsgewinn (-verlust).

Lösung der Übungsaufgabe 1.3/3:

Für die Gliederung des neutralen Ertrages kann die Abb. 7, S. 21, herangezogen werden. Danach sind folgende drei Arten des neutralen Ertrags zu unterscheiden:

- Betriebsfremder Ertrag, wie z.B. Kursgewinne aus nicht betriebsnotwendigen Wertpapieren oder Mieterträge aus betrieblich (auch für die eigenen Arbeitnehmer) nicht notwendigen Gebäuden.
- Periodenfremder Ertrag, wie z.B. Gewerbesteuer-Rückerstattungen.
- Betrieblicher außerordentlicher Ertrag, wie z.B. Erträge aus Verkäufen gebrauchter Anlagegüter über ihrem Buchwert oder Erträge aus der Auflösung stiller Reserven im Vorratsvermögen.

Lösung der Übungsaufgabe 1.3/4:

a) Fälle 10 und 6. Es müsste – streng betrachtet – noch hinzugefügt werden, dass die Fertigerzeugnisse zu einem Preis in Höhe der Selbstkosten veräußert werden. Liegt der Preis über den Selbstkosten, so handelt es sich um eine Kombination der Fälle 17, 11 und 6.

b) Fall 4

c) Fall 4

d) Fälle 14, 8 und 2

e) Fälle 13, 8 und 3.

Lösung der Übungsaufgabe 1.3/5:

a) Mai: Ausgabe

Juni: - ; der Wechsel führt lediglich zu einer Umschichtung innerhalb des Geldvermögens

Juli: Aufwand und Kosten

Okt.: Auszahlung

b) Ist das Kalenderjahr Abrechnungsperiode, so fallen alle vier Begriffe zusammen, denn es wird in der gleichen Periode gezahlt, gelagert und verbraucht.

Lösung der Übungsaufgabe 1.3/6:

Jan.: Betriebsertrag und Ertrag

März: Einnahme

April: Einzahlung

Lösung der Übungsaufgabe 1.3/7:

Güter müssen in einer anderen Periode verbraucht werden als sie zugegangen (beschafft worden) sind: Es müssen also Lagerbestandsveränderungen auftreten. Bei nicht lagerfähigen Gütern und bei Dienstleistungen entsteht mit der Ausgabe (Zugang) stets auch der Aufwand (Verbrauch).

Lösung der Übungsaufgabe 1.3/8:

a) Akkordlohn wird während der Periode bar ausgezahlt.

b) Fertigerzeugnisse werden noch in der Herstellungsperiode bar verkauft.

Lösung der Übungsaufgabe 1.3/9:

- Spende für karitative Zwecke,
- kalkulatorischer Unternehmerlohn,
- Fremdreparaturen an Produktionsanlagen,
- Kreditaufnahme,
- Restabschreibung einer Maschine,
- Verkauf ab Lager,
- Lösen dieser Aufgaben!

Lösung der Übungsaufgabe 1.3/10:

	Auszahl.	Ausg.	Aufw.	Kosten	Einzahl.	Einnah.	Ertrag	Betr.ertr.
a		24.000						
b					12.000	12.000	12.000	12.000
c	20.000	16.700	16.700	16.700				
d					25.000			
e						6.800	1.800	

	Auszahl.	Ausg.	Aufw.	Kosten	Einzahl.	Einnah.	Ertrag	Betr.ertr.
f	= im März ohne Auswirkung!							
g	5.000	5.000						
h		700	700	700				
i					8.500	48.500	48.500	48.500
j	300	300	300					
k				8.000				
l			11.000	11.000				
			12.000	12.000				
m			6.000	6.000				
							15.000	18.000
S	25.300	46.700	46.700	54.400	45.500	67.300	77.300	78.500

Ebene I : Einzahl. ./. Auszahlung
45.500 ./. 25.300 = 20.200 = Erhöhung Kasse

Ebene II : Einnah. ./. Ausgabe
67.300 ./. 46.700 = 20.600 = Erhöhung Geldvermögen

Ebene III : Ertrag ./. Aufwand
82.300 ./. 51.700 = 30.600 = Erhöhung Gesamtvermögen

Ebene IV : Betr.ertr. ./. Kosten
78.500 ./. 54.400 = 24.100 = Erhöhung betr.notw.Verm.

Der Saldo der Ebene III entspricht dem (Bilanz-)Gewinn, der allerdings regelmäßig nur jährlich, nicht monatlich, ermittelt wird; er ist um 6.500 höher als der Saldo der Ebene IV (= Betriebserfolg). Diese Differenz ist darauf zurückzuführen, dass das neutrale Ergebnis (neutraler Ertrag ./. neutralem Aufwand) mit 1.500 (1.800 ./. 300) positiv ist und dass die kalkulatorischen Kosten den Bilanzgewinn nicht mindern dürfen, hier per Saldo 5.000 (= 8.000 als Kosten verrechneter kalkulatorischer Unternehmerlohn ./. 3.000 in den Beständen aktivierter kalkulatorischer Unternehmerlohn).

Lösung der Übungsaufgabe 1.3/11:

		Korrekturen
a)	Wenn liquide Mittel abfließen, ohne dass Güter ~~verbraucht~~ worden sind, dann ist Fall 1 gegeben	beschafft-
b)	Einnahmen und ~~Erträge~~ einer Periode fallen immer dann auseinander, wenn der Zugang liquider Mittel kleiner oder größer als der Umsatz dieser Periode ist.	Einzahlungen
c)	Wenn der Anfangsbestand eines Rohstoffes in einer Periode kleiner als der Endbestand ist, so bedeutet dies, dass eine ~~Einzahlung~~ stattgefunden haben muss.	Ausgabe
d)	Immer dann, wenn ~~Lagerbestandsveränderungen~~ stattfinden, fallen Ausgaben und Auszahlungen auseinander.	Kreditvorgänge
e)	Anderskosten sind kalkulatorische Kosten, denen Aufwand in anderer Höhe gegenübersteht.	√
f)	Eine Gutschrift auf dem Bankkonto ist nur dann gleichzeitig ~~ein Ertrag~~, wenn in der gleichen Periode ein Veräußerungsvorgang stattgefunden hat.	eine Einnahme
g)	Bei der Inanspruchnahme von Dienstleistungen sind die Aufwendungen gleich den ~~Kosten~~.	Ausgaben

Lösung der Übungsaufgabe 1.3/12:

Kasse:	AB	1.000	
	+ Zugänge	68.000	
	./. Abgänge	50.000	
	EB	19.000	19.000
+ Forderungen	AB	12.000	
	+ Zugänge	44.000	
	./. Abgänge	12.000	
	EB	44.000	+ 44.000
./. Verbindlichkeiten	AB	6.000	
	+ Zugänge	26.000	
	./. Abgänge	6.000	
	EB	26.000	./. 26.000
= Geldvermögen am 30.06.			+ 37.000

Lösung der Übungsaufgabe 1.3/13:

	a	B	c	d	e	f	g	h	i
Kasse	./.	./.				./.		+	
Ford.					+				
Verbind.			+			./.			
Geldverm.	./.	./.	./.		+			+	
Sachverm.	+		+	./.	./.		./.		+
Gesamtverm.		./.		./.	+		./.	+	+

+ = Erhöhung ./. = Verringerung

Zu beachten ist hierbei natürlich die sehr partielle Betrachtungsweise der einzelnen Geschäftsvorfälle in Hinblick auf ihre endgültige Erfolgswirksamkeit: Im Fall b) wird z.B. nicht berücksichtigt, dass der isolierten Gesamtvermögensverminderung in Höhe der Löhne i.d.R. auch eine Gesamtvermögenserhöhung aufgrund der hergestellten Fabrikate gegenübersteht; vgl. etwa Fall i)!

Lösungen der Aufgaben zu Kapitel 2.1

Lösung der Übungsaufgabe 2.1/1:

Variabel sind die Kosten, die zur Erstellung und zum Absatz der Leistungen erforderlich sind, denn sie fallen nicht an, wenn nichts produziert und nichts abgesetzt wird.

Fix sind die Kosten, die zur Aufrechterhaltung der Betriebsbereitschaft erforderlich sind, denn sie fallen auch an, wenn nichts produziert und abgesetzt wird.

Lösung der Übungsaufgabe 2.1/2:

(I) Der wertmäßige Kostenbegriff geht auf c) Schmalenbach zurück. Hier müssen die Merkmale 1) (Güterverzehr), 3) (Leistungsbezogenheit) und 4) (Bewertung zu Grenzauszahlungen, zum Grenzgewinn oder zu Opprtunitätskosten) gegeben sein.

(II) Der pagatorische Kostenbegriff geht auf b) Koch zurück. Neben den Merkmalen 1) und 3) verlangt der pagatorische Kostenbegriff allerdings eine Bewertung zum 2) Aufwand oder – nach Koch – zu nicht kompensierten Ausgaben.

(III) Der entscheidungsorientierte Kostenbegriff stellt eine – von a) Riebel – modifizierte Form des pagatorischen Kostenbegriffs dar. Nach Riebel sind Kosten nur die durch die Entscheidung ausgelösten zusätzlichen Aufwendungen (sozusagen „Grenzaufwendungen"). Als Merkmale können somit 1), 3) und 2) in einer zu Koch modifizierten Form benannt werden.

Lösungen der Aufgaben zu Kapitel 2.2

Lösung der Übungsaufgabe 2.2/1:

Die Gesamtkostenfunktion kann hier degressiv oder regressiv oder fix verlaufen. Welcher dieser Verläufe zutrifft, lässt sich erst feststellen, wenn man den genauen Verlauf der degressiven Stückkosten kennt.

Lösung der Übungsaufgabe 2.2/2:

Die Gesamtkostenfunktion kann hier progressiv oder regressiv verlaufen. Welcher dieser Verläufe zutrifft, lässt sich ebenfalls erst nach genauer Kenntnis der Grenzkostenfunktion sagen.

Lösung der Übungsaufgabe 2.2/3:

proportional :	Rohstoffkosten; Vertreterprovisionen
degressiv :	Werkzeugkosten; Kokskosten mit zunehmender Hochofengröße
progressiv :	Lohnkosten bei Überstunden, Nacht- und Feiertagsarbeit; Abfall- und Ausschusskosten

regressiv	:	Bewachungskosten, die sich beim Übergang von 1-Schicht- auf 2- oder 3-Schicht-Betrieb verringern
fix	:	kalkulatorische Zinsen auf Betriebsgrundstücke; Mieten und Gehälter aufgrund langfristiger Verträge
intervallfix	:	Fahrzeugkosten bei Überschreiten eines bestimmten Transportvolumens; Gehälter für Verwaltungsangestellte bei Überschreiten eines bestimmten Geschäftsvolumens

Lösung der Übungsaufgabe 2.2/4:

	x = 20	x = 50
K	1,7	1,1
k_v	0,7	0,7
k_F	1,0	0,4
K'	0,7	0,7
K	34	55

Lösung der Übungsaufgabe 2.2/5:

Die gesamten Stückkosten sind niemals kleiner als die variablen Stückkosten, da sie stets einen Anteil an fixen Stückkosten enthalten. Dieser Anteil kann zwar bei sehr großen Ausbringungsmengen sehr klein werden, niemals aber negativ, da die Fixkosten stets positive Werte aufweisen.

Lösung der Übungsaufgabe 2.2/6:

- Die Gesamtkosten betragen bei x = 10:
- K = 200 + 10 * 10 - 0,5 * 100 + 0,01 * 1.000 = 260
- Davon sind Fixkosten K_F = 200 und variable Kosten K_v = 60
- Die Grenzkostenfunktion lautet: $K' = 10 - x + 0{,}03x^2$

Ergebnis:

	x = 10
k	26
k_v	6
k	20
K'	3

Die Grenzkosten besagen, dass das 10. Stück Kosten von 3 verursacht hat. Diese zusätzlichen Stückkosten liegen sogar noch unter den durchschnittlichen variablen Stückkosten und – wegen der hohen anteiligen Fixkosten – ganz erheblich unter den gesamten durchschnittlichen Stückkosten. Wenn also der Betrieb überhaupt produziert und absetzt, dann wird sich wahrscheinlich eine Produktionsausweitung lohnen, um die durchschnittlichen Stückkosten weiter zu senken.

Lösung der Übungsaufgabe 2.2/7:

Bei konstanten Grenzkosten muss es sich um einen linearen Gesamtkostenverlauf handeln. Die (konstante) Steigung von 20 entspricht mithin gleichzeitig den durchschnittlichen variablen Stückkosten ($k_v = 20$).

Damit betragen bei einer Beschäftigung von 100 Einheiten die fixen Stückkosten 10 (= 30 - 20) und die gesamten Fixkosten $K_F = 1.000$.

Der gesuchte lineare Kostenverlauf lautet also

$$K = K_F + k_v \cdot x = 1.000 + 20x.$$

Lösung der Übungsaufgabe 2.2/8:

Die Grenzkostenfunktion lautet:

$$\frac{dK}{dx} = K' = 15 - 1{,}8x + 0{,}09x^2$$

Ihr Minimum liegt bei

$$K'' = 0 = -1{,}8 + 0{,}18x$$

$$x = 10$$

$$K'_{Min} = 6$$

Das Betriebsminimum entspricht dem Minimum der variablen Stückkosten, die folgender Funktion gehorchen:

$$k_v = 15 - 0{,}9x + 0{,}03x^2$$

$$k'_v = -0{,}9 + 0{,}06x = 0$$

$$x = 15$$

$$k_{v,Min} = 8{,}25$$

Das Betriebsoptimum entspricht dem Minimum der gesamten Stückkosten, die folgender Funktion gehorchen:

$$k = \frac{10}{x} + 15 - 0{,}9x + 0{,}03x^2$$

$$k' = -\frac{10}{x^2} - 0{,}9 + 0{,}06x = 0$$

$$x \approx 15{,}68$$

$$k_{Min} \approx 8{,}90$$

Lösung der Übungsaufgabe 2.2/9:

Die kurzfristige Preisuntergrenze entspricht den variablen Stückkosten; sie betragen hier 0,7 (vgl. Übungsaufgabe 2.2/4).

Die langfristige Preisuntergrenze entspricht den gesamten Stückkosten; ihr Minimum liegt hier bei der (nicht angegebenen) Kapazitätsgrenze der Abteilung.

Lösung der Übungsaufgabe 2.2/10:

Die beiden Kurven müssten gegenseitig vertauscht werden, denn bei degressivem Gesamtkostenverlauf liegen die Grenzkosten stets unter den durchschnittlichen Stückkosten.

Lösung der Übungsaufgabe 2.2/11:

- Deckungsbeitrag : 10 - 4 = 6
- Bruttogewinn = Deckungsbeitrag
- Nettogewinn : 10 - 6 = 4

Lösung der Übungsaufgabe 2.2/12:

$k_{100} * 100 = 15 * 100 = K_{100} = 1.500$

$k_{200} * 200 = 12{,}50 * 200 = K_{200} = 2.500$

Die Kostendifferenz zwischen K_{100} und K_{200} beträgt 1.000, also bei linearem Verlauf für jedes der 100 Stück Differenz variable Kosten = Grenzkosten in Höhe von 10.

Die Fixkosten lassen sich wie folgt ermitteln:

$K_{100} - K_{v100} = K_F = 1.500 - 1.000 = 500$

$K_{200} - K_{v200} = K_F = 2.500 - 2\,000 = 500$

Die gesuchte Gesamtkostenfunktion lautet damit:

$$K = 500 + 10x$$

Lösung der Übungsaufgabe 2.2/13:

Die langfristige Preisuntergrenze entspricht dem Minimum der gesamten Stückkosten, also dem Minimum von

$$k = \frac{250}{x} + 5 - 4x + x^2$$

x	1	2	3	4	5	6	7	8
k	252	126	85,3	67,5	60	58,7	61,71	68,25

Das Betriebsoptimum ist erreicht bei einer Ausbringung von 6 Maschinen. Langfristig darf der Preis nicht unter 58,7 herabsinken.

Die kurzfristige Preisuntergrenze entspricht dem Minimum der variablen Stückkosten, also dem Minimum von

$$k_V = 5 - 4x + x^2$$

x	1	2	3	4	5	6	7	8
k_V	2	1	2	5	10	17	26	37

Das Betriebsminimum ist erreicht bei der Fertigung von 2 Maschinen pro Abrechnungsperiode. Kurzfristig darf der Preis nicht unter 1 sinken.

Lösung der Übungsaufgabe 2.2/14:

a) 80 % von 200 Stück = 160 Stück

$K_1 = 175 + 3{,}5 * 160 = 735$

$K_2 = 400 + 2 \quad * 160 = 720$

Im Fall der 80 %igen Kapazitätsauslastung wäre Maschine 2 der Vorzug zu geben.

b) $175 + 3{,}5x = 400 + 2x$

$1{,}5x = 225$

$\underline{\underline{x = 150}}$

Bis zum 149. Stück produziert Maschine 1 aufgrund des geringeren Fixkostenbetrages trotz höherer variabler Kosten günstiger. Bei 150 Stück sind beide Maschinen kostengleich. Danach wird Maschine 2 günstiger, weil ab dem 151. Stück die Kostenersparnis bei den variablen Kosten den Fixkostennachteil überkompensiert hat.

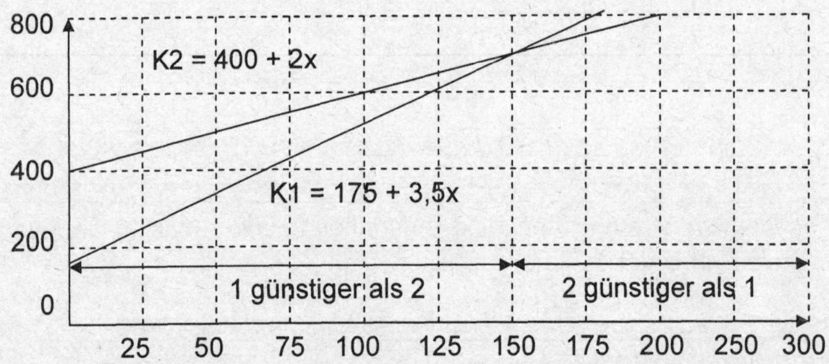

c) Die Kaufpreise bestimmen die Höhe der fixen Kosten der Maschinen. In der Regel entspricht die kalkulatorische Abschreibung pro Periode den fixen Kosten pro Periode.

Lösung der Übungsaufgabe 2.2/15:

Siehe S. 302

Lösung der Übungsaufgabe 2.2/16:

Richtig ist c.

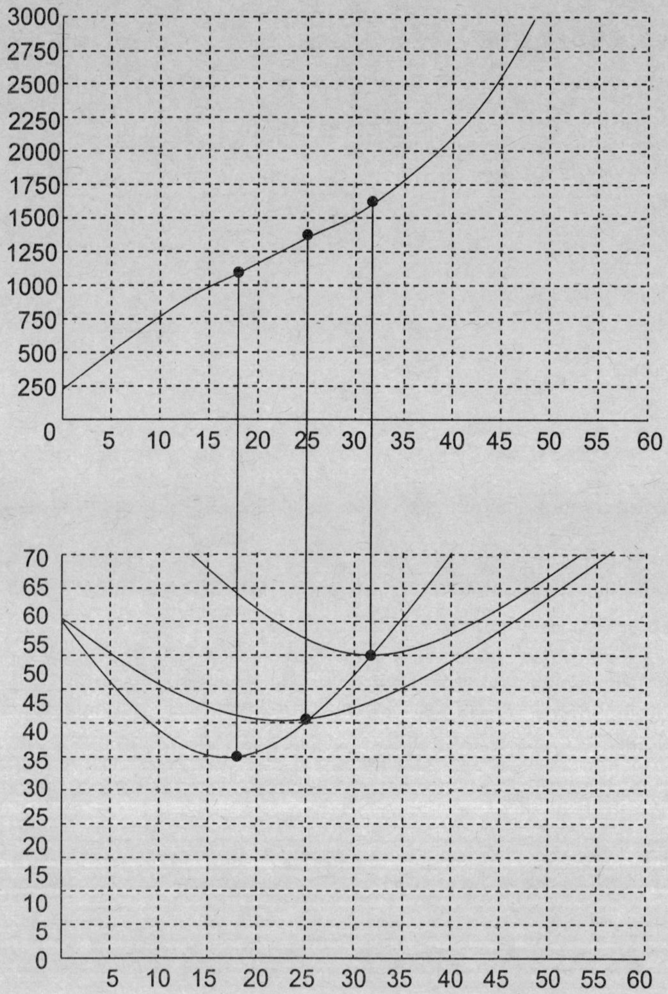
3000
2750
2500
2250
2000
1750
1500
1250
1000
750
500
250
0
5 10 15 20 25 30 35 40 45 50 55 60
70
65
60
55
50
45
40
35
30
25
20
15
10
5
0
5 10 15 20 25 30 35 40 45 50 55 60

Lösung der Übungsaufgabe 2.2/17:

Richtig sind b, d, e, f, h.

Lösung der Übungsaufgabe 2.2/18:

Richtig sind b, d.

Lösung der Übungsaufgabe 2.2/19:

Richtig sind b, e, f.

Lösung der Übungsaufgabe 2.2/20:

$$k \text{ (bei Vollbeschäftigung)} = \frac{24.000}{12.000} + 5 = 7$$

$$k \text{ (bei 9.600 Stück)} = \frac{24.000}{9.600} + 5 = 7{,}50$$

Die Stückkosten steigen damit bei einem 20 %igen Beschäftigungsrückgang um ca. 7 % von 7 auf 7,50.

Je höher der Anteil der Fixkosten an den Gesamtkosten, desto stärker die Veränderung der Stückkosten bei Änderungen der Beschäftigung:

Würde im obigen Fall die Vollbeschäftigung bei 6.000 Stück liegen, so ergäbe sich bei einem Beschäftigungsrückgang von 20 % eine Stückkostensteigerung um ca. 11 %, nämlich von 9 auf 10.

Lösung der Übungsaufgabe 2.2/21:

Die benötigten Kostenfunktionen lauten:

a) $k = 3 + \frac{20}{x}$

b) $k_v = 3$

Bei einer Ausbringungsmenge von 25 Stück ergeben sich:

a) $k(25) = 3{,}8$

b) $k_v(25) = 3$

Bei einer Ausbringungsmenge von 40 Stück erhält man:

a) $k(40) = 3{,}5$

b) $k_v(40) = 3$

Man erkennt, dass die variablen Stückkosten bei linearem Gesamtkostenverlauf unabhängig von der Ausbringungsmenge stets dem Steigungsmaß der Gesamtkostenkurve entsprechen.

Lösung der Übungsaufgabe 2.2/22:

a) Bei einer Ausbringungsmenge von einem Stück entfallen die gesamten Fixkosten auf dieses eine Stück. (Bei Fixkosten von Null ist die Identität bei jeder Ausbringungsmenge gegeben).

b) An der Kapazitätsgrenze, also bei maximaler Ausbringung, verteilen sich die Fixkosten auf die höchstmögliche Stückzahl.

c) wie b). Da die fixen Stückkosten an der Kapazitätsgrenze ihr Minimum haben, führt die Addition der konstanten variablen Stückkosten auch dort zum Minimum.

Lösung der Übungsaufgabe 2.2/23:

Die Mehrproduktion von 30 Stück erhöht die Gesamtkosten um 150; also betragen die variablen Stückkosten 5. Bei einer Produktion von 40 (70) Stück entfallen 200 (350) auf die variablen Kosten und 200 auf den Fixkostenanteil (vgl. auch Übungsaufgabe 2.2/12!).

Lösung der Übungsaufgabe 2.2/24:

	x = 100	x = 500
K'	6	6
k_V	6	6
k	11	7
K	1.100	3.500

Lösung der Übungsaufgabe 2.2/25:

$K = 50 + 10x$ (vgl. hierzu ausführlicher Übungsaufgabe 2.2/7).

Lösung der Übungsaufgabe 2.2/26:

Die Grenzkostenfunktion lautet:

$$\frac{dK}{dx} = K' = 13{,}5 - 1{,}5x + 0{,}15x^2$$

Ihr Minimum liegt bei

$$K'' = 0 \qquad = -1{,}5 + 0{,}3x$$

$$x \qquad = 5$$

$$K'_{Min} \qquad = 9{,}75$$

Das Betriebsminimum entspricht dem Minimum der variablen Stückkosten, die folgender Funktion gehorchen:

$$k_v \quad = 13{,}5 - 0{,}75x + 0{,}05x^2$$

$$k'_v \quad = -0{,}75 + 0{,}1x = 0$$

$$x \quad = 7{,}5$$

$$k_{v,Min} = 10{,}6875$$

Das Betriebsoptimum entspricht dem Minimum der gesamten Stückkosten, die folgender Funktion gehorchen:

$$k \quad = \frac{200}{x} + 13{,}5 - 0{,}75x + 0{,}05x^2$$

$$k' \quad = -\frac{200}{x^2} - 0{,}75 + 0{,}1x = 0$$

$$x \qquad \approx 15{,}66$$

$$k_{Min} \qquad \approx 26{,}79$$

Das Gewinnmaximum kann nicht errechnet werden, da Angaben über die Preisabsatzfunktion und damit über den Grenzumsatz bzw. Absatzpreis fehlen (vgl. auch Fußnote 100 auf S. 42).

Lösung der Übungsaufgabe 2.2/27:

Die Grenzkosten einer linearen Gesamtkostenfunktion sind konstant, hier also gleich 3. Die Gesamtkosten bei einer Ausbringung von 200 Einheiten betragen

200 * 4 = 800. Hierin sind variable Kosten von je 3, also 600, und Fixkosten von 200 enthalten. Die Kostenfunktion lautet somit: K = 200 + 3x.

Lösungen der Aufgaben zu Kapitel 2.3

Lösung der Übungsaufgabe 2.3/1:

Richtig sind a, b, c, d, g.

Lösung der Übungsaufgabe 2.3/2:

Richtig sind b, d, e, g.

Lösung der Übungsaufgabe 2.3/3:

a) Fixkosten pro Stück können nach dem Verursachungsprinzip (in allen seinen Formen) nicht ermittelt werden, denn durch die Erstellung einer beliebigen Produkteinheit wird die Fixkostenhöhe per definitionem nicht verändert.

b) und c) Für die Verteilung der Fixkosten nach dem Durchschnitts- bzw. Tragfähigkeitsprinzip ist stets nach der folgenden Rechentechnik vorzugehen:

Zunächst werden die gesamten Fixkosten zur Gesamtmenge der jeweiligen Schlüsselgröße in Beziehung gesetzt. Der Quotient gibt an, welcher Fixkostenbetrag auf eine Einheit der jeweiligen Schlüsselgröße entfällt; er dient dazu, die Fixkosten pro Produkteinheit entsprechend den auf diese Produkteinheit entfallenden Einheiten der Schlüsselgröße zu ermitteln.

b1) $\frac{20.000}{4.000}$ = 5,-- Fixkosten pro Stück jeder Produktart

b2) $\frac{20.000}{4.000}$ = 1,25 Fixkosten pro kg Gewicht

Produktart 1: 2 * 1,25 = 2,50 Fixkosten pro Stück

Produktart 2: 6 * 1,25 = 7,50 Fixkosten pro Stück

Produktart 3: 4 * 1,25 = 5,00 Fixkosten pro Stück

Probe:	1000 Stück á 2,50 =	2.500,--
	1000 Stück á 7,50 =	7.500,--
	2000 Stück à 5,00 =	10.000,--
		20.000,-- gesamte Fixkosten

c1) $\frac{20.000}{80.000} = 0{,}25$ Fixkosten pro € Umsatz

Produktart 1: 10 * 0,25 = 2,50 Fixkosten pro Stück

Produktart 2: 10 * 0,25 = 2,50 Fixkosten pro Stück

Produktart 3: 30 * 0,25 = 7,50 Fixkosten pro Stück

c2) $\frac{20.000}{50.000} = 0{,}40$ Fixkosten pro € Deckungsbeitrag

Produktart 1: 1 * 0,40 = 0,40 Fixkosten pro Stück

Produktart 2: 7 * 0,40 = 2,80 Fixkosten pro Stück

Produktart 3: 21 * 0,40 = 8,40 Fixkosten pro Stück

Produkt	Fixkosten nach Verfahren			
	b1)	b2)	c1)	c2)
1	5,00	2,50	2,50	0,40
2	5,00	7,50	2,50	2,80
3	5,00	5,00	7,50	8,40

Man erkennt deutlich die Abhängigkeit der Ergebnisse von der (willkürlich) gewählten Schlüsselgröße und damit die Müßigkeit solcher Fixkostenzurechnungen.

Lösung der Übungsaufgabe 2.3/4:

Summe der Bruttogewinne (Deckungsbeiträge):

$$5.000 \cdot 7 + 300 \cdot 0 + 1.000 \cdot 20 = 55.000$$

$$\frac{\text{Fixkosten}}{\text{Bruttogewinne}} = \frac{27.500}{55.000} = 0{,}5 \text{ € Fixkosten pro 1 € Bruttogewinn}$$

Fixk. pro Stück bei Produkt 1: 0,5 * 7 = 3,50

2: 0,5 * 0 = 0,00

3: 0,5 * 20 = 10,00

Probe: $5.000 \cdot 3{,}50 + 1.000 \cdot 10 = 27.500$ = gesamte Fixkosten

Nettogewinn/Stück bei Produkt 1: 16 - 9 - 3,50 = 3,50

2: 11 - 11 - 0,00 = 0,00

3: 30 - 10 - 10,00 = 10,00

Lösungen der Aufgaben zu Kapitel 3.1

Lösung der Übungsaufgabe 3.1/1:

Einzelkosten: Kosten für Zubehörteile in der Automobilindustrie (z.B. Reifen, elektrische Anlagen); Kosten des Stahls im Schiffsbau.

Sondereinzelkosten der Fertigung: Kosten für Sondervorrichtungen; Entwicklungskosten; Kosten für Materialanalysen und -mischungen.

Sondereinzelkosten des Vertriebs: Kosten für auftragsbezogene Geschäftsreisen; Verkaufsprovisionen; Zölle.

Lösung der Übungsaufgabe 3.1/2:

Variable Gemeinkosten: Stromkosten für Maschinen, die verschiedene Produkte bearbeiten; Kosten für Schmier- und Putzmittel dieser Maschinen; Portokosten; kalkulatorische Wagniskosten (für Gewährleistungen).

fixe Gemeinkosten: Abschreibungen auf Verwaltungsgebäude; Personalkosten für Pförtner; Stromkosten für Notbeleuchtung; Grundbeiträge zur IHK.

Die Frage nach variablen und fixen Einzelkosten sollte lediglich in Erinnerung bringen, dass Einzelkosten immer variabel und nie fix sind.

Lösung der Übungsaufgabe 3.1/3:

Eigenreparatur: Die Löhne sind als Hilfslöhne den Personalkosten zuzurechnen (432).

Fremdreparatur: Die Löhne sind als Dienstleistungskosten für Instandhaltung der Kostengruppe 45 zuzurechnen.

Lösung der Übungsaufgabe 3.1/4:

Verbrauch lt. Inventurmethode: 512 kg

Materialbestände (in kg)

AB	202	Verbrauch	512
1. 6.	100	EB	690
20. 6.	500		
29. 6.	400		
	1.202		1.202

Verbrauch lt. Skontrationsmethode:	150	
	+ 150	
	+ 180	
	= 480	kg

Verbrauch lt. retrograder Methode:

110 Stück à 2,0 kg =	220 kg
480 Stück à 0,5 kg =	240 kg
	460 kg

Die unterschiedlichen Ergebnisse zeigen an, dass in den hergestellten Produkten 460 kg enthalten sind, während laut Materialentnahmescheinen 480 kg entnommen wurden. Die Differenz von 20 kg kann noch in der Fertigung lagern. Ist dies nicht der Fall, so liegt entweder Schwund, Diebstahl oder außergewöhnlich hoher Abfall vor, der seine Ursachen in Materialfehlern oder in unsachgemäßer, d.h. unwirtschaftlicher Behandlung hat.

Im Materiallager müssten buchmäßig noch 722 kg als Endbestand vorhanden sein; der Endbestand laut Inventur beträgt jedoch nur 690 kg. Die Differenz zwischen Soll- und Istbestand in Höhe von 32 kg kann auf Schwund, Diebstahl, Verderb etc. im Lager zurückzuführen sein, wenn Buchungsfehler ausgeschlossen werden.

Lösung der Übungsaufgabe 3.1/5:

Der durchschnittliche Istpreis ist das (mit den Mengen) gewogene arithmetische Mittel aus den Istwerten des Anfangsbestandes und der Zugänge:

$$\text{Durchschnittlicher Istpreis} = \frac{6.150}{1.202} \approx 5{,}12\ \text{€/kg}$$

Mit diesem Preis ist sowohl der Endbestand als auch der Verbrauch zu bewerten. Da ein gerundeter Istpreis vorliegt, muss man sich für einen der beiden Werte entscheiden und den anderen per Saldo ermitteln, da anderenfalls der Abschluss der Konten der Finanzbuchhaltung gestört würde.

Bewertet man den Verbrauch von 512 kg mit dem Istpreis, so beträgt der wertmäßige Materialverbrauch (Materialkosten) € 2.621,44 und der Endbestand dann (nach Saldierung) € 3.528,56.

Im umgekehrten Fall erhält man € 3.532,80 für den Endbestand und (nach Saldierung) € 2.617,20 für die Materialkosten.

Der Vorteil von Festpreisverfahren wird bei diesen Rechnungen deutlich.

Lösung der Übungsaufgabe 3.1/6:

Beispiele für Hilfslöhne sind:

- Löhne für Vorarbeiter, Einrichter und Prüfer
- Löhne für Werkstattschreiber, Arbeitsverteiler und sonstige Lohnempfänger in Betriebsbüros
- Löhne für Transport- und Lagerarbeiten
- Löhne für Maschinisten, Heizer, Reinigungspersonal
- Löhne für Pförtner, Wach- und Feuerwehrpersonal
- Löhne für Lichtpauser, Lehrlinge, Volontäre, Anlernlinge
- Löhne für Sanitäts-, Kantinen- und Sozialpersonal
- Löhne für Betriebsratstätigkeiten.

Lösung der Übungsaufgabe 3.1/7:

- Gewerbesteuer : als Kosten in Klasse 4
- Körperschaftsteuer : als das Gesamtergebnis betreffende Aufwendungen in Klasse 2
- Grundsteuer : als Kosten in Klasse 4
- Kraftfahrzeugsteuer : als Kosten in Klasse 4
- Einkommensteuer : als Privatentnahme in Klasse 1

Lösung der Übungsaufgabe 3.1/8:

Gewinn- und Verlustrechnung

kalkulatorische Abschreibung (4)	1.000	verrechnete kalkulatorische	
bilanzielle Abschreibung (2)	1.440	Abschreibung (2)	1.000

Lösung der Übungsaufgabe 3.1/10:

Die variable Abschreibung kann nicht berechnet werden, da eine Angabe fehlt, nämlich der geschätzte Gesamttonvorrat der Grube.

Beträgt dieser 40.000 t, dann erhält man folgende Abschreibungsbeträge:

1\. Jahr : $20 \cdot 2.900 = 58.000$,--

2\. Jahr : $20 \cdot 8.120 = 162.400$,--

Lösung der Übungsaufgabe 3.1/9:

	(a)		(b)		(c)	
	a	R	a	R	a	R
1. Jahr	1.250	8.750	1.250	8.750	1.250	8.750
|	|	|	|	|	|	|
4. Jahr	1.250	5.000	1.250	5.000	1.250	5.000
5. Jahr	1.250	3.750	2.500	2.500	1.666	3.334
6. Jahr	1.250	2.500	2.500	0	1.667	1.667
Summe	7.500		10.000		8.333	

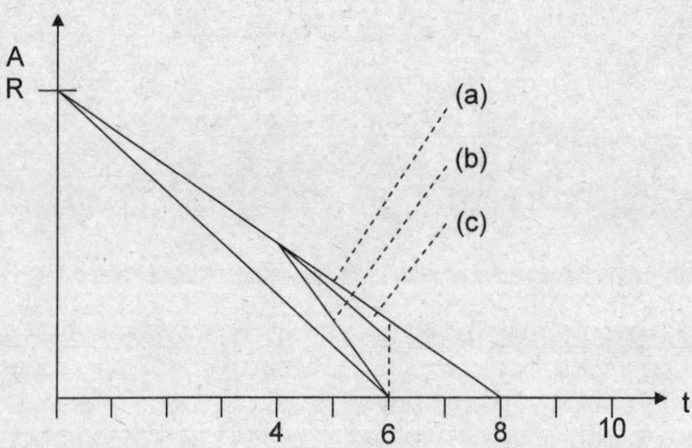

Der Kostenrechner sollte die Möglichkeit c) wählen. Die Begründung findet sich oben auf S. 90-93.

Lösung der Übungsaufgabe 3.1/11:

$$a_1 = \frac{22.400}{80.000} \cdot 12.000 = 0{,}28 \cdot 12.000 = 3.360,\text{--}$$

Lösung der Übungsaufgabe 3.1/12:

D = 500,--

Der Restwert muss natürlich Null betragen, wenn die Rechnung richtig ist, denn es soll ja nicht geometrisch-degressiv abgeschrieben werden.

$$
\begin{aligned}
a_1 &= 3.000\\
a_2 &= 2.500\\
a_3 &= 2.000\\
a_4 &= 1.500\\
a_5 &= 1.000\\
\underline{a_6} &= \underline{500}\\
A &= \underline{\underline{10.500}}
\end{aligned}
$$

Lösung der Übungsaufgabe 3.1/13:

Kalkulatorische Restwerte am Ende des

- Jahres 1 : 75.000
- Jahres 2 : 50.000
- Jahres 3 : 25.000
- Jahres 4 : 0

Mittlere Restwerte im

- Jahr 1 : 87.500
- Jahr 2 : 62.500
- Jahr 3 : 37.500
- Jahr 4 : 12.500

Mittlerer Ausgangswert für alle 4 Jahre: 50.000

Kalkulatorische Jahreszinsen:

	Durchschnitt	Restwert
1. Jahr	5.000	8.750
2. Jahr	5.000	6.250
3. Jahr	5.000	3.750
4. Jahr	5.000	1.250
Summe	20.000	20.000

Lösung der Übungsaufgabe 3.1/14:

Wenn man von Rechenfehlern absieht, muss das Vermögen in der Bilanz mit mindestens 220.000 unterbewertet sein. Dieser Mindest-Betrag erhöht sich dann, wenn aus den Aktiven nicht betriebsnotwendige Teile eliminiert wurden und wenn Herr RUCKZUCK – ökonomisch hier nicht vertretbar – Abzugskapital berücksichtigt hat.

Lösung der Übungsaufgabe 3.1/15:

Durchschnitts- und Restwertmethode sind nur bei abnutzbaren Teilen des Anlagevermögens anwendbar. Unbebaute Grundstücke gehören zu den nicht abnutzbaren Teilen.

Die kalkulatorischen Monatszinsen betragen deshalb:

$$\frac{80.000 \cdot 0{,}06}{12} = 400{,}-$$

Lösung der Übungsaufgabe 3.1/16:

Vertriebswagnissatz $= \frac{240.000}{16.000.000} = 1{,}5\ \%$

Kalk. Vertriebswagnis = 400.000 * 0,015 = 6.000.

Lösung der Übungsaufgabe 3.1/17:

Der Wagnissatz beträgt $\frac{150.000}{7.500.000} = 2\ \%$. Als kalkulatorische Fertigungswagnisse sind somit in der folgenden Planperiode 900.000 * 0,02 = 18.000 anzusetzen.

Lösung der Übungsaufgabe 3.1/18:

Der Wagnissatz berücksichtigt von dem Gesamtumsatz lediglich die Zielverkäufe und beläuft sich damit auf $\frac{60.000}{12.000.000} = 0{,}5\ \%$. In der nächsten Planperiode sind 4.000.000 * 0,005 = 20.000 als kalkulatorische Forderungswagnisse (= Vertriebswagnisse) zu erfassen.

Lösung der Übungsaufgabe 3.1/19:

Durchschnittlich sind $\frac{80.000}{2} = 40.000$ während der Nutzungsdauer gebunden. Bei einem Zinssatz von 10 % ergeben sich kalkulatorische Zinsen von 40.000 * 0,1 = 4.000 pro Jahr.

Lösung der Übungsaufgabe 3.1/20:

Aus den Angaben lässt sich entnehmen, dass bei dem abnutzbaren Anlagevermögen lediglich von der Restwertmethode (verfeinert: mittlere Restwerte) ausgegangen werden kann, so dass sich als betriebsnotwendiges Vermögen und an kalkulatorischen Zinsen ergeben:

Grundstücke:	157.600
Finanzanlagen:	100.000
Gebäude, Maschinen Forderungen $(\frac{AB + EB}{2})$:	179.000
Summe	436.600 * 0,08 = 34.928

In der Höhe von 34.928 können kalkulatorische Zinsen verrechnet werden.

Lösung der Übungsaufgabe 3.1/21:

Verbrauch laut Inventurmethode: 1000 kg;

Verbrauch laut Skontrationsmethode: 800 kg.

Die Differenz beträgt 25 % (bezogen auf die Verbrauchsmenge laut Skontration). Als kalkulatorisches Beständewagnis sollten also verrechnet werden:

Verbrauchsmenge laut Skontration * 0,25 * 4,50 = 900

Lösung der Übungsaufgabe 3.1/22:

Folgende Angaben sollten enthalten sein: Nummer des Materialscheins, Materialart, Materialkennziffer, Menge, Maße, u.U. Preis je Einheit, u.U. Gesamtbetrag, Bezeichnung der anfordernden Kostenstelle, Bezeichnung der Kostenart, Auftragsnummer, Ausgabedatum, Unterschrift des Ausgebenden, Empfangsbestätigung, Kontierungsanweisungen.

Lösung der Übungsaufgabe 3.1/23:

Den kalkulatorischen Kosten steht im Gegensatz zu den sonstigen Kosten (= Grundkosten) *entweder kein Aufwand* (= Zusatzkosten) oder *Aufwand in anderer Höhe* (= Anderskosten) in der Finanzbuchführung gegenüber.

Lösung der Übungsaufgabe 3.1/24:

a) Energiekosten – verändern sich mit der Maschinenlaufzeit, sind aber nicht direkt einem Kostenträger zurechenbar.

b) Schmiermittelkosten – verändern sich auch ohne direkte Zurechenbarkeit mit der Maschinenlaufzeit.

c) unechte Gemeinkosten – sind per definitionem variabel, z.B. Nägel, Schrauben, Farben oder Leime.

d) bestimmte Lagerkosten – (Sortierarbeiten, kalkulatorische Zinsen auf Materialien etc.) verändern sich mit dem Produktionsvolumen, sind aber nicht direkt zurechenbar.

e) Wasser/Dampf etc. – siehe a)

f) bestimmte Verwaltungskosten (Telefon, Schreibmaterial etc.) – siehe d)

Lösung der Übungsaufgabe 3.1/25:

Die progressive Abschreibung entspricht ungefähr dem Werteverzehr bei neugepflanzten Obstplantagen/Weinbergen oder bei Großprojekten mit langer Anlaufzeit (z.B. Braunkohletagebau).

Lösung der Übungsaufgabe 3.1/26:

Da keine Angaben über die Reihenfolge des Verbrauchs vorliegen, muss ein Durchschnitts-Istpreis gebildet werden. Dieser beträgt (1.275 + 1.660 + 1.080 + 2.050) : 720 = 8,42.

600 * 8,42 = 5.052	= Istverbrauch
600 * 8,60 = 5.160	= Verbrauch bewertet zum Verrechnungspreis
- 108	= Preisdifferenz

Diese Preisdifferenz (Preisabweichung) wird entweder pauschal in das Betriebsergebnis gebucht oder nachträglich (in der Nachkalkulation) auf die Kostenträger verrechnet.

Lösung der Übungsaufgabe 3.1/27:

a) X : 2 * 200 = 400

Y : 0,5 * 100 = 50

Z : 1 * 120 = 120

570 = Verbrauch lt. Rückrechnung

720 - 570 = 150 = Endbestand lt. Rückrechnung

b) Die Differenz zum Endbestand lt. Inventur beträgt 30 Stück: Sie kann mit der Ungenauigkeit der Rückrechnung erklärt werden, da nicht exakt die Istverbrauchsmengen festgestellt werden, sondern der Sollverbrauch. Es sind aber auch andere Fehler denkbar, wie Diebstahl, Schwund usw. Selbst auf eine fehlerhafte Inventur könnte die Differenz zurückzuführen sein.

Lösung der Übungsaufgabe 3.1/28:

a)

	160 (Std. pro Arbeiter) * 10 (Arbeiter) * 10,-- * 12 (Monate)	=	192.000
+	320 (Std. Krankheit) * 15	=	4.800
+	Sozialkosten	=	100.000
+	Urlaubsgeld (10 x 400)	=	4.000
+	Weihnachtsgeld (10 x 400)	=	4.000
			304.800

304.800 : 12 = 25.400 = Personalkosten für Januar.

b) Die Abweichung beträgt lediglich 600. Dies könnte darauf zurückzuführen sein, dass ein oder zwei Arbeiter im Januar Urlaub nahmen und/oder Arbeiter erkrankten und somit fremde Arbeitskräfte eingesetzt werden mussten.

Lösung der Übungsaufgabe 3.1/29:

a) Es handelt sich um eine lineare Abschreibung auf Basis der Tagespreise (Zeitwertabschreibung) mit einer Nutzungsdauer von 8 Jahren und einem Abschreibungssatz von 12,5 %.

b) Da die Preise jährlich um 5 % gestiegen sind, soll auch für 05 damit gerechnet werden. Die Abschreibung beträgt dann 0,125 * 60.755,31 = 7.596,91

Lösung der Übungsaufgabe 3.1/30:

In der Tat reichen – wie man aus der Abschreibungsliste entnehmen kann – die Abschreibungsbeträge nicht aus, um die Maschine im Jahre 08 zum Preise von 70.355,02 neu zu beschaffen.

t	Zeitwert-Abschreibung	Preisentwicklung
01	6.250,00	50.000,00
02	6.562,50	52.500,00
03	6.890,63	55.125,00
04	7.235,16	57.881,25
05	7.596,91	60.775,31
06	7.976,76	63.814,08
07	8.375,60	67.004,78
08	8.794,38	70.355,02
	59.681,94	

Vorausgesetzt, die Preisentwicklung sei nicht exakt voraussehbar und die (beste Lösung der) Abschreibung vom Wiederbeschaffungswert von 70.355,02 daher nicht von Anfang an anwendbar, empfiehlt sich eine Korrektur der jährlichen Abschreibungen, indem eine Nachholung für im Vorjahr zuwenig verrechnete Abschreibungsbeträge erfolgt. Dies sieht bei linearer Abschreibung z.B. so aus: (vgl. die folgende Seite)!

Mit dieser Technik der korrigierten Zeitwert-Abschreibung werden allerdings die einzelnen Perioden sehr ungleichmäßig mit Abschreibungsbeträgen belastet. Man hätte auch den Anschaffungsbetrag linear abschreiben können und die Differenz zwischen dem Anschaffungsbetrag und dem für t=8 geschätzten Wiederbeschaffungspreis mit Hilfe kalkulatorischer Wagnisse (hier als Fertigungswagnis) gleichmäßig auf die Nutzungsdauer verteilen können.

t	Tages-preise	kumulierte Soll-Abschreibung[369)]	korrigierte Zeitwert-Abschreibung[370)]
01	50.000,00	6.250,00	6.250,00
02	52.500,00	13.125,00	6.875,00
03	55.500,00	20.671,89	7.546,89
04	57.881,25	28.940,64	8.268,75
05	60.775,31	37.984,55	9.043,91
06	63.814,08	47.860,56	9.876,01
07	67.004,78	58.629,20	10.768,64
08	70.355,02	70.355,04	11.725,84
			70.355,04

Lösung der Übungsaufgabe 3.1/31:

Als Verbrauch errechnet man nach

- der Skontrationsmethode 425,00 kg
- der retrograden Methode 452,25 kg.

Neben sonstigen Ursachen (z.B. Fehlbuchungen) kann der vorliegende Sonderfall auftreten, wenn in der Fertigungsstelle noch Material gelagert wurde, das im Februar nicht verbraucht worden ist.

Lösung der Übungsaufgabe 3.1/32:

digital	geom.-degressiv
$a_1 = 10.000$	$a_1 = 15.000$
$a_2 = 8.000$	$a_2 = 7.500$
$a_3 = 6.000$	$a_3 = 3.750$
$R_3 = 6.000$	$R_3 = 3.750$

369) Die „kumulierte Soll-Abschreibung“ entspricht jenem Betrag, der bis zur laufenden Periode t insgesamt verrechnet worden wäre, wenn man die Höhe der jeweiligen Tagespreise t bereits zu Beginn der Nutzungsdauer gekannt hätte. Berechnung: Tagespreis (in t) * 0,125 * t.

370) Die „korrigierte Zeitwert-Abschreibung“ in t ist die Differenz zwischen der kumulierten Soll-Abschreibung in t und t-1.

Lösung der Übungsaufgabe 3.1/33:

In der Kostenrechnung ist man bestrebt, die Kosten verursachungsgerecht zu verteilen. Die Abschreibungsmethode, die diesem Grundprinzip am nächsten kommt, ist die variable Abschreibung.

Unter der Voraussetzung, dass Substanzerhaltung angestrebt wird, erhält man als Abschreibungsbetrag:

$$\frac{18.000}{60.000} \cdot 11.500 = \underline{\underline{3.450}}.$$

Lösungen der Aufgaben zu Kapitel 3.2

Lösung der Übungsaufgabe 3.2/1:

Die zu überprüfenden Alternativen sind

- eine Kostenstelle mit 5 Drehbänken
- zwei Kostenstellen mit 3 bzw. 2 Drehbänken.

Für die Revolverdrehbänke erhält man den Stundensatz

$$k_R = \frac{3.600}{300} = 12 \quad \left(\text{präziser: } \frac{10.800}{900}\right)$$

und für die Karusselldrehbänke

$$k_K = \frac{5.400}{300} = 18$$

Als Stundensatz einer zusammengefassten Kostenstelle ergibt sich

$$k_{\varnothing} = \frac{21.600}{1.500} = 14,40$$

Die Berücksichtigung der Fehlergrenze zeigt

$$k_R\,(1 + 0,1) = 13,20 < 14,40 < 16,20 = k_K\,(1 - 0,1)$$

Für die Werkhalle sind also zwei Kostenstellen zu bilden!

Lösung der Übungsaufgabe 3.2/2:

1. $x_1 \cdot q_1 = K_{P1} + \mathbf{x_{11}} \cdot \mathbf{q_1} + x_{21} \cdot q_2 + x_{31} \cdot q_3 + x_{41} \cdot q_4$
2. $x_2 \cdot q_2 = K_{P2} + x_{12} \cdot q_1 + \mathbf{x_{22}} \cdot \mathbf{q_2} + x_{32} \cdot q_3 + x_{42} \cdot q_4$
3. $x_3 \cdot q_3 = K_{P3} + x_{13} \cdot q_1 + x_{23} \cdot q_2 + \mathbf{x_{33}} \cdot \mathbf{q_3} + x_{43} \cdot q_4$
4. $x_4 \cdot q_4 = K_{P4} + x_{14} \cdot q_1 + \mathit{x_{24}} \cdot \mathit{q_2} + x_{34} \cdot q_3 + \mathbf{x_{44}} \cdot \mathbf{q_4}$

fett = Eigenverbrauch

kursiv = Leistung von 2 an 4

Lösung der Übungsaufgabe 3.2/3:

1	: $250 \cdot q_1$ =	750		+ $50 \cdot q_2$
2	: $150 \cdot q_2$ =	1.000		+ $100 \cdot q_1$
1a	: 750	=	$250 \cdot q_1$	- $50 \cdot q_2$
2a	: 1.000	=	- $100 \cdot q_1$	+ $150 \cdot q_2$
1b (1a · 3)	: 2.250	=	$750 \cdot q_1$	- $150 \cdot q_2$
2a	: 1.000	=	- $100 \cdot q_1$	+ $150 \cdot q_2$
1b + 2a	: 3.250	=	$650 \cdot q_1$	
	$\mathbf{q_1}$	**=**	**5**	
in 1a	: 750	=	$1.250 - 50q_2$	
	$\mathbf{q_2}$	**=**	**10**	
Probe:				
in 1	: 1.250	=	750 + 500	
in 2	: 1.500	=	1.000 + 500	

Lösung der Übungsaufgabe 3.2/4:

Auf die Ergebnisse beim Gleichungs- und Anbauverfahren hat die Reihenfolge der Hilfskostenstellen keinen Einfluss!

Für das Stufenleiterverfahren ändern sich die Verrechnungssätze mit veränderter Reihenfolge; sie lauten:

Reparaturwerkstatt $q_1 = \frac{800}{100} = 8{,}00$ €/Std.

Dampferzeugung $q_2 = \frac{500 + 40}{200 - 100} = 5{,}40$ €/t

Grundstücke u. Gebäude $q_3 = \frac{1000 + 40 + 270}{500 - 40 - 20} = 2{,}98$ €/qm

Lösung der Übungsaufgabe 3.2/5:

Siehe S. 322.

Lösung der Übungsaufgabe 3.2/6:

Die Kalkulationssätze lauten für

- Fertigung I : 50 % auf den Akkordlohn
- Fertigung II : 30,-- €/Maschinenstunde
- Verwaltung und Vertrieb 20 % auf die Herstellkosten

Lösung der Übungsaufgabe 3.2/7:

Mit der Summe aller primären Gemeinkosten, die zu Beginn der Rechnung aus der Kostenartenrechnung übernommen werden, denn bei allen Rechenoperationen im BAB werden weder Kosten weggenommen noch hinzugefügt, sondern stets nur umverteilt.

Lösung der Übungsaufgabe 3.2/8:

Vgl. oben S. 59.

Lösung der Übungsaufgabe 3.2/9:

Gleichungsverfahren:

$5.000 \cdot q_1 = 30.000 + 1.000 \cdot q_2$

$3.000 \cdot q_2 = 40.000 + 2.000 \cdot q_1$

$q_1 = 10$ €/kWh $\qquad q_2 = 20$ €/cbm

Anbauverfahren:

$q_1 = \frac{30.000}{5.000 - 2.000} = 10$ €/kWh $\qquad q_2 = \frac{40.000}{3.000 - 1.000} = 20$ €/cbm

Lösung der Übungsaufgabe 3.2/5:

Kostenst. →	Wasser	Strom	Rep.	Material	Mei-büro	Fertigung I	Fertigung II	Verwalt.	Vertr.
35.800 →	1.200	2.800	800	3.000	2.000	8.000	11.000	4.500	2.500
Umlage Wasser	↳	60	100	100	-	400	400	50	90
Umlage Strom		↳	200	400	100	800	600	360	400
Umlage Repar.			↳	100	-	600	-	90	310
Umlage Mei-Bü.				-	↳	700	1.400	-	-
35.800 →				3.600		10.500	13.400	5.000	3.300
Bezugsgrößen →				18.000		2.100	670	83.000	
Kalkulationssätze →				20 % auf Einz.mat.k		5,- pro Masch.std.	20,- pro Akkord-std	10 % auf Herstellkosten	

Das Anbauverfahren führt hier nur zufällig zu den gleichen Ergebnissen wie das Gleichungsverfahren.

Lösung der Übungsaufgabe 3.2/10:

Siehe S. 324.

Lösung der Übungsaufgabe 3.2/11:

Beim Anbauverfahren wird die Leistungsabgabe an Hilfskostenstellen vernachlässigt, so dass sich ergibt:

$$A = \frac{15.000}{750} = 20,\text{-}/LE$$

$$B = \frac{18.000}{400} = 45,\text{-}/LE$$

$$C = \frac{1.000}{500} = 2,\text{-}/LE$$

Vielleicht haben Sie Appetit, die innerbetriebliche Leistungsverrechnung auch nach dem Stufenleiter- und Gleichungsverfahren durchzuführen!?

Stufenleiterverfahren:	Gleichungsverfahren:
A (=1) = 18,99/LE	A = 19,90/LE
B (=2) = 43,42/LE	B = 42,34/LE
C (=3) = 4,78/LE	C = 4,28/LE

Lösung der Übungsaufgabe 3.2/12:

a) - primäre Gemeinkosten jeder Kostenstelle

- Unterscheidung in Haupt- und Hilfskostenstellen

b) Zuschlagsbasis jeder Hauptkostenstelle

Lösung der Übungsaufgabe 3.2/10:

Kostenstellen →	Summe	Sozial	Raum	Strom	Mat.1	Mat.2	AV	Fert.1	Fert. 2	Verw.	Vertr.1	Vertrieb 2
prim.Gemeink.	35.360	1.100	2.000	1.700	2.540	4.200	920	10.760	5.300	3.300	1.140	2.400
Uml. Sozial	(1.100)	↳	60	40	100	60	40	400	160	80	60	100
Uml. Raum	(2.060)		↳	120	300	80	60	600	460	200	100	140
Uml. Strom	(1.860)			↳	60	120	30	900	360	90	180	120
Uml. AV	(1.050)						↳	840	210			
ges.Gemeink.	35.360	-	-	-	3.000	4.460	-	13.500	6.490	3.670	1.480	2.760
Gezugsgrößen					6.000	22.300		2.500	64.900	103.000		11.040
Kalkulationssätze					0,50 € pro kg Einzelmat.	20 % auf Einzelmat.k.		5,40 € pro Masch. std.	0,10 € pro kg Durchs. gew.	5 % auf Herstellkosten		0,25 € pro kg Verladegewicht

Lösung der Übungsaufgabe 3.2/13:

(1)	$150\ q_A$	$= 15.000 + 15\ q_B + 4\ q_C$
(2)	$30\ q_{AB}$	$= 12.000 + 18\ q_A$
(2*)	q_B	$= 400 + 0{,}6\ q_A$
(3)	$125\ q_C$	$= 40.500 + 5\ q_B$
(2* in 3)	$125\ q_C$	$= 40.500 + 2.000 + 3\ q_A$
(3*)	q_C	$= 340 + 0{,}024\ q_A$
(3* und 2* in 1)	$150\ q_A$	$= 21.000 + 1.360 + 9\ q_A + 0{,}096\ q_A$

Ergebnis: $q_A = 158{,}69$ $q_B = 495{,}21$ $q_C = 343{,}81$

Lösung der Übungsaufgabe 3.2/14:

Siehe S. 326.

Lösung der Übungsaufgabe 3.2/15:

Die Normalkosten sollen als Durchschnitt der Istkosten der letzten 5 Jahre berechnet werden. Der Normalkostensatz pro Maschinenstunde wäre dann 15,2 + 16 + 16,3 + 15,9 + 16,1 = 79,5 : 5 = 15,90 (eine andere Berechnung wäre auch möglich durch Division der Summe der Maschinenstunden durch die Summe der Gemeinkosten = 217.234 : 13.630 = 15,94). Bei 15,90 Normalkosten pro Maschinenstunde werden bei 3.050 Maschinenstunden 48.495 an Normal-Gemeinkosten verrechnet. Da 49.500 Ist-Gemeinkosten anfallen, kann eine Unterdeckung von 48.495 - 49.500 = -1.005 bzw. 2 % festgestellt werden.

Lösung der Übungsaufgabe 3.2/14:

Kostenstellen / Kostenarten	Verteilungs-grundlagen	Transport	Schlosse-rei	Lager	Fertigung	Verwal-tung	Vertrieb	Summen
Gehälter	%	5.600	2.800	8.400	5.600	16.800	16.800	56.000
Gebäudemieten	6,-/qm	300	1.200	1.320	9.600	1.500	1.080	15.000
Kleinmaterial	direkt				16.000			16.000
Werkzeuge	60 : 40		12.800		19.200			32.000
Hilfslöhne	%	9.450	6.300	9.450	37.800			63.000
Strom	0,20/kWh	60	400	300	1.740	100	60	2.660
Gewerbesteuer	direkt					10.500		10.500
Kalkulatorische Abschreib. (1/12)	nach Wert des Anl.verm.	1.000	167	83	4.667	50		5.967
Kalkulatorische Zinsen (1/12)	nach ∅-Meth. bei 10 %	250	42	21	1.166	13		1.492
primäre Gemeinkosten		16.660	23.709	19.574	95.773	28.963	17.940	202.619

Lösung der Übungsaufgabe 3.2/16:

	Kostenstellen	
	A	B
Ist-Gemeinkosten	17.425	1.270
Zuschlagsbasis	110.200	14.800
Ist-Zuschlag (%)	15,81	8,58
Normal-Zuschlag (%)	14,79	8,70
Verrechnete Gemeink.	16.299	1.288
Über-/Unterdeckung (absolut)	- 1.126	+ 18
Über-/Unterdeckung (in %)	6,91	1,39

Diese beiden Aufgaben (3.2/15 und 3.2/16) zur Kostenkontrolle in einer Normal-Kostenrechnung sollen die Rechentechnik des Systems verdeutlichen, nicht aber den Eindruck erwecken, als sei die Normalkostenrechnung für eine wirksame Kostenkontrolle geeignet – das ist regelmäßig nur eine Plankostenrechnung.

Lösung der Übungsaufgabe 3.2/17:

1. Strom : $4.000 + 50 \cdot q_2 = 20.000 \cdot q_1$

2. Repar. : $6.500 + 10.000 \cdot q_1 + 1.000 \cdot q_3 = 500 \cdot q_2$

3. Dampf : $4.000 + 100 \cdot q_2 = 6.000 \cdot q_3$

1a. $q_1 = 0{,}2 + 0{,}0025q_2$

3a. $q_3 = 0{,}\overline{66} + 0{,}01\overline{66}q_2$

Nach Einsetzen von 1a. und 3a. in 2. erhält man:

$$9.166{,}\overline{66} = 458{,}\overline{33}\,q_2$$

$$\mathbf{q_2 = 20 \text{ pro Rep.std.}}$$

$$\mathbf{q_1 = 0{,}25 \text{ pro kWh}}$$

$$\mathbf{q_3 = 1 \text{ pro cbm}}$$

Lösung der Übungsaufgabe 3.2/18:

Am besten als Bezugsgröße geeignet sind die Stückzahlen der Halbfabrikate, da sich die variablen Kosten exakt im gleichen Ausmaß wie diese Stückzahlen verändern. Eine ebenfalls recht brauchbare Größe stellen die Maschinenstunden dar, die zwar nicht exakt den prozentualen Änderungen der variablen Kosten entsprechen, aber tendenziell die gleichen Richtungsänderungen mit ungefähr den gleichen prozentualen Ausschlägen aufweisen. Nicht so gut sind die Fertigungsmaterial- und -lohnkosten geeignet. Dies kann auf die externe Beeinflussung durch die Preisentwicklungen zurückzuführen sein. Sowohl das Fertigungsmaterial unterliegt bei seiner Beschaffung Preisänderungen als auch die Fertigungslöhne, die insbesondere im Monat 5 einen Sprung machen.

Lösung der Übungsaufgabe 3.2/19:

$q_1 = 5$ €/qm $\qquad q_2 = 0{,}50$ €/cbm $\qquad q_3 = 10$ €/Std.

Lösung der Übungsaufgabe 3.2/20:

I	Strom	$55.000q_1$	=	$3.932 + 4.400q_1 + 40q_2 + 240q_3$
II	Dampf	$120q_2$	=	$2.040 + 4.800q_1$
III	Fuhrp.	$4.000q_3$	=	$4.590 + \qquad + 10q_2$
II'		q_2	=	$17 + 40q_1$
II' in III		$4.000q_3$	=	$4.590 + 10(17+40q_1)$
		q_3	=	$\frac{4.760}{4.000} + \frac{400}{4.000}q_1$
III'		q_3	=	$1{,}19 + 0{,}1q_1$
	II' und			
	III' in I	$50.600q_1$	=	$3.932 + 40(17+40q_1) + 240(1{,}19+0{,}1q_1)$
		$50.600q_1$	=	$4.897{,}6 + 1.600q_1 + 24q_1$
		$48.976q_1$	=	$4.897{,}6$
	I'	q_1	=	$0{,}1$ (€/kWh)
	I' in II'	.... q_2	=	21 (€/t)
	UI' in III'	q_3	=	$1{,}2$ (€/tkm)

Fortsetzung der Lösung auf der Folgeseite!

noch Lösung der Übungsaufgabe 3.2/20:

	Strom	Dampf	Fuhrp.	Werkst.	Montage	Verwa.	Vertr.	Summen
Su.prim.Gemeink.	3.932	2.040	4.590	12.585	17.536	6.368	4.644	51.695
Umlage Strom	440	480		2.000	1.300	920	360	(5.500)
Umlage Dampf	840		210	735	315	210	210	(2.520)
Umlage Fuhrp.	288				432		4.080	(4.800)
Su.ges.Gemeink.	(5.599)	(2.520)	(4.800)	15.320	19.583	7.498	9.294	51.695
Zuschlagsbasis				13.678	12.220	151.372		
Kalkul.satz				112 % auf Einzel-löhne	160,25 % auf Einzel-mat.k.	11,09 % auf Herstell-kosten		

noch Lösung der Übungsaufgabe 3.2/21:

	Dampf	Fuhrp.	Strom	Werkst.	Montage	Verwa.	Vertr.	Summen
Su.prim.Gemeink.	2.040	4.590	3.932	12.585	17.536	6.368	4.644	51.695
Umlage Strom	↳	170	680	595	255	170	170	(2.040)
Umlage Dampf		↳	285,6		428,4		4.046	(4.760)
Umlage Fuhrp.			↳*	2.140	1.391	984,4	385,2	(4.900,6)
Su.ges.Gemeink.	(2.040)	(4.760)	(4.897,6)	15.320	19.610,4	7.522,4	9.245,2	51.698*
Zuschlagsbasis				13.678	12.220	151.372		
Kalkul.satz				112 %	160,48 %	11,08 %		

* Bei der Umlage Strom ergibt sich eine Rundungsdifferenz (wegen 0,107) von € 3!

Lösung der Übungsaufgabe 3.2/21:

Die innerbetrieblichen Leistungsverrechnungssätze nach dem Stufenleiterverfahren lauten:

Dampf $q_1 = \frac{2.040}{120} = 17$ (€/t)

Fuhrp. $q_2 = \frac{4.590 + 10 \cdot 17}{4.000} = 1{,}19$ (€/tkm)

Strom $q_3 = \frac{3.932 + 40 \cdot 17 + 240 \cdot 1{,}19}{55.000 - 4.400 - 4.800} = 0{,}107$ (€/kWh)

Die Unterschiede zu den ibL-Sätzen des Gleichungsverfahrens aus Aufgabe 3.2/20 sind aufgrund der Anordnung der Hilfskostenstellen bei Fuhrpark und Strom nicht besonders groß. Bei Dampf resultiert eine Differenz von 4 pro t, weil dort die „nachgelagerten“ Stromkosten in Höhe von 4.800 · 0,1 = 480 nicht auf die Gesamterzeugung von 120 t verrechnet wurden.

Auf die Kalkulationssätze der Hauptkostenstellen hat diese Differenz aufgrund der relativ hohen Beträge an primären Gemeinkosten praktisch keine Auswirkung mehr (*vgl. hier die Fortsetzung der Aufgabe auf der Vorseite!*).

Trotzdem sollte auf das Gleichungsverfahren zur Ermittlung von „Festpreisen“ nicht verzichtet werden.

Lösung der Übungsaufgabe 3.2/22:

In die Berechnung der ibL-Sätze der Hilfskostenstellen sind nur die variablen Kosten dieser Stellen einzubeziehen, da nur die variablen (hier: proportionalen) Kosten mit der Gesamtleistung und Leistungsabgabe der Hilfskostenstellen variieren:

Gebäude : $12.000q_1 = 2.760 + 680q_2$

Fuhrp. : $46.000q_2 = 27.140 + 2.000q_1$

$q_1 \approx 0{,}26408$ pro qm $\quad q_2 \approx 0{,}60148$ pro km

Fortsetzung der Lösung auf der Folgeseite!

noch Lösung der Übungsaufgabe 3.2/22:

	Summen	Gebäuderein.		Fuhrpark		Fertigung		Verw. u. Vertr.	
		var.	fix	var.	fix	var.	fix	var.	fix
Su.prim.Gemeink.	197.150	2.760	17.120	27.140	18.060	34.720	61.450	2.200	33.700
Umlage Gebäude-reinigung	(3.169)			528			1.970		671
Umlage Fuhrp.	(27.668)	409				6.015		21.444	
Su.ges.Gemeink.	197.150	(3.169)	17.120	(27.668)	18.060	40.735	63.420	23.444	34.371
Bezugsgröße						1.500		340.000	
Kalkul.satz						27,16 € pro Masch. std.		6,9 % auf Herstell-kosten	

In einer Grenzkostenrechnung werden im Ergebnis nur die variablen (i.d.R. proportionalen) Kosten auf die Kostenträger verrechnet. Im obigen BAB findet deshalb auch die ibL auf reiner Grenzkosten-Basis statt. Durch die Kalkulationssätze der Hauptkostenstellen gehen nur die variablen Kosten dieser Kostenstellen auf die Kostenträger über. Die Fixkosten der Kostenstellen (Haupt- und Hilfskostenstellen) werden en bloc aus der Kostenstellenrechnung unter Umgehung der Kostenträgerrechnung in das Betriebsergebnis erfolgswirksam ausgebucht. Häufig wird in der Praxis eine parallele Vollkosten-Kalkulation durchgeführt: Dann rechnet man die Fixkosten nachträglich trotz des Verstoßes gegen das Verursachungsprinzip in die Kalkulationssätze ein und überwälzt sie damit nach dem Durchschnittsprinzip auf die Kostenträger.

Lösungen der Aufgaben zu Kapitel 3.3

Lösung der Übungsaufgabe 3.3/1:

$$\begin{array}{rcl} 2.000 \cdot 0{,}8 &=& 1.600 \\ 6.000 \cdot 1{,}0 &=& 6.000 \\ 10.000 \cdot 1{,}5 &=& \underline{15.000} \\ && 22.600 \end{array}$$

113.000 : 22.600 = 5,00/Stck. Selbstkosten der Einheitssorte (Sorte 2)

$$\left.\begin{array}{l} 5 \cdot 0{,}8 = 4{,}00 \\ 5 \cdot 1{,}0 = 5{,}00 \\ 5 \cdot 1{,}5 = 7{,}50 \end{array}\right\} \text{Stückselbstkosten der drei Sorten}$$

Probe:

$$\begin{array}{rcl} 2.000 \cdot 4{,}00 &=& 8.000 \\ 6.000 \cdot 5{,}00 &=& 30.000 \\ 10.000 \cdot 7{,}50 &=& \underline{75.000} \\ && 113.000 \end{array}$$

Die Herstellkosten können für diese Aufgabe nicht ermittelt werden, da Angaben über die Vertriebs- und Verwaltungskosten fehlen. Vielleicht hat der Betrieb keine Kostenstellenrechnung und kann auch aus der Kontierung der Kosten nicht erkennen, wie hoch die Vertriebs- und Verwaltungskosten sind!?

Lösung der Übungsaufgabe 3.3/2:

Gesamte Herstellkosten: 113.000 - 22.600 = 90.400

Die Einheitsmenge (jetzt im Fertigungsbereich) beträgt weiterhin 22.600; die Herstellkosten pro Stück der Einheitssorte 4,00.

Die Einheitsmenge im Vertriebsbereich beträgt 11.300; die Verwaltungs- und Vertriebskosten pro Stück der Einheitssorte also 2,00.

Stückk.:	HK	+	VuVK	=	SK
Sorte 1 :	3,20	+	0,80	=	4,00
Sorte 2 :	4,00	+	1,60	=	5,60
Sorte 3 :	6,00	+	2,00	=	8,00

Probe:	HK	+	VuVK	=	SK
Sorte 1 :	6.400	+	2.800	=	9.200
Sorte 2 :	24.000	+	3.200	=	27.200
Sorte 3 :	60.000	+	16.600	=	76.600
	90.400	+	22.600	=	113.000

Lösung der Übungsaufgabe 3.3/3:

Die Herstellkosten pro Stück der Einheitssorte betragen weiterhin 4,00 .

Die Verwaltungs- und Vertriebskosten ändern sich auf

22.600 : 17.250 ≈ 1,31 pro Stück der Einheitssorte.

Es ergeben sich folgende Selbstkosten:

Stückk.:	HK	+	VuVK	=	SK
Sorte 1 :	3,20	+	1,05	≈	4,25
Sorte 2 :	4,00	+	1,31	≈	5,31
Sorte 3 :	6,00	+	1,96	≈	7,96

Probe:	HK	+	VuVK	=	SK
Sorte 1 :	6.400	+	3.675	≈	10.075
Sorte 2 :	24.000	+	2.620	≈	26.620
Sorte 3 :	60.000	+	16.268	≈	76.268
	90.400	+	22.563	≈	112.963

Die Ergebnisse ändern sich also gegenüber 3.3/1 trotz gleicher Ziffernreihen in Produktion und Vertrieb, weil sich aufgrund der veränderten Absatzzahlen die Verwaltungs- und Vertriebskosten in einem anderen Verhältnis auf die Sorten verteilen.

Lösung der Übungsaufgabe 3.3/4:

Einzelmaterial	3,00
Materialgemeinkosten	0,60
Einzellöhne	2,00
Fertigungsgemeinkosten I	1,00
Fertigungsgemeinkosten II	3,00
Sondereinzelkosten der Fertigung	0,70
Herstellkosten	10,30
Verwaltungs- und Vertriebsgemeinkosten (10 % auf HK ohne Sondereinzelk. d. Fert.)	0,96
Sondereinzelkosten des Vertriebs	1,05
Selbstkosten	12,31

Lösung der Übungsaufgabe 3.3/5:

Herstellkosten	+	VuVK	=	Selbstkosten
$\frac{84.000}{2.400}$	+	$\frac{12.000}{600}$		
35	+	20	=	55/Stück

Die Lagerbestandserhöhung beträgt 1.800 · 35 = 63.000.

Lösung der Übungsaufgabe 3.3/6:

Die summarische Lohnzuschlagskalkulation verrechnet die gesamten Fertigungsgemeinkosten des Betriebs auf die gesamten Lohneinzelkosten des Betriebes. Sie heißt deshalb auch kumulative Betriebszuschlagskalkulation.

Gesamte Fertigungsgemeinkosten (lt. BAB)	23.900,00
Gesamte Lohneinzelkosten durch Rückrechnung	37.500,00
Summarischer Lohnzuschlagssatz	≈ 63,7 %

Herstellkosten		83.000
Fertigungsgemeink.	./.	23.900
Materialeinzelkosten	./.	18.000
Materialgemeink.	./.	3.600
Lohneinzelkosten	=	37.500

Lösung der Übungsaufgabe 3.3/7:

Die Kosten sind nach den Marktpreisen (als Äquivalenzziffern der Tragfähigkeit) zu verteilen. Nach der einstufigen Äquivalenzkalkulation – vgl. (41) auf S. 155 – erhält man für die

Herstellkosten / kg		
1	:	2,00
2	:	5,00
3	:	9,00

Wendet man die Restwertmethode an, so betragen die Herstellkosten des Hauptprodukts 6,30 €/kg. Die Nebenprodukte sind bei einer bilanziellen Bestandsbewertung in Höhe ihrer Marktpreise (abzüglich eventuell noch anfallender Weiterverarbeitungs- und Vertriebskosten) anzusetzen.

Lösung der Übungsaufgabe 3.3/8:

	Materialeinzelkosten		15,00	
+	Materialgemeinkosten	5,29 %	0,79	
=	Materialkosten		15,79	15,79
	Lohneinzelkosten I		8,00	
+	Fertigungsgemeink. I	110 %	8,80	
+	Lohneinzelkosten II		6,00	
+	Fertigungsgemeink. II	330 %	19,80	
+	Lohneinzelkosten III		25,00	
+	Fertigungsgemeink. III	82,6 %	20,65	
=	Fertigungskosten		88,25	88,25
=	Herstellkosten			104,04
+	Verw.- u. Vertr.gemeink.	10,14 %		10,55
=	Selbstkosten			114,59

Nach der summarischen Lohnzuschlagskalkulation ergäben sich 119 % als summarischer Zuschlagsatz (vgl. S. 159, Fußnote 289);

also:

	Materialkosten (wie oben)			15,79
	ges. Lohneinzelkosten		39,00	
+	ges. Fertigungsgemeink.	119 %	46,41	
=	Fertigungskosten		85,41	85,41
=	Herstellkosten			101,20
+	Verw.-u.Vertr.gemeink.	10,14 %		10,26
=	Selbstkosten			111,46

Weitaus größere Unterschiede in den Ergebnissen können dann resultieren, wenn die verschiedenen Produktarten die einzelnen Fertigungsstellen unterschiedlich beanspruchen. Würde z.B. ein anderes Produkt c.p. Einzellöhne II in Höhe von 25,00/Stck. und Einzellöhne III in Höhe von 6,00/Stck. aufweisen, dann wären auch hier die Selbstkosten nach summarischer Lohnzuschlagskalkulation 111,46. Nach differenzierender Lohnzuschlagskalkulation erhielte man aber 166,37!

Zwar werden nach beiden Verfahren (bzw. nach allen Verfahren) stets nicht mehr und nicht weniger als die insgesamt angefallenen Kosten (hier: 11.250 + 31.000 + 20.900 = 63.150) verteilt, diese Gesamtkosten verteilen sich aber in Abhängigkeit vom Kalkulationsverfahren unterschiedlich auf die einzelnen Produktarten. Um Fehlentscheidungen aufgrund der Rechenergebnisse zu vermeiden, sind eine möglichst weitgehende Differenzierung der Kostenstellen und eine Auswahl von verursachungsgerechten Bezugsgrößen so wichtig!

Lösung der Übungsaufgabe 3.3/9:

Unterschiede: Nur bei der Behandlung der Fertigungsgemeinkosten: Einmal summarisch für alle Fertigungsstellen, zum anderen differenziert für jede einzelne Fertigungsstelle.

Gemeinsamkeiten: Bei der Behandlung aller anderen Kostenarten; also bei den Materialgemeinkosten, Verwaltungs- und Vertriebsgemeinkosten sowie bei den Einzelkosten.

Lösung der Übungsaufgabe 3.3/10:

Unterschiede: Vor allem bei der Auswahl der Bezugsgrößen in den Fertigungsstellen: Einmal stets die Einzellöhne, zum anderen möglichst viele mengenmäßige Bezugsgrößen, die der Kostenverursachung noch besser entsprechen. Außerdem werden bei der Bezugsgrößenkalkulation die Einzellöhne häufig in das Bezugsgrößensystem einbezogen.

Gemeinsamkeiten: Bei der Verrechnung aller anderen Kostenarten; im allgemeinen wird aber bei der Bezugsgrößenkalkulation, die insbesondere in modernen Plankostenrechnungssystemen eingesetzt wird, auch im Material- und Verwaltungs- und Vertriebsbereich differenzierter gearbeitet. Vgl. hierzu z.B. HABERSTOCK (2004) S. 45-78.

Lösung der Übungsaufgabe 3.3/11:

Die einstufige Divisionskalkulation ist hier nicht anwendbar, da die Voraussetzungen des Einprodukt-Betriebes nicht gegeben ist. Man muss hier mit der einstufigen Äquivalenzziffernkalkulation arbeiten:

$$1{,}0 \cdot 140 + 1{,}3 \cdot 275 = 497{,}5$$

$$54.725 : 497{,}5 = 110$$

Selbstkosten / Stück A = 110,00

Selbstkosten / Stück B = 143,00 (= 1,3 · 110)

Lösung der Übungsaufgabe 3.3/12:

720.000 · 1,1	=	792.000
105.000 · 1,3	=	136.500
140.000 · 1,8	=	252.000
Einheitsmenge	=	1.180.500

$$\text{Kosten pro Stück der Einheitsmenge} = \frac{708.300}{1.180.500} = 0{,}60 \text{ / Stück}$$

Produktart	Herstellkosten pro Produktart	Herstellkosten pro Produkteinheit
Backsteine	792.000 · 0,6 = 475.200,--	0,6 · 1,1 = 0,66/Stück
Klinker	136.500 · 0,6 = 81.900,--	0,6 · 1,3 = 0,78/Stück
Dachziegel	252.000 · 0,6 = 151.200,--	0,6 · 1,8 = 1,08/Stück
Summen	708.300,--	

Lösung der Übungsaufgabe 3.3/13:

Druck	Binden	Absatz
4.000 · 0,9	3.800 · 1,0	4.100 · 1,1
+ 3.200 · 1,4	+ 3.400 · 1,0	+ 3.300 · 1,2
+ 1.900 · 1,3	+ 1.500 · 1,0	+ 1.400 · 1,7
= 10.550	= 8.700	= 10.850
$\frac{42.200}{10.550} = 4,-$	$\frac{6.090}{8.700} = 0,7$	$\frac{19.530}{10.850} = 1,8$

	HK	SK	L_1	L_2
Buch 1	4,30	6,28	+ 720	./. 1.290
Buch 2	6,30	8,46	./. 1.120	+ 630
Buch 3	5,90	8,96	+ 2.080	+ 590

HK = Herstellkosten pro Stück

SK = Selbstkosten pro Stück

L_1 = Lagerbestandsveränderung wertmäßig zwischen Druck und Binden

L_2 = Lagerbestandsveränderung wertmäßig zwischen Binden und Absatz

Lösung der Übungsaufgabe 3.3/14:

Materialeinzelkosten	:	25.300 + 2.900 =	28.200
Lohneinzelkosten	:		87.500
Fertigungsgemeinkosten	:	9.000 + 13.100	
		+ 54.700 + 19.800	
		+ 10.000 + 1.080 =	107.680
Verwaltungs- und Vertriebsgemeinkosten	:	übrige Kosten =	169.512
Fertigungsgemeinkostenzuschlag	:	$\frac{107.680}{87.500}$ =	123,06 %
Verwaltungs- und Vertriebsgemeinkostenzuschlag	:	$\frac{169.512}{223.380}$ =	75,89 %

Lösung der Übungsaufgabe 3.3/15:

Derart hohe Lohnzuschlagssätze sind stets gefährlich und unpraktisch (vgl. S. 162-164). Man sollte hier besser die Fertigungsstunden oder noch besser die Maschinenstunden als mengenmäßige Bezugsgrößen wählen.

Durch Rückrechnung ergeben sich für diese Kostenstelle folgende Fertigungsgemeinkosten:

$$\frac{\text{Fert.gemeink.}}{7.200} = 32 \; (= 3.200\,\%) \quad \text{Fert.gemeink.} = 230.400,\text{-}$$

Man erhält also als Alternativen:

$$\frac{230.400}{720} = 320,\text{- pro Fertigungsstunde oder}$$

$$\frac{230.400}{2.880} = 80,\text{- pro Maschinenstunde.}$$

Lösung der Übungsaufgabe 3.3/16:

Richtig sind b und d. Die Fixkosten würde man zusätzlich benötigen, wenn man eine Divisionskalkulation auf Grenzkosten-Basis durchführen wollte.

Lösung der Übungsaufgabe 3.3/17:

Richtig sind c, d, e. Die Materialkosten pro Stück würde man benötigen, wenn man eine „Veredelungsrechnung“ durchführen wollte.

Lösung der Übungsaufgabe 3.3.18:

Die Kalkulationssätze lauten:

Material I : 1,06 pro kg Materialgewicht

Fertigung I : 48,00 pro Maschinenstunde bzw. 0,80 pro Maschinenminute

Fertigung II : 41,40 pro Akkordstunde bzw. 0,69 pro Akkordminute

Fertigung III : 19,20 pro Maschinenstunde bzw. 0,32 pro Maschinenminute

Als Herstellkosten erhält man nach der hier angewandten Bezugsgrößenkalkulation:

Materialeinzelkosten				8,00	
+	Materialgemeinkosten	2 kg	à 1,06	2,12	
=	Materialkosten			10,12	10,12
	Lohneinzelk. I-III			14,00	
+	Fertigungsgemeink.I	6 Min.	à 0,80	4,80	
+	Fertigungsgemeink.II	7 Min.	à 0,69	4,83	
+	Fertigungsgemeink.III	12 Min.	à 0,32	3,84	
=	Fertigungskosten			27,47	27,47
=	Herstellkosten				37,59

Lösung der Übungsaufgabe 3.3/19:

	Gesamtkosten für 140 t Stahl	18.000
./.	Netto-Erlös aus Thomas-Mehl	
	4.000 (0,29 - 0,06)	920
=	Restkosten	17.080
	Herstellkosten pro t Stahl	122

Lösung der Übungsaufgabe 3.3/20:

$$\frac{480.000}{1.600} + \frac{320.000}{x_A} = 620$$

$$\underline{\underline{x_A = 1.000 \text{ Stück}}}$$

Lösung der Übungsaufgabe 3.3/21:

Der hier benötigte Fixkostendeckungszuschlag z_F entspricht einem allgemeinen Kalkulationssatz, bei dem die zu verteilende Größe (hier: gesamte Fixkosten) auf eine Bezugsgröße (hier: gesamte Bruttogewinne) bezogen wird.

$$z_F = \frac{K_F}{\sum_{i=1}^{n}(p_i - k_{V_i}) \cdot x_i}$$

$$= \frac{27.500}{35.000 + 0 + 20.000} = 0{,}5 \;\; (50\ \%)$$

Produkt	k_V	+	k_F	=	k	Nettogewinn
1	9,00	+	3,50	=	12,50	3,50
2	11,00	+	-	=	11,00	-
3	10,00	+	10,00	=	20,00	10,00

Produkte mit einem Deckungsbeitrag (= Bruttogewinn) von Null oder weniger, erhalten keine Fixkosten zugeschlagen, denn sie sind nicht „tragfähig" (diese Aufgabe ist identisch mit Aufgabe 2.3/4)!

Lösung der Übungsaufgabe 3.3/22:

Zuschlagssatz für die Fixkosten des Material- und Fertigungsbereichs:

$$\frac{\text{Fixkosten}}{\text{Grenz} - \text{Herstellk.}} = \frac{81.000}{1.800 \cdot 1{,}5} = 3 \;\; (300\ \%)$$

Zuschlagssatz für die Fixkosten des Verwaltungs- und Vertriebsbereichs:

$$\frac{\text{Fixkosten}}{\text{volle Herstellk.}} = \frac{19.440}{27.000 + 81.000} = 0{,}18 \;\; (18\ \%)$$

	Grenzkosten + Fixkosten		= volle Kosten
Herstellkosten	15,00	+ 45,00	60,00
+ Verw. u. Vertr.-Kosten	3,00	+ 10,80	13,80
= Selbstkosten	18,00	+ 55,80	73,80

Haben Sie auch das Ergebnis durch eine Probe überprüft?

Lösung der Übungsaufgabe 3.3/23:

Kostenart	Vollkosten	Grenzkosten
Materialeinzelkosten	6,00	6,00
Materialgemeinkosten	0,60	0,36
Fertigungskosten I	10,00	6,00
Fertigungskosten II	4,50	3,24
Sondereinzelkosten der Fertigung	0,50	0,50
Herstellkosten	21,60	16,10
Verw.u.V-Gemeinkosten	4,32	2,42
Sondereinzelkosten des Vertriebs	1,50	1,50
Selbstkosten	27,42	20,02

Lösung der Übungsaufgabe 3.3/24:

A	benötigt	7.500	Maschinenminuten	= 125 Stunden
B	benötigt	27.000	Maschinenminuten	= 450 Stunden
			insgesamt	= 575 Stunden

Die Rüstkosten verteilen sich je zur Hälfte auf A und B.

A = 125 · 30,50 = 3.812,50 + 0,5 (169 · 15,60) = 5.130,70

B = 450 · 30,50 = 13.725,00 + 0,5 (169 · 15,60) = 15.043,20

A = 5.130,70 : 1.500 = 3,42 Walzkosten pro m Walzstahl

B = 15.043,20 : 2.700 = 5,57 Walzkosten pro m Walzstahl

Lösung der Übungsaufgabe 3.3/25:

a) Aufgrund der Angaben ist lediglich eine mehrstufige Divisionskalkulation durchführbar.

b) q_I : $16.000 + 30 \cdot q_{II} = 9.400 \cdot q_I$

q_{II} : $10.000 + 600 \cdot q_I = 170 \cdot q_{II}$

$q_I = \underline{\underline{1{,}91 \text{ / kWh}}}$

$q_{II} = \underline{\underline{65{,}57 \text{ / Std.}}}$

Probe: I : $16.000 - 9.400 \cdot 1{,}91 + 30 \cdot 65{,}57 \approx 0$

II : $10.000 - 170 \cdot 65{,}57 + 600 \cdot 1{,}91 \approx 0$

Verrechnungssätze für die Halbfabrikate:

$$q_{III} : \frac{8.000 + 1.800 \cdot 1{,}91}{250} = \underline{\underline{45{,}75 \text{ / } HF_A}}$$

$$q_{IV} : \frac{12.000 + 7.000 \cdot 1{,}91 + 140 \cdot 65{,}57}{500} = \underline{\underline{69{,}10 \text{ / } HF_B}}$$

Fertigungskosten pro Fertigfabrikat:

$$q_V : \frac{25.000 + 9.150 + 27.640}{300} = \underline{\underline{205{,}97 \text{ / FF}}}$$

Herstellkosten : $108 + 205{,}97 = 313{,}97$

Verwaltungs- und Vertriebskosten : $\frac{11.300}{240} = 47{,}08$

Selbstkosten : $= \underline{\underline{361{,}05}}$

Lösungen der Aufgaben zu Kapitel 4.1

Lösung der Übungsaufgabe 4.1/1

Richtig sind b, c, f, g, h.

Lösung der Übungsaufgabe 4.1/2:

Richtig sind a, d, f, h.

Lösung der Übungsaufgabe 4.1/3:

a) flexible

b) Verursachungs-Prinzip

c) relevanten

d) Mengen und Preisen

e) Über- und Unterdeckungen

Lösung der Übungsaufgabe 4.1/4:

Anhand der geplanten Daten lässt sich der Kostenverlauf dieser Kostenstelle wie folgt graphisch darstellen:

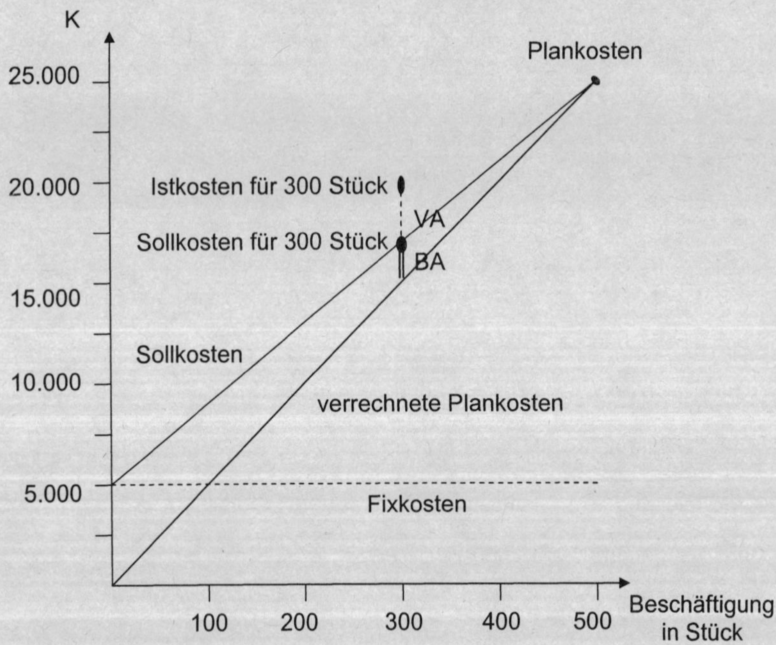

VA = Verbrauchsabweichung
BA = Beschäftigungsabweichung

Der eingezeichnete Sollkostenverlauf gibt für alle Ist-Beschäftigungen von 0 bis 500 Stück an, welche Kosten bei wirtschaftlichem Handeln entstehen „sollen“, wenn in einer Kontrollperiode nicht die Planbeschäftigung, sondern irgendeine andere Beschäftigung tatsächlich erreicht wird. Man vergleicht also die Istkosten mit jenem Punkt der Sollkostenkurve, der der Ist-Beschäftigung entspricht. Die Differenz zwischen Ist- und Sollkosten nennt man „Verbrauchsabweichung“; sie ist – nach Ausschaltung der Einflüsse veränderter Faktorpreise, was hier jedoch wegen der konstanten Preise nicht mehr nötig ist – ein Maßstab für die innerbetriebliche Wirtschaftlichkeit. Die untere Gerade gibt die Kurve der verrechneten Plankosten wieder.

Rechnerisch ermittelt man die Sollkosten, verrechneten Plankosten, Verbrauchsabweichung und Gesamtabweichung wie folgt:

$$\text{Sollkosten} = \text{Fixe Plankosten} + \frac{\text{Variable Plankosten}}{\text{Planbeschäftigung}} \cdot \text{Ist-Beschäftigung}$$

$$= 5.000 + \frac{20.000}{500} \cdot 300$$

$$= \underline{\underline{17.000}}$$

$$\text{verrechnete Plankosten} = \frac{\text{Plankosten}}{\text{Planbeschäftigung}} \cdot \text{Ist-Beschäftigung}$$

$$= \frac{25.000}{500} \cdot 300$$

$$= \underline{\underline{15.000}}$$

$$\text{Verbrauchsabweichung} = \text{Istkosten} - \text{Sollkosten}$$

$$= 20.000 - 17.000$$

$$= \underline{\underline{3.000}}$$

$$\text{Gesamtabweichung} = \text{Istkosten} - \text{verrechnete Plankosten}$$

$$= 20.000 - 15.000$$

$$= \underline{\underline{5.000}}$$

Für die Aufgabe beträgt also die Verbrauchsabweichung € 3.000. Diese Kosten wären bei wirtschaftlichem Handeln vermeidbar gewesen. In praxi schließt sich hier eine Kostenanalyse und Kostendurchsprache mit dem Kostenstellen-Leiter an, um die Ursachen der Abweichung zu lokalisieren und geeignete Maßnahmen für die

Zukunft zu ergreifen. Natürlich kann auch ein Planungsfehler ganz oder teilweise Ursache der Verbrauchsabweichung sein.

Lösung der Übungsaufgabe 4.1/5:

Auf die graphische Lösung soll hier verzichtet werden; sie kann analog zur Lösung der Übungsaufgabe 4.1/4 erfolgen.

$$\text{Sollkosten} = 80.000 + \frac{60.000}{1.200} \cdot 1.400 = \underline{\underline{150.000}}$$

$$\text{verrechnete Plankosten} = \frac{140.000}{1.200} \cdot 1.400 = \underline{\underline{163.333}}$$

$$\text{Verbrauchsabweichung} = 176.000 - 150.000 = \underline{\underline{26.000}}$$

$$\text{Beschäftigungsabweichung} = 150.000 - 163.333 = \underline{\underline{-\ 13.333}}$$

$$\text{Gesamtabweichung} = 176.000 - 163.333 = \underline{\underline{12.667}}.$$

Bei der Analyse dieser Verbrauchsabweichung wird man sicherlich auch überprüfen, inwieweit sich die „Über"beschäftigung in einer Erhöhung der Ist-Kosten niedergeschlagen hat.

Lösung der Übungsaufgabe 4.1/6:

Entscheidungen über „Eigenerstellung oder Fremdbezug" bei unveränderten (gegebenen, vorhandenen, konstanten) Kapazitäten sind kurzfristige Entscheidungen. Wenn diese Kapazitäten – wie in der Aufgabenstellung – nicht voll ausgelastet sind, also kein Engpass wirksam wird, vergleicht man die Grenzkosten bei Eigenerstellung (k_v) mit den Grenzkosten bei Fremdbezug, also dem Lieferantenpreis inkl. Nebenkosten (q):

$$q \begin{matrix} < \\ = \\ > \end{matrix} k_v$$

M. a. W.: Es wird fremdbezogen, solange der Lieferantenpreis unter den Grenzkosten bei Eigenerstellung liegt. Die kurzfristige Preisobergrenze für fremdbezogene Teile entspricht damit den variablen Stückkosten.

Hier hat sich die Geschäftsleitung zunächst an den vollen Stückkosten orientiert. Die darin enthaltenen (und nicht verursachungsgemäß zugerechneten) Fixkosten betrugen 14 pro Stück. Dieser Teil der Vollkosten ist nicht entscheidungsrelevant: Bei gegebenen Kapazitäten bleiben die Fixkosten unverändert, ob nun fremdbezogen oder eigenerstellt wird. Relevante Kosten sind hier die variablen Stückkosten = Grenzkosten.

In dem Jahr des Fremdbezugs hat der Betrieb nicht – wie erwartet – 12.000,- gespart, sondern seine Kosten aufgrund der Fehlentscheidung um 4.800,- (12 * 100 * 4) erhöht.

Anders stellt sich die Situation vor der Ersatzinvestition dar. Es handelt sich jetzt um eine kapazitätsverändernde und damit langfristige Entscheidung. Nicht nur die Grenz-, sondern auch die Fixkosten sind hier entscheidungsrelevant: Man vergleicht langfristig die Kosten für Fremdbezug einerseits mit den variablen und fixen Kosten der Eigenerstellung andererseits.

Hierzu kann man – wenn man nicht den theoretisch richtigen Weg einer Investitionsrechnung geht –

a) entweder eine langfristige Preisobergrenze für Fremdbezug errechnen

b) oder jene kritische Menge (break-even-Menge) an Einbauteilen feststellen, ab der sich die Investition gegenüber dem Fremdbezug lohnt.

Im folgenden sei angenommen, dass außer den Anschaffungs'kosten' der Maschine keine weiteren Fixkosten mit der Eigenerstellung verbunden sind, dass mit einer linearen kalkulatorischen Abschreibung (vgl. oben S. 94) und mit einem kalkulatorischen Zinssatz von 10 % p.a. nach der Durchschnittsmethode (vgl. oben S. 96-99) gerechnet wird, und dass alle anderen Daten in Zukunft unverändert bleiben.

Ad a) Die langfristige Preisobergrenze entspricht den vollen Stückkosten, die man im vorliegenden „Einprodukt"-Fall durch Verteilung der Fixkosten auf die Gesamtstückzahl nach dem Durchschnittsprinzip errechnen kann:

Jahresfixkosten = Kalk. Abschreibungen + Kalk. Zinsen

$$= \frac{A}{n} + \frac{A}{2} \cdot i$$

$$= \frac{67.200}{5} + \frac{67.200}{2} \cdot 0{,}1$$

$$= 13.440 + 3.360$$

$$= 16.800$$

durchschnittliche Fixkosten pro Stück $= \dfrac{\text{Jahresfixkosten}}{\text{Jahresmenge}}$

$$= \frac{16.800}{1.200} = 14$$

volle Stückk. = variable Stückk. + anteilige Fixkosten

= 16 + 14

= 30 = langfristige Preisobergrenze

Der tatsächliche Fremdbezugspreis liegt mit 20 unter der langfristigen Preisobergrenze von 30. Die Investition ist damit nicht lohnend; der Betrieb sollte seine Einbauteile besser vom Zulieferer beziehen.

Ad b) Für die kritische Menge (break-even-Menge) ermittelt man einen „Deckungsbeitrag" als Differenz zwischen dem Fremdbezugspreis und den niedrigeren variablen Stückkosten bei Eigenerstellung. Es wird dann gefragt, bei welcher Stückzahl diese laufende Kostenersparnis ausreicht, um die Investitionssumme (bzw. die Fixkosten) zu decken:

$$\text{Kritische Jahresmenge} = \frac{\text{Fixkosten}}{q - k_v} = \frac{16.800}{4} = \underline{\underline{4.200}}$$

Dieses Ergebnis zeigt – wie im Fall a) – , dass die Investition nicht lohnt. Erst wenn pro Jahr mehr als 4.200 Einbauteile (d.h. mehr als 350 Einbauteile pro Monat) selbst erstellt werden, wird die Maschine in den 5 Jahren ihrer Nutzungsdauer verdient (amortisiert); der tatsächliche Monatsbedarf beträgt aber durchschnittlich nur 100 Stück. Im übrigen würde die Kapazität der Anlage mit 250 Stück/Monat überhaupt nicht ausreichen, um die kritische Menge zu produzieren.

Lösung der Übungsaufgabe 4.1/7:

Die Programmbereinigung war eine Fehlentscheidung, weil sie sich nicht an den für diese Situation „relevanten Kosten" orientiert hat.

Die Ursache der falschen Programmbereinigung wird deutlich, nachdem man das Zahlenmaterial der Tabelle von Voll- auf Grenzkostenbasis umgestellt hat (diese Umstellung ist hier ohne weitere Daten aus der Kostenrechnung nicht nachvollziehbar; sie möge als Ergebnis akzeptiert werden).

Es zeigt sich,

- dass die Streichung des Produktes 4 falsch war, denn dieses Produkt weist den höchsten Deckungsbeitrag pro Stück auf und ist damit absatzpolitisch das förderungswürdigste.
- dass die Streichung des Produktes 3 (zufällig) richtig war, weil dieses Produkt nicht nur einen negativen Netto-, sondern auch einen negativen Bruttogewinn aufweist.

Produktart	Absatzmenge	Stückpreis	variable Stückk.	Deckungsbeitrag pro Stück	Rangfolge	Bruttogewinn pro Produktart
1	200	10	3	7	3.	1.400
2	400	12	4	8	2.	3.200
3	100	6	7	./. 1	4.	./. 100
4	800	16	6	9	1.	7.200
			Bruttoerfolg:			11.700
			./. Fixkosten			10.300
			= Nettoerfolg			1.400

- dass der Verlust von 1.100 entsteht, weil die Deckungsbeiträge der Produkte 1 und 2 (2.800 + 6.400 = 9.200) nicht ausreichen, den Fixkostenblock von 10.300 abzudecken.

Bei Entscheidungen über die „Programmbereinigung" (Artikelwahl, Verkaufsförderung) ist die Rangfolge der Nettogewinne kein geeignetes Kriterium, weil sich im Nettogewinn entscheidungsrelevante stückabhängige Kosten (variable, proportionale Kosten) mit nicht entscheidungsrelevanten Periodenkosten (fixen Kosten) vermengen. Der Fixkostenblock bleibt von kurzfristigen Maßnahmen, die eine Änderung der Absatzmengen zur Folge haben, grundsätzlich unberührt. Man kann sich deshalb bei absatzpolitischen Entscheidungen im Falle freier Kapazitäten allein an den Deckungsbeiträgen pro Produktionseinheit orientieren:

$$p_i \underset{>}{\overset{<}{-}} k_{vi}$$

Es wird jede Produktart i produziert und abgesetzt, deren Deckungsbeitrag nicht negativ ist, deren Preis also nicht unter den Grenzkosten liegt. Die (kurzfristige) Preisuntergrenze bei freien Kapazitäten entspricht damit den Grenzkosten (vgl. auch oben S. 43)

Lösung zur
– großen Kostenrechnungs-Fallstudie –
T E N O – SITZMÖBEL – GmbH

Aufgabe 1: Ermittlung der im Monat September angefallenen Gesamtkosten

GKR-Konto-Nr.	Kostenart	Einzelkosten	Gemeinkosten	Gesamtkosten
40/42	**Stoffkosten**			
401	Holzbohlen	55.960		
402	Holzrohlinge	7.000		
403	Stahlrohrgestelle	99.000		
404	Sitzgeflechte	60.000		
405	Lehngeflechte	33.000		254.960
411	Hilfsstoffe		14.100	
412	Schmierstoffe		2.300	
413	Ersatzwerkzeug		12.000	
420	Strom		6.000	34.400
				289.360
43/44	**Personalkosten**			
4311	Brutto-Akkordlö.	4.275		4.275
4312	Brutto-Löhne		41.537	
439	Brutto-Gehälter		22.600	
441	Sozialk. (Löhne)		39.940,20	
442	Sozialk. (Gehäl.)		14.238	117.315,20
				121.590,20
46	**Steuern, Gebühren etc.**			
460	GewSt		8.335	
461	GrSt		950	
464	Beiträge, Gebühren, Versicherungen		3.000	12.285

GKR-Konto-Nr.	Kostenart	Einzelkosten	Gemeinkosten	Gesamtkosten
47	**Mieten, Verkehrs-, Büro-, Werbekosten und dergleichen**			
470	Raummiete		3.750	
471	Raumkosten		500	
472	Verkehrskosten		7.600	
476	Bürokosten		2.000	
477	Werbekosten		3.500	
479	Verpackungs.k.		4.000	21.350
48	**Kalk. Kosten**			
480	Kalk. Abschreib.		10.767	
481	Kalk. Zinsen		7.000	
4821	Kalk. Best. wag.		1.500	
4822	Kalk. Fert. wagn.		300	
4823	Kalk. Vertr. wag.		3.100	
483	Kalk. Unt.lohn		2.000	24.667
		259.235	210.017,20	469.252,20

Anmerkungen zu den obigen Wertansätzen, soweit sie sich von den Aufwendungen der Finanzbuchhaltung unterscheiden:

- **Andere Wertansätze** gegenüber der Finanzbuchhaltung liegen bei den Sozialkosten, Gebühren, Rechtsberatungskosten, Versicherungen, Werbekosten, Abschreibungen und Zinsen vor.

- Um Kosten, denen in der Fallstudie im September **kein Aufwand** gegenübersteht, handelt es sich bei den kalkulatorischen Wagnissen, dem kalkulatorischen Unternehmerlohn und den einzubeziehenden Steuern.

- Kostenmäßig nicht erfasst werden der Verlust aus der Veräußerung der alten Maschine, die Spende sowie die GrSt-Nachzahlung (neutraler Aufwand).

Aufgaben 2 und 3 (auf den S. 352/353): Verteilung der Gemeinkosten auf die Kostenstellen und Durchführung der innerbetrieblichen Leistungsverrechnung anhand des Stufenleiterverfahrens (zu den Verrechnungssätzen vgl. die Lösung zur Aufgabe 4)

	Summe	Meister-büro	Reparatur-werkstatt	Spanab-saugung	Raum-stelle	ibTr	Material-lager	Einkauf	Maschine I
Ko.art									
401	55.960,00								
402	7.000,00								
403	99.000,00								
404	60.000,00								
405	33.000,00								
4311	4.275,00								
411	14.100,00								
412	2.300,00		950,00			400,00			150,00
413	12.000,00								4.000,00
420	6.000,00		114,00	660,00	798,00	330,00	57,00	25,00	1.479,00
4312	41.537,00		3.410,00				5.953,00		3.258,00
439	22.600,00	3.550,00						3.420,00	
441	38.940,20		2.898,50				5.060,05		2.769,30
442	14.238,00	2.236,50						2.154,60	
460	8.335,00								
461	950,00				950,00				
464	3.000,00				700,00			230,00	
470	3.750,00							450,00	
471	500,00				500,00				
472	7.600,00							2.500,00	
476	2.000,00	71,00						300,00	
477	3.500,00								
479	4.000,00								
480	10.767,00	62,40	83,20	208,00	1.333,00	1.872,00	166,40	104,00	694,00
481	7.000,00	10,00	13,33	33,33	3.333,33	300,00	693,33	16,66	333,33
4821	1.500,00						900,00		
4822	300,00								100,00
4823	3.100,00								
483	2.000,00								
	210.017,20	5.929,90	7.469,03	901,33	7.614,33	2.902,00	12.829,78	9.200,26	12.783,63
			741,24			741,24			741,24
			8.210,27						
			└→	264,85	1.059,39	1.059,39	264,85	264,85	1.589,08
				1.166,18	8.673,72	4.702,63			
				└→					116,62
					└→		1.954,64		651,55
						└→	940,53		470,26
	210.017,00						15.989,79	9.465,11	16.352,38
							25.454,90		

Maschine II	Maschine III	Leimerei	Schleiferei/	Montage/	Verwalt.	Verkauf	Auslief.-
			Lackiererei/	Verpackung			lager
			Maschine IV				
		900,00	10.500,00	2.700,00			
150,00	150,00		500,00				
2.000,00	5.000,00		1.000,00				
582,00	1.425,00		141,00	57,00	240,00	35,00	57,00
3.317,00	3.394,00	6.694,00	11.459,00				4.052,00
					9.500,00	6.130,00	
2.819,45	2.884,90	5.689,90	9.740,15	3.633,75			3.444,20
					5.985,00	3.861,90	
					8.335,00		
					1.840,00	230,00	
					2.400,00	900,00	
						5.100,00	
					1.185,00	444,00	
						3.500,00	
				4.000,00			
486,00	2.500,00	1.248,00	1.386,00	104,00	312,00	104,00	104,00
233,33	1.000,00	200,00	466,66	16,66	50,00	16,66	283,33
							600,00
100,00	100,00						
						3.100,00	
					2.000,00		
9.687,78	16.453,90	14.731,90	35.192,81	10.511,41	31.847,00	23.421,56	8.540,53
741,24	741,24	741,24	741,24	741,24			
1.059,39	1.059,39		1.059,39				529,69
583,09	466,47						
651,55	651,55	1.221,65	977,32	977,32			1.588,15
470,26	470,26	470,26	470,26	470,26			940,53
13.193,31	19.842,81	17.165,05	35.441,02	12.700,23	31.847,00	23.421,56	11.598,90
						35.020,46	

Aufgabe 4: Ermittlung der Kalkulationssätze

Die Kalkulationssätze der Hauptkostenstellen werden durch das Verhältnis der Gemeinkosten zur jeweiligen Bezugsgröße bestimmt. Die folgende Tabelle zeigt die relevanten Kostenstellen, die Höhe ihrer Gemeinkosten und der Bezugsgrößen sowie die einzelnen Kalkulationssätze auf.

Kostenstelle	Gemeinkosten	Höhe der Bezugsgröße[371)]	Kalkulationssätze
Beschaffung	25.454,90	254.960	9,98 % auf die Einzelmaterialkosten
Maschine I	16.352,38	3.685	4,44 € pro Einheit der Bezugsgröße
Maschine II	13.193,31	3.685	3,58 € pro Einheit der Bezugsgröße
Maschine III	19.842,81	3.505	5,66 € pro Einheit der Bezugsgröße
Leimerei	17.165,05	61.200	0,28 € pro Leimpunkt
Schleiferei/Lackierei/Maschine IV	38.441,02	4.000	9,61 € pro Einheit der Bezugsgröße
Montage/ Verpackung	12.700,23	4.275	297 % auf den Akkordlohn
Verwaltung	31.847,00	402.347	7,92 % auf die gesamten HK
Vertrieb	35.020,46	377.049,40	9,28 % auf die HK des Umsatzes

371) Die Aufgaben 4 und 5 sind zum Teil ineinander verzahnt. Um die Herstellkosten (HK) als Bezugsgröße verwenden zu können, müssen diese zunächst in Aufgabe 5 ermittelt werden.

Aufgabe 5: Kalkulation der Herstell- und Selbstkosten nach dem Verfahren der differenzierenden Zuschlagskalkulation

Kosten	Stuhl (Esche)	Stuhl (Buche)	Hocker
Materialeinzelkosten	75,60	68,60	30,83
Materialgemeinkosten	7,54	6,85	3,08
Materialkosten	83,14	75,45	33,91
Lohneinzelkosten	1,20	1,20	0,45
Lohn-Zuschlag	3,56	3,56	1,34
Zuschlag Maschine I	4,44	4,44	2,44
Zuschlag Maschine II	3,58	3,58	1,97
Zuschlag Maschine III	5,66	4,53	5,38
Leim-Zuschlag	4,48	4,48	3,36
Schleif./Lack.-Zuschl.	9,61	9,61	9,61
Fertigungskosten	32,53	31,40	24,55
Herstellkosten/Stück	115,67	106,85	58,46
Verwaltungs-Zuschlag	9,16	8,46	4,63
Vertriebs-Zuschlag	10,73	9,92	5,43
Selbstkosten	135,56	125,23	68,52

Abkürzungsverzeichnis

à	je
A	Ausgangswert
AB	Anfangsbestand
Abb.	Abbildung
Abschreib.	Abschreibungen
Äquiv.	Äquivalenz
AfA	Absetzungen für Abnutzung
AK	Anschaffungskosten
Akkordl.	Akkordlohn
AktG	Aktiengesetz
ALV	Arbeitslosenversicherung
Anl.verm.	Anlagevermögen
Anm.	Anmerkung
arith.	arithmetisch
AO	Abgabenordnung
Aufg.	Aufgabe
Aufl.	Auflage
Aufw.	Aufwand
Ausg.	Ausgabe
Auslief.	Auslieferung
Auszahl.	Auszahlung
AV	Arbeitsvorbereitung
BA	Beschäftigungsabweichung
BAB	Betriebsabrechnungsbogen
Bd.	Band
Betr.ertr.	Betriebsertrag
BFuP	Betriebswirtschaftliche Forschung und Praxis (Zeitschrift)
BGB	Bürgerliches Gesetzbuch
BWL	Betriebswirtschaftslehre
bzw.	beziehungsweise
ca.	cirka
cal	Kalorie
cbm	Kubikmeter
c.p.	ceteris paribus
d.	der/des
DB	Der Betrieb (Zeitschrift)
DBW	Die Betriebswirtschaft (Zeitschrift)
dgl.	dergleichen
d.h.	das heißt
DIN	Deutsche Industrienorm
DM	Deutsche Mark

DRK	Deutsches Rotes Kreuz
Durchs.gew.	Durchsatzgewicht
d.V.	der Verfasser
EB	Endbestand
EDV	Elektronische Datenverarbeitung
Eigenkap.	Eigenkapital
Einnah.	Einnahme
Einzahl.	Einzahlung
EK	Eigenkapital
ESt(G)(R)	Einkommensteuer (gesetz) (richtlinie)
etc.	et cetera
f.	folgende
F & E	Forschung und Entwicklung
Fert.	Fertigung
ff.	fortfolgende
FF	Fertigfabrikat
Fifo	First in first out
FK	Fremdkapital
Fn.	Fußnote
Ford.	Forderungen
Fuhrp.	Fuhrpark
G	Brutto-Gehalt
Geldverm.	Geldvermögen
geom.-degr.	geometrisch-degressiv
Gesamtverm.	Gesamtvermögen
GewSt	Gewerbesteuer
GK	Gesamtkapital
GKR	Gemeinschaftskontenrahmen der Industrie
GmbH	Gesellschaft mit beschränkter Haftung
GmbHG	Gesetz betreffend die Gesellschaften mit beschränkter Haftung
GrdESt	Grunderwerbsteuer
GrdSt	Grundsteuer
GuV	Gewinn- und Verlustrechnung
Haupt-KoSt	Hauptkostenstelle
HF	Halbfabrikat
HGB	Handelsgesetzbuch
Hifo	Highest in first out
HiKoSt	Hilfskostenstelle
HK	Herstellkosten
Hrsg.	Herausgeber
ibL	innerbetriebliche Leistungsverrechnung
ibTr	innerbetrieblicher Transport
i.d.R.	in der Regel

i.e.S.	im engeren Sinne
IHK	Industrie- und Handelskammer
IKR	Industrie-Kontenrahmen
innerbetriebl.	innerbetrieblich(e)
insbes.	insbesondere
i.w.S.	im weiteren Sinne
Jg.	Jahrgang
K.	Kosten
kalk.	kalkulatorisch(e)
Kap.	Kapitel
Kap.	Kapital
KfzSt	Kraftfahrzeugsteuer
kg	Kilogramm
KiSt	Kirchensteuer
Kl.	(Konten-)Klasse
km	Kilometer
krp	Kostenrechnungspraxis (Zeitschrift)
KSt	Körperschaftsteuer
KV	Krankenversicherung
kWh	Kilowattstunde
L	Brutto-Lohn
Lackier.	Lackiererei
LE	Leistungseinheiten
Lifo	Last in first out
LKW	Lastkraftwagen
LSÖ	Leitsätze für die Preisermittlung auf Grund von Selbstkosten bei Leistungen für öffentliche Auftraggeber
LSP	Leitsätze für die Preisermittlung auf Grund von Selbstkosten
lt.	laut
m^2	Quadratmeter
m^3	Kubikmeter
Masch.	Maschine(n)
Mat.	Material
m. a. W.	mit anderen Worten
Max!	Maximiere!
Mei-bü.	Meisterbüro
Meth.	Methode
Mio.	Millionen
n	Nutzungsdauer
NG	Normenausschuss Grundlagen der Normung
Nr.	Nummer
o.g.	oben genannt(e)

o.J.	ohne Jahresangabe
o.O.	ohne Ortsangabe
p.a.	per annum (pro Jahr)
PC	Personal Computer
PflV	Pflegeversicherung
PKW	Personenkraftwagen
prim.	primär(e)
qm	Quadratmeter
R	Richtlinie
Rent.	Rentabilität
Rep.std.	Reparaturstunde
RV	Rentenversicherung
S.	Seite
Sachverm.	Sachvermögen
SK	Selbstkosten
sog.	sogenannt(e)
SolZ(G)	Solidaritätszuschlag(sgesetz)
Std.	Stunde
Su.	Summe
t	Tonne
tkm	Tausend Kilometer
Transportk.	Transportkosten
Tz.	Textziffer
u.	und
u.a.	unter anderem (und anderes)
u.E.	unseres Erachtens
Überstd.	Überstunde(n)
Unterd.	Unterdeckung
USt(G)(R)(DV)	Umsatzsteuer(gesetz)(richtlinie)(durchführungsverordnung)
usw.	und so weiter
u.U.	unter Umständen
VA	Verbrauchsabweichung
var.	variabel
vBP	vereidigter Buchprüfer
Verbind.	Verbindlichkeiten
Verf.	Verfasser
verr. kalkulat.	verrechnete kalkulatorische
Verr.satz	Verrechnungssatz
verschied.	verschiedene
VersSt(G)	Versicherungsteuer(gesetz)
Verwalt.	Verwaltung
Vertr.	Vertrieb

vgl.	vergleiche
V.u.V.-	Verwaltungs- und Vertriebs-
Wag(n).	Wagnis
Werkst.	Werkstatt
WP	Wirtschaftsprüfer
z.B.	zum Beispiel
ZfB	Zeitschrift für Betriebswirtschaft
ZfbF	(Schmalenbachs) Zeitschrift für betriebswirtschaftliche Forschung
ZfhF	Zeitschrift für handelswissenschaftliche Forschung

Symbolverzeichnis

a	jährlicher Abschreibungsbetrag
A	Anschaffungskosten
AB	Anfangsbestand
a_i	Äquivalenzziffer des Produktes i
b_{ij}	Bezugsgrößeneinheit (-inanspruchnahme) für eine Einheit der Produktart i in der Kostenstelle j
B_j	Bezugsgröße der Kostenstelle j
D	Degressionsbetrag
dK	Differentiation der Kosten
dx	Differentiation der Ausbringungsmenge
EB	Endbestand
e_{Lij}	Fertigungseinzellöhne der Kostenstelle j pro Einheit des Produkts i
e_M	Materialkosten pro Stück
e_{SFi}	Sondereinzelkosten der Fertigung pro Stück i
e_{SVi}	Sondereinzelkosten des Vertriebs pro Stück i
f	Funktion
i	Index der Produktarten/Index der Nebenprodukte (i = 1, 2, ..., n)
j	Index der Kostenstellen (j = 1, 2, ..., m)
k	durchschnittliche Stückkosten
kf	Durchschnitts-Kalkulationssatz
K	Gesamtkosten(verlauf)
K	Kapitalbindung
K'	Grenzkosten(verlauf)
K''	2. Ableitung der Kostenkurve
K_F	Fixkosten(verlauf)
K_{Fj}	Fertigungskosten der Kostenstelle j
k_H	Herstellkosten pro Stück
k_H	Herstellkosten pro Einheit des Hauptproduktes
k_i	Selbstkosten einer Einheit des Produktes i
k_j	Kalkulationssatz der Kostenstelle j
K_j	Gesamte Gemeinkosten (primär und sekundär) der (Hilfs-) Kostenstelle j

K_K	Gesamtkosten des Kuppelprozesses
k_{Min}	Minimum des Durchschnittskostenverlaufs
K'_{Min}	Minimum der Grenzkosten(kurve)
k_{Ni}	Weiterverarbeitungskosten pro Einheit von Nebenprodukt i
K_{Pj}	Summe der primären Gemeinkosten der Hilfskostenstelle j
k_v	durchschnittliche variable Stückkosten
K_V	Verlauf der variablen Kosten
k_{VV}	Verwaltungs- und Vertriebskosten pro Stück
K_{VV}	gesamte Verwaltungs- und Vertriebskosten der Periode
L	Liquidationserlös
L_G	(gesamter) Leistungsvorrat des Betriebsmittels
L_{Pt}	Leistungsentnahme in der Periode t
m	Anzahl der Hilfskostenstellen
n	Nutzungsdauer (in Jahren)
n	Anzahl der Produkte
p	Prozentsatz
p	vorgegebener maximaler Fehler-Prozentsatz
P_{Ni}	Stückpreis der Nebenproduktart i
q	Preise der Faktormengen
q_j	innerbetrieblicher Verrechnungssatz der Hilfskostenstelle j
r	eingesetzte Produktionsfaktorarten
R	Reagibilitätsgrad (kalkulatorischer Restbuchwert)
W	Wendepunkt
W	Wirtschaftlichkeit
x	Ausbringung (in Stück, kg, kWh etc.)
x_A	Absatzmenge der Periode
x_H	Menge des Hauptproduktes
x_i	Gesamtmenge des Produktes i
x_{ij}	Anzahl der von der Hilfskostenstelle i an die Hilfskostenstelle j abgegebenen innerbetrieblichen Leistungseinheiten
x_j	Gesamterzeugungsmenge innerbetrieblicher Leistungseinheiten in der Hilfskostenstelle j
x_{ji}	Anzahl der von der Hilfskostenstelle j an die Hilfskostenstelle i unentgeltlich abgegebenen innerbetrieblichen Leistungseinheiten
x_{Ni}	Menge der Nebenproduktart i
x_p	Produktionsmenge der Periode
x_{pj}	in Kostenstelle j bearbeitete Menge

z_{Fj}	Fertigungsgemeinkostenzuschlag der Kostenstelle j (in % der Fertigungseinzellöhne der Stelle j)
z_j	Kalkulationssatz pro Bezugsgrößeneinheit in der Kostenstelle j
z_M	Materialgemeinkostenzuschlag (in % des Einzelmaterials)
z_{VV}	Verwaltungs- und Vertriebsgemeinkostenzuschlag (in % der Herstellkosten, meistens ohne eSF

Literaturverzeichnis

AGTHE, Klaus (1959): Stufenweise Fixkostendeckungsrechnung im System des Direct Costing, in: ZfB, 29. Jg. (1959), S. 404-418

ALTENBURGER, Otto A. (1995): Kostenartenrechnung und Unsicherheit, in: ZfB, 65. Jg. (1995), S. 729-739

BACKHAUS, Klaus/FUNKE, Stephan (1996): Managementherausforderungen Fixkostenintensiver Unternehmen, in: krp, 40. Jg. (1996), S. 75-76

BALLWIESER, Wolfgang (1991): Das Rechnungswesen im Lichte ökonomischer Theorie, in: ORDELHEIDE, Dieter/RUDOLPH, Bernd/BÜSSELMANN, Elke (Hrsg.): Betriebswirtschaftslehre und ökonomische Theorie, Stuttgart 1991, S. 97-123

BEA, Franz Xaver/DICHTL, Erwin/SCHWEITZER, Marcell (2001): Allgemeine Betriebswirtschaftslehre, Band 2: Führung, 8. Aufl., Stuttgart/New York 2001

BERGER, Axel/ELLROTT, Hermann/FÖRSCHLE, Gerhardt/HENSE, Burkhard (Hrsg.) (2003): Beck'scher Bilanz-Kommentar, 5. Aufl., München 2003

BOHR, Kurt (1988): Zum Verhältnis von klassischer Investitions- und entscheidungsorientierter Kostenrechnung, in: ZfB, 58. Jg. (1988), S. 1171-1181

BLOECH, Jürgen/LÜCKE, Wolfgang (1982): Produktionswirtschaft, Stuttgart/New York 1982

BREID, Volker (1996): Kostenrechnung, in: MANZ, Klaus/BREID, Volker/BRONNER, Tillmann/DASCHMANN, Hans-Achim/KOCH, Ingo (Hrsg.): Kompaktstudium Wirtschaftswissenschaften, Band 3, Kostenrechnung Controlling, 2. Aufl., München 1996, S. 5-89

BREITHECKER, Volker (2002): Kosten- und Erlösrechnung, in: KRAG, Joachim (Hrsg.): Betriebswirtschaft, Bielefeld 2002, Fach 2400

BREITHECKER, Volker/SCHMIEL, Ute (2003): Steuerbilanz und Vermögensaufstellung in der Betriebswirtschaftlichen Steuerlehre, Bielefeld 2003

BUNDESVERBAND DER DEUTSCHEN INDUSTRIE (o.J.): Gemeinschafts-Richtlinien für das Rechnungswesen, Ausgabe Industrie, Teil II, GRK, Frankfurt o.J.

BUSSE VON COLBE, Walther/LAßMANN, Gert (1991): Betriebswirtschaftstheorie, Band 1: Grundlagen, Produktions- und Kostentheorie, 5. Aufl., Berlin u.a. 1991

CLARK, John Maurice (1923): Studies in the Economics of Overhead Costs, Chicago 1923

COENENBERG, Adolf Gerhard (2003): Kostenrechnung und Kostenanalyse, 5. Aufl., Stuttgart 2003

DELLMANN, Klaus (1993): Kosten- und Leistungsrechnungen, in: BITZ, Michael/DELLMANN, Klaus/DOMSCH, Michel/EGNER, Henning (Hrsg.): Vahlens Kompendium der Betriebswirtschaftslehre, 3. Aufl., München 1993, Band 2, S. 315-403

DEUTSCHE NORM (1982): Begriffe und Zeichen für Kostenrechnung und Kosteninformations-Unterlagen (Entwurf DIN 32 990 Teil 1), Normenausschuss Grundlagen der Normung (NG) im DIN Deutsches Institut für Normung e.V. (Hrsg.), o.O., Oktober 1982

DÖRING, Ulrich (1984): Kostensteuern, Stuttgart 1984

DÖRING, Ulrich/BUCHHOLZ, Rainer (2002): Buchhaltung und Jahresabschluss, 8. Aufl., Berlin 2002

EWERT, Ralf/WAGENHOFER, Alfred (2002): Interne Unternehmensrechnung, 5. Aufl., Berlin u.a. 2002

EISELE, Wolfgang (1989): Das Rechnungswesen als Informationssystem, in: BEA, Franz Xaver/DICHTL, Erwin/SCHWEITZER, Marcell (Hrsg.): Allgemeine Betriebswirtschaftslehre, Band. 2: Führung, 8. Aufl., Stuttgart/ New York 2001, S. 429-438

ELLINGER, Theodor/HAUPT, Reinhard (1996): Produktions- und Kostentheorie, Stuttgart 1996

ELSCHEN, Rainer (1991): Gegenstand und Anwendungsmöglichkeiten der Agency-Theorie, in: ZfbF, 43. Jg. (1991), S. 1002-1012

ELSCHEN, Rainer (1994): Stichwort: Prinzipal-Agent, in: BUSSE VON COLBE, Walther (Hrsg.): Lexikon des Rechnungswesens, 3. Aufl., München 1994

EWERT, Ralf/WAGENHOFER, Alfred (2003): Interne Unternehmensrechnung, 5. Aufl., Berlin u.a. 2003

FISCHER, Johannes/HESS, Otto/Seebauer, Georg (Hrsg.) (1939): Buchführung und Kostenrechnung, Leipzig 1939

FÖRSCHLE, Gerhardt (2003): Kommentierung zu § 275 HGB, in: BERGER, Axel/ELLROTT, Hermann/FÖRSCHLE, Gerhardt/HENSE, Burkhard (Hrsg.) (2003)

FRANZ, Klaus-Peter (1992): Ansatz kalkulatorischer Kosten, in: MÄNNEL, Wolfgang (Hrsg.): Handbuch Kostenrechnung, Wiesbaden 1992, S. 423-435

FRÖHLING, Oliver (1992): Thesen zur Prozeßkostenrechnung, in: ZfB, 62. Jg. (1992), S. 723-741

FUNKE, Stephan (1994): Eignung der Vollkostenrechnung für die Zwecke der Kosten- und Leistungsrechnung bei hohen Fixkostenanteilen, in: krp, 38. Jg. (1994), S. 324-329

GABELE, Eduard/FISCHER, Philip (1992): Kosten- und Erlösrechnung, München 1992

GUTENBERG, Erich (1983): Grundlagen der Betriebswirtschaftslehre, Erster Band: Die Produktion, 24. Aufl., Berlin/Heidelberg/New York 1983

HABERSTOCK, Lothar (1970): Zum Ansatz des Kalkulationszinsfußes vor und nach Steuern in investitionstheoretischen Partialmodellen, in: ZfbF, 22. Jg. (1970), S. 510-516

HABERSTOCK, Lothar (1982): Grundzüge der Kosten- und Erfolgsrechnung, 3. Aufl., München 1982

HABERSTOCK, Lothar (1991): Steuerbilanz und Vermögensaufstellung, 3. Aufl., Hamburg 1991

HABERSTOCK, Lothar (1993a): Stichwort: Erfolgsrechnungssysteme, in: DICHTL, Erwin/ISSING, Otmar (Hrsg.): Vahlens Großes Wirtschaftslexikon, 2. Aufl., München 1993

HABERSTOCK, Lothar (1993b): Stichwort: Fixkostendeckungsrechnung, in: DICHTL, Erwin/ISSING, Otmar (Hrsg.): Vahlens Großes Wirtschaftslexikon, 2. Aufl., München 1993

HABERSTOCK, Lothar (2004): Kostenrechnung II, (Grenz-) Plankostenrechnung, 9. Aufl., Berlin 2004

HABERSTOCK, Lothar/BREITHECKER, Volker (2005): Einführung in die Betriebswirtschaftliche Steuerlehre, 13. Aufl., Bielefeld 2005

HAX, Herbert (1963): Rentabilitätsmaximierung als unternehmerische Zielsetzung, in: ZfhF, 15. Jg. (1963), S. 337-344

HEINEN, Edmund (1969): Produktions- und Kostentheorie, in: JACOB, Herbert (Hrsg.): Allgemeine Betriebswirtschaftslehre in programmierter Form, Wiesbaden 1969, S. 201-285

HENDERSON, Bruce (1984): Die Erfahrungskurve in der Unternehmensstrategie, 2. Aufl., Frankfurt a.M./New York 1984

HOITSCH, Hans-Jörg/LINGNAU, Volker (2004): Kosten- und Erlösrechnung, 5. Aufl., Berlin u.a. 2004

HORVÁTH, Péter, PETSCH, Manfred und WEIHE, Michael (1983): Standard-Anwendungssoftware für die Finanzbuchhaltung und die Kosten- und Leistungsrechnung, München 1983

HORVÁTH, Péter/KIENINGER, Michael/MAYER, Reinhold/SCHIMANEK, Christof (1993): Prozeßkostenrechnung – oder wie die Praxis die Theorie überholt, in: DBW, 53. Jg (1993), S. 609-628

HUMMEL, Siegfried (1992): Die Forderung nach entscheidungsrelevanten Kosteninformationen, in: MÄNNEL, Wolfgang (Hrsg.): Handbuch Kostenrechnung, Wiesbaden 1992, S. 76-83.

HUMMEL, Siegfried/MÄNNEL, Wolfgang (1986): Kostenrechnung 1, 4. Aufl., Wiesbaden 1986

KILGER, Wolfgang (1958): Produktions- und Kostentheorie, Wiesbaden 1958

KILGER, Wolfgang (1969): Betriebliches Rechnungswesen, in: JACOB, Herbert (Hrsg.): Allgemeine Betriebswirtschaftslehre in programmierter Form, Wiesbaden 1969, S. 833-946

KILGER, Wolfgang (1987): Einführung in die Kostenrechnung, 3. Aufl., Wiesbaden 1987

KILGER, Wolfgang (1993): Grenzplankosten- und Deckungsbeitragsrechnung, 10. Aufl., Wiesbaden 1993 (bearbeitet von VIKAS, Kurt)

KILGER, Wolfgang/PAMPEL, Jochen/VIKAS, Kurt (2002): Flexible Plankostenrechnung und Deckungsbeitragsrechnung, 11. Aufl., Wiesbaden 2002

KLOOCK, Josef (1969): Zur gegenwärtigen Diskussion der betriebswirtschaftlichen Produktionstheorie und Kostentheorie, in: ZfB, 39. Jg. (1969), E I, S. 49-82

KLOOCK, Josef (1998): Produktion, in: BITZ, Michael/DELLMANN, Klaus/DOMSCH, Michel/WAGNER, Franz W. (Hrsg.): Vahlens Kompendium der Betriebswirtschaftslehre, Band I, 4. Aufl., München 1998, S. 275-328

KLOOCK, Josef/SIEBEN, Günter/SCHILDBACH, Thomas (1999): Kosten- und Leistungsrechnung, 8. Aufl., Düsseldorf 1999

KOCH, Helmut (1958): Zur Diskussion über den Kostenbegriff, in: ZfhF, 10. Jg. (1958), S. 355-399

KOCH, Joachim (1999): EDV-gestützte Buchführung in der Industrie, Berlin 1999

KOSIOL, Erich (1964): Kostenrechnung, Wiesbaden 1964

KOSIOL, Erich (1968): Einführung in die Betriebswirtschaftslehre – Die Unternehmung als wirtschaftliches Aktionszentrum –, Wiesbaden 1968

KOSIOL; Erich (1969): Kostenrechnung und Kalkulation, Berlin 1969

KRUSCHWITZ, Lutz (1973a): Der Wiederbeschaffungswert als Basis der kalkulatorischen Abschreibung, in: krp, 17. Jg. (1973), S. 51-60

KRUSCHWITZ, Lutz (1973b): Die Kalkulation von Kuppelprodukten, in: krp, 17. Jg. (1973), S. 219-230

KÜHNEL, Holger (1981): Kosten versus Unkosten, in: ZfbF, 33. Jg. (1981), S. 737-739

KÜPPER, Hans-Ulrich (1980): Interdependenzen zwischen Produktionstheorie und der Organisation des Produktionsprozesses, Berlin 1980

KÜPPER, Hans-Ulrich (1990): Verknüpfung von Investitions- und Kostenrechnung als Kern einer umfassenden Planungs- und Kontrollrechnung, in: BFuP, Jg. (1990), S. 253-267

KÜPPER, Hans-Ulrich (1991): Bestands- und zahlungsstromorientierte Berechnung von Zinsen in der Kosten- und Leistungsrechnung, in: ZfbF, 43. Jg. (1991), S. 3-20

LAßMANN, Gert (1995): Stand und Weiterentwicklung des Internen Rechnungswesens, in: ZfbF, 47. Jg. (1995), S. 1044-1063

LEHMANN, Max Rudolf (1925): Die industrielle Kalkulation, Berlin/Wien 1925

LÜCKE, Wolfgang (1959): Fehleinschätzung der Nutzungsdauer in der kalkulatorischen Abschreibung, in: krp, 3. Jg (1959), S. 61-66

LÜCKE, Wolfgang (1965): Die kalkulatorischen Zinsen im betrieblichen Rechnungswesen, in: ZfB, 35. Jg. (1965), Ergänzungsheft, S. 3-28

LÜCKE, Wolfgang (1976): Produktions- und Kostentheorie, 3. Aufl., Würzburg-Wien 1976

MÄNNEL, Wolfgang (1983): Zur Gestaltung der Erlösrechnung, in: CHMIELEWICZ, Klaus (für die Kommission Rechnungswesen im Verband der Hochschullehrer für Betriebswirtschaft e.V.) (Hrsg.): Entwicklungslinien der Kosten- und Erlösrechnung, Stuttgart 1983, S. 119-150

MÄNNEL, Wolfgang (1994): Mängel und Gefahren traditioneller Vollkosten- und Nettoergebnisrechnungen, in: krp, 38. Jg. (1994), S. 271-280

MELLWIG, Winfried (1995): Betriebswirtschaft (Kompendium für das Examen zum vBP/WP, Band 2, Loseblattsammlung), 2. Aufl., Hamburg 1995

MENRAD, Siegfried (1965): Der Kostenbegriff, Berlin 1965

MICHEL, Rudolf/TORSPECKEN, Hans-Dieter (1989) : Grundlagen der Kostenrechnung – Kostenrechnung I –, 3. Aufl., München/Wien 1989

MILLING, Peter (1993): Kostenstellenrechnung, in: CHMIELEWICZ, Klaus/ SCHWEITZER, Marcell (Hrsg.): Handwörterbuch des Rechnungswesens, 3. Aufl., Stuttgart 1993, Sp. 1249-1257

MÜNSTERMANN, Hans (1969): Unternehmungsrechnung, Wiesbaden 1969

ORDELHEIDE, Dieter (1992): Externes Rechnungswesen, in: BITZ, Michael/ DELLMANN, Klaus/DOMSCH, Michel/WAGNER, Franz W. (Hrsg.): Vahlens Kompendium der Betriebswirtschaftslehre, Band 1, 4. Aufl., München 1998, S. 475-586

PFAFF, Dieter (1995): Kostenrechnung, Verhaltenssteuerung und Controlling, in: Die Unternehmung, 49. Jg. (1995), S. 437-455

PFAFF, Dieter (1996): Kostenrechnung als Instrument der Entscheidungssteuerung – Chancen und Probleme, in: krp, 40. Jg. (1996), S. 151-156

PLAUT, Hans Georg (1961): Unternehmenssteuerung mit Hilfe der Voll- oder Grenzplankostenrechnung, in: ZfB, 31. Jg. (1961), S. 460-482

PLAUT, Hans Georg (1987): Die Entwicklung der flexiblen Plankostenrechnung zu einem Instrument der Unternehmensführung, in: ZfB, 57. Jg. (1987), S. 355-366

PLAUT, Hans Georg (1992): Grenzplankosten- und Deckungsbeitragsrechnung als modernes Kostenrechnungssystem, in: MÄNNEL, Wolfgang (Hrsg.): Handbuch Kostenrechnung, Wiesbaden 1992, S. 203-225

PLAUT, Hans-Georg/MÜLLER, Heinrich/MEDICKE, Werner (1971): Grenzplankostenrechnung und Datenverarbeitung, 2. Aufl., München 1971

REICHMANN, Thomas (2001): Controlling mit Kennzahlen und Managementberichten, 6. Aufl., München 2001

RIEBEL, Paul (1963): Industrielle Erzeugungsverfahren in betriebswirtschaftlicher Sicht, Wiesbaden 1963

RIEBEL, Paul (1972): Einzelkosten- und Deckungsbeitragsrechnung, Opladen 1972

RIEBEL, Paul (1990): Einzelkosten- und Deckungsbeitragsrechnung, 6. Aufl., Opladen 1990

RIEBEL, Paul (1994): Einzelerlös-, Einzelkosten- und Deckungsbeitragsrechnung als Kern einer ganzheitlichen Führungsrechnung, in: krp, 38. Jg. (1994), S. 9-31

ROLFES, Bernd (2003): Moderne Investitionsrechnung, 3. Aufl., München/Wien 2003

SAINSBURY, R. Mark (1993): Paradoxien, Stuttgart 1993 (übersetzt aus dem Englischen [Paradoxes, Cambridge 1988] von Vincent C. Müller)

SCHEFFEN, Oliver (1993): Zur Entscheidungsrelevanz fixer Kosten, in: Zfbf, 45. Jg. (1993), S. 319-341

SCHERRER, Gerhard (1983): Kostenrechnung, Stuttgart-New York 1983

SCHIERENBECK, Henner (2003): Grundzüge der Betriebswirtschaftslehre, 16. Aufl., München/Wien 2003

SCHILDBACH, Thomas (1993): Vollkostenrechnung als Orientierungshilfe, in: DBW, 53. Jg. (1993), S. 345-357

SCHMALENBACH, Eugen (1911/12): Unkostenbücher, in: ZfhF, 6. Jg. (1911/12), S. 156-164.

SCHMALENBACH, Eugen (1919): Selbstkostenrechnung I, in: ZfhF, 13. Jg. (1919), S. 257-299; S. 321-356

SCHMALENBACH, Eugen (1963): Kostenrechnung und Preispolitik, 8. Aufl., Köln/Opladen 1963 (bearbeitet von BAUER, Richard)

SCHMID, Reinhold (1991): Kostensteuern – Diskussion des Kostencharakters einzelner Steuerarten, in: krp, 35. Jg. (1991), S. 311-315

SCHMIDT, Fritz (1929): Die organische Tageswertbilanz, Nachdruck der 3. Aufl. von 1929, Wiesbaden 1951

SCHNEEWEIß, Christoph/STEINBACH, Jochen (1996): Zur Beurteilung der Prozeßkostenrechnung als Planungsinstrument, DBW, 56. Jg. (1996), S. 459-473

SCHNEIDER, Dieter (1961): Die wirtschaftliche Nutzungsdauer von Anlagegütern als Bestimmungsgrund der Abschreibungen, Köln/Opladen 1961

SCHNEIDER, Dieter (1984): Entscheidungsrelevante fixe Kosten, Abschreibungen und Zinsen zur Substanzerhaltung, in: DB, 37. Jg. (1984), S. 2521-2528

SCHNEIDER, Dieter (1992): Investition, Finanzierung und Besteuerung, 7. Aufl., Wiesbaden 1992

SCHNEIDER, Dieter (1997): Betriebswirtschaftslehre, Band 2: Rechnungswesen, 2. Aufl., München/Wien 1997

SCHNEIDER, Erich (1961): Industrielles Rechnungswesen: Grundlagen und Grundfragen, 3. Aufl., Tübingen 1961

SCHREIER, Johannes (1925): Kontrolle und Revision, Hamburg 1925

SCHWEITZER, Marcell (1992): Systematik von Konzepten der Kosten- und Leistungsrechnung, in: MÄNNEL, Wolfgang (Hrsg.): Handbuch Kostenrechnung, Wiesbaden 1992, S. 185-202

SCHWEITZER, Marcell/KÜPPER, Hans-Ulrich (2003): Systeme der Kosten- und Erlösrechnung, 8. Aufl., München 2003

SEICHT, Gerhard (1994): Neuere Entwicklungen in der Kostenrechnung, in: SEICHT, Gerhard (Hrsg.): Jahrbuch für Controlling und Rechnungswesen, Wien 1994, S. 11-47

SEISCHAB, Hans (1944): Kalkulation und Preispolitik, Leipzig 1944

SIEGEL, Theodor (1985): Zur Irrelevanz fixer Kosten bei Unsicherheit, in: DB, 38. Jg. (1985), S. 2157-2159

SIEGEL, Theodor (1992): Zur Diskussion um die Entscheidungsrelevanz sicherer Fixkosten bei sonstiger Unsicherheit, in: DBW, 52. Jg. (1992), S. 715-721

SIGLE, Hermann (1994): Organisation des Rechnungswesens, in: BUSSE VON COLBE, Walther (Hrsg.): Lexikon des Rechnungswesens, 3. Aufl., München 1994, S. 460-464

STAHLKNECHT, P. (1982) (Hrsg.): EDV-Systeme im Finanz- und Rechnungswesen, Berlin u.a. 1982

STROBEL, Arno (1953): Die Liquidität, Stuttgart 1953

SWOBODA, Peter (1978): Kostenrechnung und Preispolitik, 10 Aufl., Wien 1978

VIKAS, Kurt (1994): Entwicklungslinien des internen Rechnungswesens am Beispiel der Grenzplankosten- und Einzelkostenrechnung, in: krp, 38. Jg. (1994), S. 44-46

VODRAZKA, Karl (1992): Pagatorischer und wertmäßiger Kostenbegriff, in: MÄNNEL, Wolfgang (Hrsg.): Handbuch Kostenrechnung, Wiesbaden 1992, S. 19-30

WAGNER, Franz W. (1993): Besteuerung, in: BITZ, Michael/DELLMANN, Klaus/DOMSCH, Michel/EGNER, Henning: Vahlens Kompendium der Betriebswirtschaftslehre, 3. Aufl., München 1993, Band 2, S. 495-538

WAGNER, Franz W./HEYD, Reinhard (1981): Ertrag- und Substanzsteuern in der entscheidungsbezogenen Kostenrechnung, in: ZfbF, 33. Jg. (1981), S. 922-935

WAGNER, Franz W./PASTERNAK, Jürgen (1985): Der Kostencharakter der Gewerbesteuer – eine entscheidungslogische und empirische Analyse, in: krp, 29. Jg. (1985), S. 195-201

WEBER, Helmut Kurt (1988): Betriebswirtschaftliches Rechnungswesen, Band 1: Bilanz und Erfolgsrechnung, 3. Aufl., München 1988

WELGE, Martin K./AL-LAHAM, Andreas (1992): Planung, Wiesbaden 1992

WÖHE, Günter (1992): Korrektur der Herstellungskosten für die Handels- und Steuerbilanz, in: MÄNNEL, Wolfgang (Hrsg.): Handbuch Kostenrechnung, Wiesbaden 1992, S. 591-604

WÖHE, Günter (1997): Bilanzierung und Bilanzpolitik, 8. Aufl., München 1992 (unter Mitarbeit von Ulrich DÖRING)

WÖHE, Günter/DÖRING, Ulrich (2002): Einführung in die Allgemeine Betriebswirtschaftslehre, 21. Aufl., München 2002

WOHLGEMUTH, Michael (2004): Herstellungskosten, in: PELKA, Jürgen/NIEMANN, Walter (Gesamtverantwortung): Beck' sches Steuerberater-Handbuch 2004/2005, 10. Aufl., München 2004, Tz. A500-A521

WOLFSTETTER, Günter (1984): Moderne Verfahren der Kostenrechnung, 2. Aufl., Herne/Berlin 1984

Sachverzeichnis